三角学系列

三角解题引导

车新发 编

◎ 三角函数及其基本性质
◎ 加法定理及其推广
◎ 解三角形
◎ 反三角函数
◎ 三角方程

哈尔滨工业大学出版社
HARBIN INSTITUTE OF TECHNOLOGY PRESS

内容简介

本书为三角解题引导,全书共分四章.每章包括概述、例题、习题和习题解答四个部分.概述部分对每章所涉及的基础知识作了概括的叙述.例题是每章的中心,例题的选取,注意了题型的代表性和典型性、知识的综合性、解法的技巧性.习题部分选择了各种类型的题目,供读者参考,习题解答专门用一节列出.

本书适合中学生、中学教师以及数学爱好者阅读参考.

图书在版编目(CIP)数据

三角解题引导/车新发编. —哈尔滨:哈尔滨工业大学出版社,2014.1
ISBN 978 − 7 − 5603 − 4553 − 6

Ⅰ.①三… Ⅱ.①车… Ⅲ.①三角课-中学-题解 Ⅳ.①G634.645

中国版本图书馆 CIP 数据核字(2013)第 309947 号

策划编辑	刘培杰 张永芹
责任编辑	张永芹 刘家琳
封面设计	孙茵艾
出版发行	哈尔滨工业大学出版社
社 址	哈尔滨市南岗区复华四道街10号 邮编150006
传 真	0451 − 86414749
网 址	http://hitpress.hit.edu.cn
印 刷	哈尔滨工业大学印刷厂
开 本	787mm×960mm 1/16 印张 22 字数 238千字
版 次	2014年1月第1版 2014年1月第1次印刷
书 号	ISBN 978 − 7 − 5603 − 4553 − 6
定 价	38.00元

(如因印装质量问题影响阅读,我社负责调换)

目录

第1章 三角函数及其基本性质//1
　§1　概述//1
　§2　例题//5
　§3　习题//19
　§4　习题解答//24

第2章 加法定理及其推广//44
　§1　概述//44
　§2　例题//47
　§3　习题//75
　§4　习题解答//90

第3章 解三角形//169
　§1　概述//169
　§2　例题//172
　§3　习题//196
　§4　习题解答//206

第4章 反三角函数和三角方程//266
　§1　概述//266
　§2　例题//270
　§3　习题//286
　§4　习题解答//292

编辑手记//333

三角函数及其基本性质

§1 概 述

衡量角度的大小,通常除用度、分、秒表示的角度制以外,还有弧度制等.弧度制是置角的顶点于圆心,以所张的单位圆弧长表示角度.弧度的单位也叫径.

直角三角形中,三条边的六种比与锐角的变化一一对应;在坐标系中,置角的顶点于原点,始边于正 x 轴,取逆时针方向为正向,终边上任一点的横坐标、纵坐标及该点到原点的距离,这三者的六种比与角的变化相对应,角变比值变,角定比值定,因此,这些比值为角的函数.通常具体表达如下:

	Rt△ 两边的比表达的锐角三角函数	坐标法表达的任意角三角函数
正 弦	$\sin A = \dfrac{a}{c}$	$\sin \alpha = \dfrac{y}{r}$
余 弦	$\cos A = \dfrac{b}{c}$	$\cos \alpha = \dfrac{x}{r}$
正 切	$\tan A = \dfrac{a}{b}$	$\tan \alpha = \dfrac{y}{x}$
余 切	$\cot A = \dfrac{b}{a}$	$\cot \alpha = \dfrac{x}{y}$
正 割	$\sec A = \dfrac{c}{b}$	$\sec \alpha = \dfrac{r}{x}$
余 割	$\csc A = \dfrac{c}{a}$	$\csc \alpha = \dfrac{r}{y}$

此外,也常用单位圆的三角函数线进行表达. 锐角三角函数有表可查,但其定义域限于锐角. 锐角三角函数可看作任意角三角函数的特例.

根据三角函数的定义可得:

1. 三角函数的符号,依终边所在的象限而定. 如下:

$f(\alpha)$ \ α	第一象限	第二象限	第三象限	第四象限
$\sin \alpha$ $\csc \alpha$	+	+	−	−
$\cos \alpha$ $\sec \alpha$	+	−	−	+
$\tan \alpha$ $\cot \alpha$	+	−	+	−

2. 同角三角函数间有如下关系:

倒数关系

$$\sin \alpha \cdot \csc \alpha = 1; \cos \alpha \cdot \sec \alpha = 1$$
$$\tan \alpha \cdot \cot \alpha = 1$$

第1章 三角函数及其基本性质

商的关系

$$\tan \alpha = \frac{\sin \alpha}{\cos \alpha}; \cot \alpha = \frac{\cos \alpha}{\sin \alpha}$$

平方关系

$$\sin^2 \alpha + \cos^2 \alpha = 1; 1 + \tan^2 \alpha = \sec^2 \alpha$$

$$1 + \cot^2 \alpha = \csc^2 \alpha$$

3. 诱导公式反映了 $k \cdot 90° \pm \alpha$（k 为整数）与 α 的三角函数间的关系. 当 k 为偶数时,等于 α 的同名三角函数,加上把 α 看作锐角时,原角所在象限内原函数的符号;当 k 为奇数时,等于 α 的相应的余函数,加上把 α 看作锐角时,原角所在象限内的原函数的符号;即通常所说的"奇变偶不变,符号看象限",借助这,任意角三角函数皆可化作相应的锐角三角函数,查表求值. 如

$$\tan 930° = \tan(10 \times 90° + 30°) = \tan 30° = \frac{\sqrt{3}}{3}$$

$$\sin(-1\,485°) = -\sin 1\,485° =$$

$$-\sin(17 \times 90° - 45°) = -\cos 45° = -\frac{\sqrt{2}}{2}$$

几何图形的直观,有助于函数性质的了解. 三角函数 $y = \sin x, y = \cos x, y = \tan x, y = \cot x$ 的图象及性质如下:

1. 图象

$y = \sin x$（图 1.1）

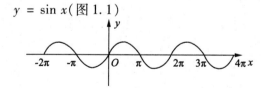

图 1.1

$y = \cos x$(图1.2)

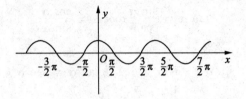

图1.2

$y = \tan x$(图1.3)

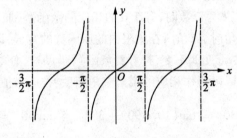

图1.3

$y = \cot x$(图1.4)

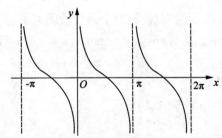

图1.4

第1章 三角函数及其基本性质

2. 基本性质

	定义域	值域	增减性		奇偶性	周期性
			递增区间	递减区间		
$y=\sin x$	全体实数	$-1\leqslant y\leqslant 1$	$2k\pi-\dfrac{\pi}{2}\leqslant x\leqslant 2k\pi+\dfrac{\pi}{2}$	$2k\pi+\dfrac{\pi}{2}\leqslant x\leqslant 2k\pi+\dfrac{3\pi}{2}$	奇函数	2π
$y=\cos x$	全体实数	$-1\leqslant y\leqslant 1$	$(2k-1)\pi\leqslant x\leqslant 2k\pi$	$2k\pi\leqslant x\leqslant (2k+1)\pi$	偶函数	2π
$y=\tan x$	$x\neq k\pi+\dfrac{\pi}{2}$（$k$ 为整数）	全体实数	$k\pi-\dfrac{\pi}{2}<x<k\pi+\dfrac{\pi}{2}$		奇函数	π
$y=\cot x$	$x\neq k\pi$（k 为整数）	全体实数		$k\pi<x<(k+1)\pi$	奇函数	π

§2 例 题

本章例题除涉及三角函数求值、化简、恒等式论证、运用诱导公式等外,并注意了一些综合问题.如:带附加条件的三角等式的证明;三角函数不等式的证明;消去法;三角函数求极值等.

三角解题引导

1. 已知 $\tan \alpha = m$，求 $\sin \alpha$.

分析 由于 m 是数字，需就 $m = 0, m > 0, m < 0$ 分别进行讨论.

解 当 $m = 0$ 时，$\alpha = k\pi (k = 0, \pm 1, \pm 2, \cdots)$，故
$$\sin \alpha = 0$$

当 $m > 0$ 时，置顶点于原点，始边在 x 轴正向的角 α，其终边在一、三象限. 故当此终边在第一象限时
$$\sin \alpha = \frac{\tan \alpha}{\sec \alpha} = \frac{m}{\sqrt{1+m^2}} = \frac{m\sqrt{1+m^2}}{1+m^2}$$

在第三象限时
$$\sin \alpha = -\frac{m\sqrt{1+m^2}}{1+m^2}$$

当 $m < 0$ 时，α 的终边在二、四象限. 故当 α 终边在第二象限时
$$\sin \alpha = -\frac{m\sqrt{1+m^2}}{1+m^2}$$

在第四象限时
$$\sin \alpha = \frac{m\sqrt{1+m^2}}{1+m^2}$$

2. 已知 $\sin \theta = \frac{a-b}{a+b} (0 < a < b)$，求 $\sqrt{\cot^2 \theta - \cos^2 \theta}$ 的值.

分析 本题除涉及已知某三角函数值求其他三角函数值外，还牵涉根式，因此还须注意算术根.

解 因 $0 < a < b$，所以
$$\sin \theta = \frac{a-b}{a+b} < 0$$

第1章 三角函数及其基本性质

从而有

$$\sqrt{\cot^2\theta - \cos^2\theta} = \sqrt{\frac{\cos^4\theta}{\sin^2\theta}} = \frac{\cos^2\theta}{-\sin\theta} =$$

$$\sin\theta - \frac{1}{\sin\theta} =$$

$$\frac{a-b}{a+b} - \frac{a+b}{a-b} = -\frac{4ab}{a^2 - b^2}$$

3. 已知 $\sin\alpha\cos\alpha = \dfrac{60}{169}$,且 $\dfrac{\pi}{4} < \alpha < \dfrac{\pi}{2}$,求 $\sin\alpha$ 和 $\cos\alpha$ 的值.

分析 根据已知条件和恒等式 $\sin^2\alpha + \cos^2\alpha = 1$,运用韦达定理,可求出 $\sin\alpha$ 和 $\cos\alpha$ 的值. 因

$$1 \pm 2\sin\alpha\cos\alpha = (\sin\alpha \pm \cos\alpha)^2$$

故在 $\sin\alpha + \cos\alpha, \sin\alpha - \cos\alpha, \sin\alpha\cos\alpha$ 三个式子中,已知其中某一个式子的值,则其余两式的值不难求出. 因此,本题以先求出 $\sin\alpha + \cos\alpha$ 及 $\sin\alpha - \cos\alpha$ 的值为宜.

解 由 $\sin\alpha\cos\alpha = \dfrac{60}{169}$ 得

$$(\sin\alpha + \cos\alpha)^2 = 1 + 2\sin\alpha\cos\alpha = \frac{289}{169}$$

$$(\sin\alpha - \cos\alpha)^2 = 1 - 2\sin\alpha\cos\alpha = \frac{49}{169}$$

又已知 $\dfrac{\pi}{4} < \alpha < \dfrac{\pi}{2}$,故 $\sin\alpha > \cos\alpha > 0$,所以

$$\begin{cases} \sin\alpha + \cos\alpha = \dfrac{17}{13} \\ \sin\alpha - \cos\alpha = \dfrac{7}{13} \end{cases}$$

解之即得

$$\sin\alpha = \frac{12}{13}, \cos\alpha = \frac{5}{13}$$

4. 已知 $\sin\alpha = a\sin\beta, \tan\alpha = b\tan\beta$，求 $\cos\alpha$ 和 $\sin\beta$ 的值(这里 a,b 满足条件 $|b| \geqslant |a| > 1$ 或 $|b| \leqslant |a| < 1$).

分析　由两等式消去 β，便得到一个只含有 α 的三角函数的等式，从而可求出 $\cos\alpha$ 的值;若消去 α，便可求出 $\sin\beta$ 的值.

解　由 $\sin\alpha = a\sin\beta, \tan\alpha = b\tan\beta$ 得

$$\csc\beta = \frac{a}{\sin\alpha}, \cot\beta = \frac{b}{\tan\alpha}$$

而

$$\csc^2\beta - \cot^2\beta = 1$$

所以

$$\left(\frac{a}{\sin\alpha}\right)^2 - \left(\frac{b}{\tan\alpha}\right)^2 = 1$$

$$a^2 - b^2\cos^2\alpha = \sin^2\alpha$$

$$(b^2 - 1)\cos^2\alpha = a^2 - 1$$

$$\cos\alpha = \pm\sqrt{\frac{a^2-1}{b^2-1}}$$

用同样的方法可求得

$$\sin\beta = \pm\frac{1}{a}\sqrt{\frac{b^2-a^2}{b^2-1}}$$

$\sin\beta$ 的值还可以由 $\sin\beta = \frac{1}{a}\sin\alpha$ 求出

$$\sin^2\alpha = 1 - \cos^2\alpha = 1 - \frac{a^2-1}{b^2-1} = \frac{b^2-a^2}{b^2-1}$$

第1章 三角函数及其基本性质

$$\sin\alpha = \pm\sqrt{\frac{b^2-a^2}{b^2-1}}$$

$$\sin\beta = \pm\frac{1}{a}\sqrt{\frac{b^2-a^2}{b^2-1}}$$

5. 化简

$$\left(\sqrt{\frac{1-\sin\phi}{1+\sin\phi}} - \sqrt{\frac{1+\sin\phi}{1-\sin\phi}}\right) \cdot$$

$$\left(\sqrt{\frac{1-\cos\phi}{1+\cos\phi}} - \sqrt{\frac{1+\cos\phi}{1-\cos\phi}}\right)$$

解 根据题意,有

原式 =

$$\left(\sqrt{\frac{(1-\sin\phi)^2}{1-\sin^2\phi}} - \sqrt{\frac{(1+\sin\phi)^2}{1-\sin^2\phi}}\right) \cdot$$

$$\left(\sqrt{\frac{(1-\cos\phi)^2}{1-\cos^2\phi}} - \sqrt{\frac{(1+\cos\phi)^2}{1-\cos^2\phi}}\right) =$$

$$\frac{(1-\sin\phi)-(1+\sin\phi)}{\sqrt{\cos^2\phi}} \cdot$$

$$\frac{(1-\cos\phi)-(1+\cos\phi)}{\sqrt{\sin^2\phi}} =$$

$$\frac{-2\sin\phi}{|\cos\phi|} \cdot \frac{-2\cos\phi}{|\sin\phi|} =$$

$$\frac{4\sin\phi\cos\phi}{|\cos\phi||\sin\phi|} = \frac{4\sin 2\phi}{|\sin 2\phi|} =$$

$$\begin{cases} 4, \text{当} k\pi < \phi < k\pi + \frac{\pi}{2} \text{时} \\ -4, \text{当} k\pi + \frac{\pi}{2} < \phi < (k+1)\pi \text{时} (k \text{为整数}) \end{cases}$$

6. 求证 $\dfrac{1+\sec x+\tan x}{1+\sec x-\tan x} = \dfrac{1+\sin x}{\cos x}$.

三角解题引导

分析　关于三角恒等式的论证,不仅要善于对同角三角函数间进行相互转化,而且还要注意 1 与三角函数间的相互转化.

证　根据题意,有

$$\frac{1+\sec x+\tan x}{1+\sec x-\tan x}=$$

$$\frac{\sec^2 x-\tan^2 x+\sec x+\tan x}{1+\sec x-\tan x}=$$

$$\frac{(\sec x+\tan x)(\sec x-\tan x+1)}{1+\sec x-\tan x}=$$

$$\sec x+\tan x=\frac{1+\sin x}{\cos x}$$

7. 求证 $\dfrac{2(\cos\theta-\sin\theta)}{1+\sin\theta+\cos\theta}=\dfrac{\cos\theta}{1+\sin\theta}-\dfrac{\sin\theta}{1+\cos\theta}.$

证　根据题意,有

$$\frac{\cos\theta}{1+\sin\theta}-\frac{\sin\theta}{1+\cos\theta}=$$

$$\frac{\cos\theta+\cos^2\theta-\sin\theta-\sin^2\theta}{(1+\sin\theta)(1+\cos\theta)}=$$

$$\frac{(\cos\theta-\sin\theta)(1+\sin\theta+\cos\theta)}{1+\sin\theta+\cos\theta+\sin\theta\cos\theta}=$$

$$\frac{2(\cos\theta-\sin\theta)(1+\sin\theta+\cos\theta)}{2+2(\sin\theta+\cos\theta)+2\sin\theta\cos\theta}^{[注]}=$$

$$\frac{2(\cos\theta-\sin\theta)(1+\sin\theta+\cos\theta)}{1+2(\sin\theta+\cos\theta)+(\sin\theta+\cos\theta)^2}=$$

$$\frac{2(\cos\theta-\sin\theta)(1+\sin\theta+\cos\theta)}{(1+\sin\theta+\cos\theta)^2}=$$

$$\frac{2(\cos\theta-\sin\theta)}{1+\sin\theta+\cos\theta}$$

注　此时将分子、分母同乘以 2,一方面可使分子

第1章 三角函数及其基本性质

出现 2,另一方面可将分母化为 $(1 + \sin\theta + \cos\theta)^2$.

8. 已知 $\left(\dfrac{\tan\alpha}{\sin x} - \dfrac{\tan\beta}{\tan x}\right)^2 = \tan^2\alpha - \tan^2\beta$,求证 $\cos x = \dfrac{\tan\beta}{\tan\alpha}$.

分析 要证 $\cos x = \dfrac{\tan\beta}{\tan\alpha}$,即要证 $\tan\alpha\cos x - \tan\beta = 0$,亦即要证 $(\tan\alpha\cos x - \tan\beta)^2 = 0$.

证 依已知条件有

$$\dfrac{\tan^2\alpha}{\sin^2 x} + \dfrac{\tan^2\beta}{\tan^2 x} - \dfrac{2\tan\alpha\tan\beta}{\sin x\tan x} = \tan^2\alpha - \tan^2\beta$$

$$\tan^2\alpha(\csc^2 x - 1) + \tan^2\beta(\cot^2 x + 1) - 2\tan\alpha\tan\beta\cos x\csc^2 x = 0$$

$$\tan^2\alpha\cot^2 x + \tan^2\beta\csc^2 x - 2\tan\alpha\tan\beta\cos x\csc^2 x = 0$$

$$\tan^2\alpha\cos^2 x + \tan^2\beta - 2\tan\alpha\tan\beta\cos x = 0$$

$$(\tan\alpha\cos x - \tan\beta)^2 = 0$$

即 $\tan\alpha\cos x - \tan\beta = 0$

所以

$$\cos x = \dfrac{\tan\beta}{\tan\alpha}$$

9. 已知 $\dfrac{\sin^4 x}{a} + \dfrac{\cos^4 x}{b} = \dfrac{1}{a+b}$,求证

$$\dfrac{\sin^8 x}{a^3} + \dfrac{\cos^8 x}{b^3} = \dfrac{1}{(a+b)^3}$$

证 将已知等式两边同乘以 $a + b$,得

$$\sin^4 x + \cos^4 x + \dfrac{b}{a}\sin^4 x + \dfrac{a}{b}\cos^4 x = (\sin^2 x + \cos^2 x)^2$$

$$b^2\sin^4 x - 2ab\sin^2 x\cos^2 x + a^2\cos^4 x = 0$$

$$b\sin^2 x = a\cos^2 x$$

$$\frac{\sin^2 x}{a} = \frac{\cos^2 x}{b}$$

设 $\dfrac{\sin^2 x}{a} = \dfrac{\cos^2 x}{b} = \lambda^{[注]}$,代入原等式之中,得

$$\lambda = \frac{1}{a+b}$$

所以

$$\frac{\sin^8 x}{a^3} + \frac{\cos^8 x}{b^3} = \sin^2 x \left(\frac{\sin^2 x}{a}\right)^3 + \cos^2 x \left(\frac{\cos^2 x}{b}\right)^3 =$$

$$\sin^2 x \cdot \lambda^3 + \cos^2 x \cdot \lambda^3 =$$

$$\lambda^3 = \frac{1}{(a+b)^3}$$

注 这里设其比值等于 λ,可简化后面的计算. 数学中,当几个比值相等时,常这样处理.

10. 设 k 是 4 的倍数加 1 的自然数,若以 $\cos x$ 表示 $\cos kx$ 时,有 $\cos kx = f(\cos x)$,则 $\sin kx = f(\sin x)$.

证 由于 $\sin x = \cos\left(\dfrac{\pi}{2} - x\right)$,设 $k = 4n+1(n = 0,1,2,\cdots)$,则有

$$f(\sin x) = f\left[\cos\left(\frac{\pi}{2} - x\right)\right] =$$

$$\cos k\left(\frac{\pi}{2} - x\right) =$$

$$\cos\left[(4n+1)\left(\frac{\pi}{2} - x\right)\right] =$$

$$\cos\left[2n\pi + \frac{\pi}{2} - (4n+1)x\right] =$$

$$\sin(4n+1)x =$$

$$\sin kx$$

第1章 三角函数及其基本性质

11. 若 $0 \leqslant \theta \leqslant \dfrac{\pi}{2}$,求证 $\cos(\sin\theta) > \sin(\cos\theta)$.

分析 为便于比较大小,将不等式两边化为同名三角函数.

因 $0 \leqslant \theta \leqslant \dfrac{\pi}{2}$,所以 $\dfrac{\pi}{2} - \sin\theta$ 和 $\cos\theta$ 都是锐角,原不等式与

$$\sin\left(\dfrac{\pi}{2} - \sin\theta\right) > \sin(\cos\theta)$$

等价,故本证明转化为证明

$$\dfrac{\pi}{2} - \sin\theta > \cos\theta$$

即

$$\sin\theta + \cos\theta < \dfrac{\pi}{2}$$

证 因 $0 \leqslant \theta \leqslant \dfrac{\pi}{2}$,故有

$$\sin\theta \geqslant 0, \cos\theta \geqslant 0$$
$$(\sin\theta + \cos\theta)^2 = 1 + 2\sin\theta\cos\theta \leqslant 1 + \sin^2\theta + \cos^2\theta = 2$$

所以

$$\sin\theta + \cos\theta \leqslant \sqrt{2} < \dfrac{\pi}{2}$$

$$\dfrac{\pi}{2} - \sin\theta > \cos\theta$$

而 $\dfrac{\pi}{2} - \sin\theta$ 和 $\cos\theta$ 都是锐角,依正弦函数在第一象限单调递增,有

三角解题引导

$$\sin\left(\frac{\pi}{2} - \sin\theta\right) > \sin(\cos\theta)$$

所以

$$\cos(\sin\theta) > \sin(\cos\theta)$$

12. 求函数 $y = \dfrac{4}{9 - 4\sin^2\theta - 4\cos\theta}$ 的极值.

解 根据题意,有

$$y = \frac{4}{9 - 4\sin^2\theta - 4\cos\theta} = \frac{4}{4\left(\cos\theta - \frac{1}{2}\right)^2 + 4} = \frac{1}{\left(\cos\theta - \frac{1}{2}\right)^2 + 1}$$

故当 $\cos\theta = \dfrac{1}{2}$,即 $\theta = 2k\pi \pm \dfrac{\pi}{3}$ 时,$\left(\cos\theta - \dfrac{1}{2}\right)^2 + 1$ 取极小值 1,因此 y 取极大值 1;当 $\cos\theta = -1$,即 $\theta = (2k+1)\pi$ 时,$\left(\cos\theta - \dfrac{1}{2}\right)^2 + 1$ 取极大值 $\dfrac{13}{4}$,因此 y 取极小值 $\dfrac{4}{13}$.

13. 设 $a > b > 0$,求证 $\dfrac{a\sin x + b}{a\sin x - b}$ 不能介于 $\dfrac{a-b}{a+b}$ 和 $\dfrac{a+b}{a-b}$ 之间.

分析 设 $y = \dfrac{a\sin x + b}{a\sin x - b}$,问题就是求此函数的值域. 解出 $\sin x$,根据 $|\sin x| \leqslant 1$,便可求出 y 的取值范围.

证 设 $y = \dfrac{a\sin x + b}{a\sin x - b}$,则

$$\sin x = \dfrac{b(y+1)}{a(y-1)}$$

但

$$-1 \leqslant \sin x \leqslant 1$$

所以

$$-1 \leqslant \dfrac{b(y+1)}{a(y-1)} \leqslant 1$$

即

$$\begin{cases} \dfrac{b(y+1)}{a(y-1)} \leqslant 1 & \text{①} \\ \dfrac{b(y+1)}{a(y-1)} \geqslant -1 & \text{②} \end{cases}$$

由 $a > b > 0$ 知

$$\dfrac{a+b}{a-b} > 1, \dfrac{a-b}{a+b} < 1$$

所以①的解是

$$y < 1 \text{ 或 } y \geqslant \dfrac{a+b}{a-b}$$

②的解是

$$y > 1 \text{ 或 } y \leqslant \dfrac{a-b}{a+b}$$

因此,不等式

$$-1 \leqslant \dfrac{b(y+1)}{a(y-1)} \leqslant 1$$

的解是

$$y \leqslant \dfrac{a-b}{a+b} \text{ 或 } y \geqslant \dfrac{a+b}{a-b}$$

即 $y = \dfrac{a\sin x + b}{a\sin x - b}$ 的值不能介于 $\dfrac{a-b}{a+b}$ 和 $\dfrac{a+b}{a-b}$ 之间.

14. 求函数 $y = \sin 3x + \tan \dfrac{2x}{5}$ 的周期.

解 $\sin 3x$ 的周期是 $\dfrac{2\pi}{3}$, $\tan \dfrac{2x}{5}$ 的周期是 $\dfrac{5\pi}{2}$, 而 $\dfrac{2}{3}$ 和 $\dfrac{5}{2}$ 的最小公倍数是 10, 因此 $y = \sin 3x + \tan \dfrac{2x}{5}$ 的周期是 10π.

注 几个分数的最小公倍数, 我们约定为各分数的分子的最小公倍数为分子, 各分母的最大公约数为分母的分数.

15. 设 A, B, C 是三角形的三个内角, 且 $\lg \sin A = 0$, $\sin B, \sin C$ 是方程
$$4x^2 - 2(\sqrt{3} + 1)x + k = 0 \qquad ①$$
的两个根, 求 k 的值和 A, B, C 的度数.

解 依 $\lg \sin A = 0$, 有
$$\sin A = 1, A = 90°, B + C = 90°$$
所以
$$\sin C = \sin(90° - B) = \cos B$$
又因为 $\sin B, \cos B$ 是方程 ① 的两个根, 故有
$$\sin B + \cos B = \dfrac{\sqrt{3} + 1}{2} \qquad ②$$
$$\sin B \cos B = \dfrac{k}{4} \qquad ③$$
由 ② 得
$$\sin B \cos B = \dfrac{\sqrt{3}}{4}$$
所以

第1章 三角函数及其基本性质

$$k = \sqrt{3}$$

原方程就是

$$4x^2 - 2(\sqrt{3}+1)x + \sqrt{3} = 0$$

解之,得 $x_1 = \dfrac{1}{2}, x_2 = \dfrac{\sqrt{3}}{2}$. 故直角三角形 ABC 的两个锐角为 $30°$ 和 $60°$.

16. 设 $\dfrac{\sin\theta}{x} = \dfrac{\cos\theta}{y}, \dfrac{\cos^2\theta}{x^2} + \dfrac{\sin^2\theta}{y^2} = \dfrac{10}{3(x^2+y^2)}$, 求 x,y 之间的关系.

分析 问题在于消去 θ,为此采用代入法.

解 由 $\dfrac{\sin\theta}{x} = \dfrac{\cos\theta}{y}$ 得

$$\tan\theta = \dfrac{x}{y}$$

所以

$$\sin^2\theta = \dfrac{x^2}{x^2+y^2}, \cos^2\theta = \dfrac{y^2}{x^2+y^2}$$

代入第二式,并化简得

$$\dfrac{y^2}{x^2} + \dfrac{x^2}{y^2} = \dfrac{10}{3}$$

即

$$3x^4 - 10x^2y^2 + 3y^4 = 0$$
$$(3x^2 - y^2)(x^2 - 3y^2) = 0$$

所以

$$x = \pm\dfrac{\sqrt{3}}{3}y \text{ 或 } x = \pm\sqrt{3}y$$

17. 消去下式中的 θ 和 ϕ

三角解题引导

$$\begin{cases} a\sin^2\theta + b\cos^2\theta = m(这里 a \neq m) & ① \\ b\sin^2\phi + a\cos^2\phi = n(这里 b \neq n) & ② \\ a\tan\theta = b\tan\phi & ③ \end{cases}$$

分析 由①解出 $\tan\theta$，由②解出 $\tan\phi$，代入③，便可消去 θ 和 ϕ.

解 由①,得
$$a\sin^2\theta + b\cos^2\theta = m(\sin^2\theta + \cos^2\theta)$$
$$(a-m)\sin^2\theta = (m-b)\cos^2\theta$$

因 $a \neq m$,故
$$\tan^2\theta = \frac{m-b}{a-m}$$

同理,由②,因 $b \neq n$,故
$$\tan^2\phi = \frac{n-a}{b-n}$$

代入③,则得
$$a^2 \cdot \frac{m-b}{a-m} = b^2 \cdot \frac{n-a}{b-n}$$

当 $a \neq b$ 时,若再化简可得
$$\frac{1}{m} + \frac{1}{n} = \frac{1}{a} + \frac{1}{b}$$

18. 已知 $a\sqrt{1-b^2} + b\sqrt{1-a^2} = 1$,求证 $a^2 + b^2 = 1$.

证 因 $|a| \leq 1, |b| \leq 1$,故可令 $a = \sin\alpha$,代入已知等式,得
$$\sin\alpha\sqrt{1-b^2} \pm b\cos\alpha = 1$$
$$\sin^2\alpha - b^2\sin^2\alpha = 1 \mp 2b\cos\alpha + b^2\cos^2\alpha$$
$$b^2 \mp 2b\cos\alpha + \cos^2\alpha = 0$$
$$b = \pm\cos\alpha$$

第1章 三角函数及其基本性质

所以
$$a^2 + b^2 = \sin^2\alpha + \cos^2\alpha = 1$$

§3 习 题

1. 已知 $\sec\alpha = m$,求 $\sin\alpha,\cos\alpha$ 和 $\tan\alpha$ 的值.
2. 试用 $\cot x$ 表示
$$U(x) = \csc x \sqrt{\frac{1}{1+\cos x} + \frac{1}{1-\cos x}} - \sqrt{2}$$
3. 已知 $\sin\alpha = \dfrac{a}{b}$,求 $\dfrac{\sec\alpha - b\tan\alpha}{\sec\alpha + b\tan\alpha}$ 的值.
4. 已知 $5\tan x + \sec x = 5$,求 $\cos x$ 的值.
5. 已知 $0 < x < \dfrac{\pi}{4}$,且 $\lg\tan x - \lg\sin x = \lg\cos x - \lg\cot x + 2\lg 3 - \dfrac{3}{2}\lg 2$,求 $\cos x - \sin x$ 的值.
6. 已知 $\sin\alpha + \cos\alpha = \dfrac{1}{\sqrt{2}}$,求 $\sin^3\alpha + \cos^3\alpha$,$\sin^4\alpha + \cos^4\alpha$,$\sin^5\alpha + \cos^5\alpha$ 的值.
7. 已知 $\sec\alpha + \csc\alpha = a$,求证 $\sin\alpha\cos\alpha = \dfrac{1 \pm \sqrt{a^2+1}}{a^2}$.
8. 已知 $2\tan\alpha + 3\sin\beta = 7$,$\tan\alpha - 6\sin\beta = 1$,求 $\sin\alpha$ 及 $\sin\beta$.
9. 已知 $\tan\alpha + \sin\alpha = m$,$\tan\alpha - \sin\alpha = n$,求证:

(1) $\cos\alpha = \dfrac{m-n}{m+n}$;

三角解题引导

(2) $(m^2 - n^2)^2 = 16mn$.

10. 化简下列各式：

(1) $\dfrac{\sec\alpha}{\sqrt{1+\tan^2\alpha}} + \dfrac{2\tan\alpha}{\sec^2\alpha - 1}$;

(2) $\sin^2\alpha + \sin^2\beta - \sin^2\alpha\sin^2\beta + \cos^2\alpha\cos^2\beta$;

(3) $(1 - \cot\alpha + \csc\alpha)(1 - \tan\alpha + \sec\alpha)$;

(4) $\sin^2\alpha\tan\alpha + \cos^2\alpha\cot\alpha + 2\sin\alpha\cos\alpha$;

(5) $\dfrac{1 + \sin\alpha + \cos\alpha + 2\sin\alpha\cos\alpha}{1 + \sin\alpha + \cos\alpha}$;

(6) $\left(\dfrac{1}{\cos\alpha} + 1\right)\left(\dfrac{1}{\cos\alpha} - 1\right)(\csc\alpha + 1)(1 - \sin\alpha)$;

(7) $\sin^2 62° + \tan 54° \tan 45° \tan 36° + \sin^2 28°$;

(8) $\sin(30° + \alpha)\tan(45° + \alpha)\tan(45° - \alpha) \cdot \sec(60° - \alpha)$;

(9) $[\sin^2(\alpha - 2\pi) + \cos^2(2\pi - \alpha) + \sec(2\pi - \alpha)\sec(\pi - \alpha)] / \left[\cos^2\left(\dfrac{\pi}{2} + \alpha\right) + \cos^2(\pi + \alpha) + \sec\left(\dfrac{\pi}{2} + \alpha\right)\sec\left(\dfrac{\pi}{2} - \alpha\right)\right]$

(10) $\sin\left(\dfrac{4n+1}{4}\pi + \alpha\right) + \sin\left(\dfrac{4n-1}{4}\pi - \alpha\right)$.

11. 求证下列恒等式：

(1) $\sqrt{\sin^2\alpha(1 + \cot\alpha) + \cos^2\alpha(1 + \tan\alpha)} = \sin\alpha + \cos\alpha \left(-\dfrac{\pi}{4} < \alpha < 0\right)$;

(2) $\dfrac{1 + \tan\alpha + \cot\alpha}{\sec^2\alpha + \tan\alpha} - \dfrac{\cot\alpha}{\csc^2\alpha + \tan^2\alpha - \cot^2\alpha} = \sin\alpha\cos\alpha$;

第1章 三角函数及其基本性质

(3) $\tan^2 x + \cot^2 x + 1 = (\tan^2 x + \tan x + 1)(\cot^2 x - \cot x + 1)$;

(4) $\dfrac{\tan\alpha\sin\alpha}{\tan\alpha - \sin\alpha} = \dfrac{\tan\alpha + \sin\alpha}{\tan\alpha\sin\alpha}$;

(5) $\dfrac{1 - \cos A + \sin A}{1 + \cos A + \sin A} + \dfrac{1 + \cos A + \sin A}{1 - \cos A + \sin A} = 2\csc A$;

(6) $\sin\alpha(1 + \tan\alpha) + \cos\alpha(1 + \cot\alpha) = \sec\alpha + \csc\alpha$;

(7) $2(\sin^6\alpha + \cos^6\alpha) - 3(\sin^4\alpha + \cos^4\alpha) + 1 = 0$;

(8) $\dfrac{\sin\alpha + \cos\alpha}{\sin\alpha - \cos\alpha} - \dfrac{1 + 2\cos^2\alpha}{\cos^2\alpha(\tan^2\alpha - 1)} = \dfrac{2}{1 + \tan\alpha}$;

(9) $1 + 3\sin^2 A\sec^4 A + \tan^6 A = \sec^6 A$;

(10) $\dfrac{1}{\csc\theta - \cot\theta} - \csc\theta = \dfrac{1}{\sin\theta} - \dfrac{\sin\theta}{1 + \cos\theta}$.

12. 试证:如果等式

$(1 + \cos\alpha)(1 + \cos\beta)(1 + \cos\gamma) =$
$(1 - \cos\alpha)(1 - \cos\beta)(1 - \cos\gamma)$

成立,则等式各端的值等于 $|\sin\alpha| \cdot |\sin\beta| \cdot |\sin\gamma|$.

13. 已知 $\cos\theta - \sin\theta = \sqrt{2}\sin\theta$,求证:$\cos\theta + \sin\theta = \sqrt{2}\cos\theta$.

14. 已知 $\tan^2\alpha = 2\tan^2\beta + 1$,求证:$\sin^2\beta = 2\sin^2\alpha - 1$.

15. 已知 $\sin^2 A\csc^2 B + \cos^2 A\cos^2 C = 1$,且 $A \neq \dfrac{\pi}{2}$,求证:$\tan^2 A \cdot \cot^2 B = \sin^2 C$.

16. 已知 $\dfrac{\cos^4 A}{\cos^2 B} + \dfrac{\sin^4 A}{\sin^2 B} = 1$,且 $A \neq 0$ 及 $A \neq \dfrac{\pi}{2}$,求证:$\dfrac{\cos^4 B}{\cos^2 A} + \dfrac{\sin^4 B}{\sin^2 A} = 1$.

17. 已知 $\sec^2 \theta = \dfrac{4xy}{(x+y)^2}$,且 x, y 为实数,求证:$x = y$.

18. 已知 $\dfrac{a}{c} = \sin \theta, \dfrac{b}{c} = \cos \theta, (c+b)^{c-b} = (c-b)^{c+b} = a^a$,且 $a > 0, b > 0, c > b, 0 < \theta < \dfrac{\pi}{2}$,求证:$\lg^2 a = \lg(c+b)\lg(c-b)$.

19. 已知 x, y, α 都是实数,且 $x^2 + y^2 = 1$,求证:$|x\sin \alpha + y\cos \alpha| \leq 1$.

20. 设 α 是第三、四象限的角,且 $\sin \alpha = \dfrac{2m-3}{4-m}$,求 m 的取值范围.

21. 设 $\sin^2 x + 2\sin x \cos x - 2\cos^2 x = m$ 恒有实数解,求 m 的取值范围.

22. 求下列函数 (1),(2) 的极值,以及 (3),(4) 的值域:

(1) $y = -3\sin\left(2x - \dfrac{\pi}{3}\right) + 1$;

(2) $y = 12\sin \theta + 4\cos^2 \theta$;

(3) $y = \dfrac{4\csc x + \cot x}{4\csc x - \cot x}$;

(4) $y = \dfrac{\sec^2 x - \tan x}{\sec^2 x + \tan x}$.

23. 周长为 l 的直角三角形,在什么情况下斜边最

第 1 章　三角函数及其基本性质

短? 并求之.

24. 求下列函数的周期：

(1) $y = \sin \dfrac{x}{m} + \cos \dfrac{x}{n}$ (m, n 为有理数)；

(2) $y = \tan 3\pi x + \cot 2\pi x$.

25. 实数 p, q 要满足怎样的条件, 才能使方程 $x^2 - px + q = 0$ 的两根成为一直角三角形两锐角的正弦.

26. 求证：方程 $x^3 - (\sqrt{2} + 1)x^2 + (\sqrt{2} - q)x + q = 0$ 的一个根是 1；设这个方程的三个根是一个三角形 ABC 的三内角的正弦 $\sin A, \sin B, \sin C$, 求 A, B, C 的度数及 q 的值.

27. 试证明能适合方程 $\sin x + \sin^2 x = 1$ 的 x 的值必能适合方程 $\cos^2 x + \cos^4 x = 1$.

28. 已知 $a\sec x - \cot x = d, b\sec x + d\tan x = c$, 且 c, d 不同时为 0, 求证：$a^2 + b^2 = c^2 + d^2$.

29. 试由等式组 $\csc x - \sin x = m, \sec x - \cos x = n$ 消去 x.

30. 试由等式组 $x = \cot\theta + \tan\theta, y = \sec\theta - \cos\theta$ 消去 θ.

31. 设 a, b, θ 满足方程组

$$\begin{cases} \sin\theta + \cos\theta = a & \text{①} \\ \sin\theta - \cos\theta = b & \text{②} \\ \sin^2\theta - \cos^2\theta - \sin\theta = -b^2 & \text{③} \end{cases}$$

求 a, b 的值.

32. 已知

$x_1 = \sin\phi_1$

$$x_2 = \cos\phi_1\sin\phi_2$$
$$x_3 = \cos\phi_1\cos\phi_2\sin\phi_3$$
$$\vdots$$
$$x_{n-1} = \cos\phi_1\cos\phi_2\cdots\cos\phi_{n-2}\sin\phi_{n-1}$$
$$x_n = \cos\phi_1\cos\phi_2\cdots\cos\phi_{n-2}\cos\phi_{n-1}$$

求证:$x_1^2 + x_2^2 + \cdots + x_n^2 = 1$.

§4　习题解答

1. 因 $|\sec\alpha| \geqslant 1$,故 $|m| \geqslant 1$.

当 $m = 1$ 时,$\alpha = 2k\pi$(k 为整数)
$$\sin\alpha = 0;\cos\alpha = 1;\tan\alpha = 0$$

当 $m = -1$ 时,$\alpha = (2k+1)\pi$(k 为整数)
$$\sin\alpha = 0;\cos\alpha = -1;\tan\alpha = 0$$

当 $|m| > 1$ 时,依题设有
$$\cos\alpha = \frac{1}{m}$$
$$\tan\alpha = \pm\sqrt{\sec^2\alpha - 1} = \pm\sqrt{m^2 - 1}$$
$$\sin\alpha = \cos\alpha \cdot \tan\alpha = \pm\frac{\sqrt{m^2-1}}{m}$$

若 $m > 1$,则 α 在第一或第四象限. α 在第一象限时,取"+"号,α 在第四象限时,取"-"号;若 $m < -1$,则 α 在第二或第三象限. α 在第二象限时,取"-"号,α 在第三象限时,取"+"号.

2. 根据题意,有
$$U(x) = \frac{1}{\sin x}\sqrt{\frac{2}{1-\cos^2 x}} - \sqrt{2} =$$

第1章 三角函数及其基本性质

$$\frac{1}{\sin x} \cdot \frac{\sqrt{2}}{|\sin x|} - \sqrt{2}$$

当 $2k\pi < x < (2k+1)\pi$ 时

$$U(x) = \sqrt{2}\left(\frac{1}{\sin^2 x} - 1\right) = \sqrt{2}\cot^2 x$$

当 $(2k+1)\pi < x < 2(k+1)\pi$ 时

$$U(x) = -\sqrt{2}\left(\frac{1}{\sin^2 x} + 1\right) = -\sqrt{2}(\cot^2 x + 2)$$

3. 原式 $= \dfrac{1-a}{1+a}$.

4. $\cos x = -\dfrac{3}{5}$ 或 $\cos x = \dfrac{4}{5}$.

5. 依已知条件有

$$\sin x \cos x = \frac{2\sqrt{2}}{9}$$

$$(\cos x - \sin x)^2 = 1 - 2\sin x \cos x =$$

$$1 - 2 \times \frac{2\sqrt{2}}{9} = \frac{9 - 4\sqrt{2}}{9}$$

又已知 $0 < x < \dfrac{\pi}{4}$,所以

$$\cos x > \sin x > 0$$

$$\cos x - \sin x = \sqrt{\frac{9-4\sqrt{2}}{9}} = \frac{1}{3}(2\sqrt{2} - 1)$$

6. 根据题意,有

$$\sin \alpha + \cos \alpha = \frac{1}{\sqrt{2}}$$

$$(\sin \alpha + \cos \alpha)^2 = \frac{1}{2}$$

三角解题引导

$$1 + 2\sin\alpha\cos\alpha = \frac{1}{2}$$

$$\sin\alpha\cos\alpha = -\frac{1}{4}$$

所以

$\sin^3\alpha + \cos^3\alpha =$

$(\sin\alpha + \cos\alpha)(\sin^2\alpha - \sin\alpha\cos\alpha + \cos^2\alpha) =$

$\dfrac{1}{\sqrt{2}}\left(1 + \dfrac{1}{4}\right) = \dfrac{5\sqrt{2}}{8}$

$\sin^4\alpha + \cos^4\alpha = (\sin^2\alpha + \cos^2\alpha)^2 - 2\sin^2\alpha\cos^2\alpha =$

$1 - 2 \times \left(-\dfrac{1}{4}\right)^2 = \dfrac{7}{8}$

$\sin^5\alpha + \cos^5\alpha = (\sin\alpha + \cos\alpha)(\sin^4\alpha - \sin^3\alpha\cos\alpha +$

$\sin^2\alpha\cos^2\alpha - \sin\alpha\cos^3\alpha + \cos^4\alpha) =$

$(\sin\alpha + \cos\alpha)[(\sin^4\alpha + \cos^4\alpha) +$

$(\sin\alpha\cos\alpha)^2 - \sin\alpha\cos\alpha \cdot$

$(\sin^2\alpha + \cos^2\alpha)] =$

$\dfrac{1}{\sqrt{2}}\left[\dfrac{7}{8} + \left(-\dfrac{1}{4}\right)^2 - \left(-\dfrac{1}{4}\right)\cdot 1\right] =$

$\dfrac{19\sqrt{2}}{32}$

7. 根据题意,有

$$\sec\alpha + \csc\alpha = a$$

$$\frac{\sin\alpha + \cos\alpha}{\sin\alpha\cos\alpha} = a$$

$$\frac{(\sin\alpha + \cos\alpha)^2}{(\sin\alpha\cos\alpha)^2} = a^2$$

$$a^2(\sin\alpha\cos\alpha)^2 = 1 + 2\sin\alpha\cos\alpha$$

第1章 三角函数及其基本性质

$$a^2(\sin\alpha\cos\alpha)^2 - 2\sin\alpha\cos\alpha - 1 = 0$$

所以

$$\sin\alpha\cos\alpha = \frac{2\pm\sqrt{4+4a^2}}{2a^2} = \frac{1\pm\sqrt{a^2+1}}{a^2}$$

8. 解关于 $\tan\alpha, \sin\beta$ 的方程组,得

$$\tan\alpha = 3, \sin\beta = \frac{1}{3}$$

由 $\tan\alpha = 3$ 得 $\sin\alpha = \pm\dfrac{3\sqrt{10}}{10}$.

9. (1) $m+n = 2\tan\alpha, m-n = 2\sin\alpha$,所以

$$\cos\alpha = \frac{\sin\alpha}{\tan\alpha} = \frac{m-n}{m+n}$$

(2) 根据题意,有

$$(m^2-n^2)^2 = [(m+n)(m-n)]^2 =$$
$$[2\tan\alpha \cdot 2\sin\alpha]^2 =$$
$$16\tan^2\alpha\sin^2\alpha =$$
$$16\tan^2\alpha(1-\cos^2\alpha) =$$
$$16(\tan^2\alpha - \sin^2\alpha) =$$
$$16(\tan\alpha + \sin\alpha)(\tan\alpha - \sin\alpha) =$$
$$16mn$$

10. (1) 原式 $= \dfrac{\sec\alpha}{|\sec\alpha|} + \dfrac{2\tan\alpha}{|\tan\alpha|} =$

$$\begin{cases} 3, \text{当} 2k\pi < \alpha < 2k\pi + \dfrac{\pi}{2} \text{时} \\ -3, \text{当} 2k\pi + \dfrac{\pi}{2} < \alpha < (2k+1)\pi \text{时} \\ 1, \text{当} (2k+1)\pi < \alpha < (2k+1)\pi + \dfrac{\pi}{2} \text{时} \\ -1, \text{当} (2k+1)\pi + \dfrac{\pi}{2} < \alpha < 2(k+1)\pi \text{时} \end{cases}$$

三角解题引导

(2) $\sin^2\alpha + \sin^2\beta - \sin^2\alpha\sin^2\beta + \cos^2\alpha\cos^2\beta =$
$\sin^2\alpha(1 - \sin^2\beta) + \sin^2\beta + \cos^2\alpha\cos^2\beta =$
$\sin^2\alpha\cos^2\beta + \cos^2\alpha\cos^2\beta + \sin^2\beta =$
$\cos^2\beta + \sin^2\beta =$
1

(3) $(1 - \cot\alpha + \csc\alpha)(1 - \tan\alpha + \sec\alpha) =$
$\dfrac{\sin\alpha - \cos\alpha + 1}{\sin\alpha} \cdot \dfrac{\cos\alpha - \sin\alpha + 1}{\cos\alpha} =$
$\dfrac{1 - (\sin\alpha - \cos\alpha)^2}{\sin\alpha\cos\alpha} =$
$\dfrac{2\sin\alpha\cos\alpha}{\sin\alpha\cos\alpha} =$
2

(4) $\sin^2\alpha\tan\alpha + \cos^2\alpha\cot\alpha + 2\sin\alpha\cos\alpha =$
$\dfrac{\sin^3\alpha}{\cos\alpha} + \dfrac{\cos^3\alpha}{\sin\alpha} + 2\sin\alpha\cos\alpha =$
$\dfrac{\sin^4\alpha + \cos^4\alpha + 2\sin^2\alpha\cos^2\alpha}{\sin\alpha\cos\alpha} =$
$\dfrac{(\sin^2\alpha + \cos^2\alpha)^2}{\sin\alpha\cos\alpha} =$
$\dfrac{1}{\sin\alpha\cos\alpha} =$
$\sec\alpha\csc\alpha$

(5) $\dfrac{1 + \sin\alpha + \cos\alpha + 2\sin\alpha\cos\alpha}{1 + \sin\alpha + \cos\alpha} =$
$\dfrac{(\sin\alpha + \cos\alpha)^2 + (\sin\alpha + \cos\alpha)}{1 + \sin\alpha + \cos\alpha} =$
$\dfrac{(\sin\alpha + \cos\alpha)(\sin\alpha + \cos\alpha + 1)}{1 + \sin\alpha + \cos\alpha} =$
$\sin\alpha + \cos\alpha$

第1章　三角函数及其基本性质

(6) $\left(\dfrac{1}{\cos\alpha}+1\right)\left(\dfrac{1}{\cos\alpha}-1\right)(\csc\alpha+1)(1-\sin\alpha) =$

$(\sec\alpha+1)(\sec\alpha-1)(\csc\alpha+1)\cdot$
$\sin\alpha(\csc\alpha-1) =$
$\sin\alpha(\sec^2\alpha-1)(\csc^2\alpha-1) =$
$\sin\alpha\tan^2\alpha\cdot\cot^2\alpha =$
$\sin\alpha$

(7) $\sin^2 62° + \tan 54°\tan 45°\tan 36° + \sin^2 28° =$
$\sin^2 62° + \cos^2 62° + \tan 54°\cot 54° =$
2

(8) $\sin(30°+\alpha)\tan(45°+\alpha)\tan(45°-\alpha)\cdot$
$\sec(60°-\alpha) =$
$\sin(30°+\alpha)\tan(45°+\alpha)\cdot$
$\cot(45°+\alpha)\csc(30°+\alpha) =$
1

(9)
$\dfrac{\sin^2(\alpha-2\pi)+\cos^2(2\pi-\alpha)+\sec(2\pi-\alpha)\sec(\pi-\alpha)}{\cos^2\left(\dfrac{\pi}{2}+\alpha\right)+\cos^2(\pi+\alpha)+\sec\left(\dfrac{\pi}{2}+\alpha\right)\sec\left(\dfrac{\pi}{2}-\alpha\right)} =$

$\dfrac{\sin^2\alpha+\cos^2\alpha-\sec^2\alpha}{\sin^2\alpha+\cos^2\alpha-\csc^2\alpha} =$

$\dfrac{-\tan^2\alpha}{-\cot^2\alpha} = \tan^4\alpha$

(10) $\sin\left(\dfrac{4n+1}{4}\pi+\alpha\right)+\sin\left(\dfrac{4n-1}{4}\pi-\alpha\right) =$

$\sin\left[n\pi+\left(\dfrac{\pi}{4}+\alpha\right)\right] +$
$\sin\left[n\pi-\left(\dfrac{\pi}{4}+\alpha\right)\right] =$

三角解题引导

$$(-1)^n \sin\left(\frac{\pi}{4}+\alpha\right)+(-1)^{n+1}\sin\left(\frac{\pi}{4}+\alpha\right)=0$$

11.(1) 因为 $-\frac{\pi}{4}<\alpha<0$,所以

$\cos\alpha>0, \sin\alpha<0, |\cos\alpha|>|\sin\alpha|$

$\sqrt{\sin^2\alpha(1+\cot\alpha)+\cos^2\alpha(1+\tan\alpha)}=$

$\sqrt{\sin^2\alpha+\sin\alpha\cos\alpha+\cos^2\alpha+\sin\alpha\cos\alpha}=$

$\sqrt{(\sin\alpha+\cos\alpha)^2}=$

$\sin\alpha+\cos\alpha$

(2) $\dfrac{1+\tan\alpha+\cot\alpha}{\sec^2\alpha+\tan\alpha}-\dfrac{\cot\alpha}{\csc^2\alpha+\tan^2\alpha-\cot^2\alpha}=$

$\dfrac{\cot\alpha(\tan\alpha+\tan^2\alpha+1)}{\tan^2\alpha+1+\tan\alpha}-\dfrac{\cot\alpha}{1+\tan^2\alpha}=$

$\cot\alpha-\dfrac{\cot\alpha}{\sec^2\alpha}=$

$\cot\alpha(1-\cos^2\alpha)=$

$\sin\alpha\cos\alpha$

(3) $(\tan^2x+\tan x+1)(\cot^2x-\cot x+1)=$

$(\tan^2x+\tan x+1)\cdot\cot^2x(1-\tan x+\tan^2x)=$

$\cot^2x[(\tan^2x+1)^2-\tan^2x]=$

$\cot^2x(\tan^4x+\tan^2x+1)=$

$\tan^2x+\cot^2x+1$

(4) $\dfrac{\tan\alpha\sin\alpha}{\tan\alpha-\sin\alpha}=\dfrac{1}{\dfrac{\tan\alpha-\sin\alpha}{\tan\alpha\sin\alpha}}=\dfrac{1}{\csc\alpha-\cot\alpha}=$

$\dfrac{\csc^2\alpha-\cot^2\alpha}{\csc\alpha-\cot\alpha}=\csc\alpha+\cot\alpha=$

30

第1章 三角函数及其基本性质

$$\frac{1}{\sin\alpha} + \frac{1}{\tan\alpha} = \frac{\tan\alpha + \sin\alpha}{\tan\alpha\sin\alpha}$$

(5) $\dfrac{1-\cos A+\sin A}{1+\cos A+\sin A} + \dfrac{1+\cos A+\sin A}{1-\cos A+\sin A} =$

$\dfrac{(1+\sin A-\cos A)^2+(1+\sin A+\cos A)^2}{(1+\sin A)^2-\cos^2 A} =$

$\dfrac{2[(1+\sin A)^2+\cos^2 A]}{1+2\sin A+\sin^2 A-\cos^2 A} =$

$\dfrac{2(2+2\sin A)}{2\sin A+2\sin^2 A} =$

$\dfrac{2}{\sin A} = 2\csc A$

(6) $\sin\alpha(1+\tan\alpha) + \cos\alpha(1+\cot\alpha) =$

$\sin\alpha \cdot \tan\alpha(\cot\alpha+1) + \cos\alpha(1+\cot\alpha) =$

$(1+\cot\alpha)(\sin\alpha\tan\alpha+\cos\alpha) =$

$\dfrac{\sin\alpha+\cos\alpha}{\sin\alpha} \cdot \dfrac{\sin^2\alpha+\cos^2\alpha}{\cos\alpha} =$

$\dfrac{\sin\alpha+\cos\alpha}{\sin\alpha \cdot \cos\alpha} = \sec\alpha+\csc\alpha$

(7) $2(\sin^6\alpha+\cos^6\alpha) - 3(\sin^4\alpha+\cos^4\alpha) + 1 =$

$2(\sin^2\alpha+\cos^2\alpha)(\sin^4\alpha-\sin^2\alpha\cos^2\alpha+\cos^4\alpha) - 3(\sin^4\alpha+\cos^4\alpha) + 1 =$

$-(\sin^4\alpha+2\sin^2\alpha\cos^2\alpha+\cos^4\alpha) + 1 =$

$-(\sin^2\alpha+\cos^2\alpha)^2 + 1 =$

0

(8) $\dfrac{\sin\alpha+\cos\alpha}{\sin\alpha-\cos\alpha} - \dfrac{1+2\cos^2\alpha}{\cos^2\alpha(\tan^2\alpha-1)} =$

$\dfrac{\sin\alpha+\cos\alpha}{\sin\alpha-\cos\alpha} - \dfrac{1+2\cos^2\alpha}{\sin^2\alpha-\cos^2\alpha} =$

三角解题引导

$$\frac{(\sin\alpha+\cos\alpha)^2-1-2\cos^2\alpha}{\sin^2\alpha-\cos^2\alpha}=$$

$$\frac{2\sin\alpha\cos\alpha-2\cos^2\alpha}{\sin^2\alpha-\cos^2\alpha}=$$

$$\frac{2\cos\alpha}{\sin\alpha+\cos\alpha}=$$

$$\frac{2}{1+\tan\alpha}$$

(9) 将等式 $1+\tan^2 A = \sec^2 A$ 两边分别3次方,得

$$1+3\tan^2 A+3\tan^4 A+\tan^6 A = \sec^6 A$$

$$1+3\tan^2 A(1+\tan^2 A)+\tan^6 A = \sec^6 A$$

$$1+3\cdot\frac{\sin^2 A}{\cos^2 A}\cdot\sec^2 A+\tan^6 A = \sec^6 A$$

即

$$1+3\sin^2 A\sec^4 A+\tan^6 A = \sec^6 A$$

(10) 左边 $=\dfrac{\sin\theta}{1-\cos\theta}-\dfrac{1}{\sin\theta}=$

$$\frac{\sin^2\theta-1+\cos\theta}{\sin\theta(1-\cos\theta)}=\cot\theta$$

右边 $=\dfrac{1+\cos\theta-\sin^2\theta}{\sin\theta(1+\cos\theta)}=\cot\theta$

所以原式成立.

12. 将等式两边同乘以 $(1+\cos\alpha)(1+\cos\beta)\cdot(1+\cos\gamma)$,得

$$[(1+\cos\alpha)(1+\cos\beta)(1+\cos\gamma)]^2=$$

$$(1-\cos^2\alpha)(1-\cos^2\beta)(1-\cos^2\gamma)=$$

$$\sin^2\alpha\sin^2\beta\sin^2\gamma$$

因为

$$|\cos\alpha|\leqslant 1,|\cos\beta|\leqslant 1,|\cos\gamma|\leqslant 1$$

第 1 章 三角函数及其基本性质

所以
$$(1+\cos\alpha)(1+\cos\beta)(1+\cos\gamma) \geqslant 0$$
$$(1+\cos\alpha)(1+\cos\beta)(1+\cos\gamma) = |\sin\alpha|\cdot|\sin\beta|\cdot|\sin\gamma|$$

13. 因为 $\cos\theta - \sin\theta = \sqrt{2}\sin\theta$,所以
$$\sin\theta = \frac{\cos\theta}{\sqrt{2}+1} = (\sqrt{2}-1)\cos\theta = \sqrt{2}\cos\theta - \cos\theta$$
故
$$\sin\theta + \cos\theta = \sqrt{2}\cos\theta$$

14. 因为 $\tan^2\alpha = 2\tan^2\beta + 1$,所以
$$\tan^2\alpha + 1 = 2(\tan^2\beta + 1)$$
$$\sec^2\alpha = 2\sec^2\beta$$
$$\cos^2\beta = 2\cos^2\alpha$$
$$1 - \sin^2\beta = 2(1 - \sin^2\alpha)$$
$$\sin^2\beta = 2\sin^2\alpha - 1$$

15. 由 $\sin^2 A\csc^2 B + \cos^2 A\cos^2 C = 1$ 得
$$\sin^2 A\csc^2 B + \cos^2 A(1 - \sin^2 C) = 1$$
$$\sin^2 A\csc^2 B + \cos^2 A - 1 = \cos^2 A\sin^2 C$$
$$\sin^2 A\csc^2 B - \sin^2 A = \cos^2 A\sin^2 C$$
$$\sin^2 A(\csc^2 B - 1) = \cos^2 A\sin^2 C$$
$$\sin^2 A\cot^2 B = \cos^2 A\sin^2 C$$

由于 $\cos A \neq 0$,故可将上式两边同除以 $\cos^2 A$,得
$$\tan^2 A\cot^2 B = \sin^2 C$$

16. 将已知等式变形为
$$\cos^4 A\sin^2 B + \sin^4 A\cos^2 B = (\sin^2 A + \cos^2 A)\sin^2 B\cos^2 B$$

$(1-\sin^2 A)\cos^2 A\sin^2 B + (1-\cos^2 A)\sin^2 A\cos^2 B =$
$\sin^2 A\sin^2 B\cos^2 B + \cos^2 A\sin^2 B\cos^2 B$
$\cos^2 A\sin^2 B - \sin^2 A\cos^2 A\sin^2 B +$
$\sin^2 A\cos^2 B - \sin^2 A\cos^2 A\cos^2 B =$
$\sin^2 A\sin^2 B\cos^2 B + \cos^2 A\sin^2 B\cos^2 B$
$\cos^2 A\sin^2 B(1-\cos^2 B)\sin^2 A\cos^2 B(1-\sin^2 B) -$
$\sin^2 A\cos^2 A(\sin^2 B + \cos^2 B) = 0$
$\cos^2 A\sin^4 B + \sin^2 A\cos^4 B = \sin^2 A\cos^2 A$

两边同除以 $\sin^2 A\cos^2 A$，得

$$\frac{\sin^4 B}{\sin^2 A} + \frac{\cos^4 B}{\cos^2 A} = 1$$

17. 因为 $\sec^2\theta \geqslant 1$，所以

$$\frac{4xy}{(x+y)^2} \geqslant 1$$

$$4xy \geqslant x^2 + 2xy + y^2$$

$$(x-y)^2 \leqslant 0$$

但

$$(x-y)^2 \geqslant 0$$

故

$$x - y = 0, x = y$$

18. 由 $(c+b)^{c-b} = a^a$，$(c-b)^{c+b} = a^a$，得

$$a\lg a = (c-b)\lg(c+b) \qquad ①$$

$$a\lg a = (c+b)\lg(c-b) \qquad ②$$

①，②的两边分别相乘，得

$$a^2\lg^2 a = (c^2-b^2)\lg(c+b)\lg(c-b) \qquad ③$$

又因 $\dfrac{a}{c} = \sin\theta$，$\dfrac{b}{c} = \cos\theta$，所以

$$a^2 = c^2\sin^2\theta, b^2 = c^2\cos^2\theta$$

$$c^2 - b^2 = c^2 - c^2\cos^2\theta = c^2\sin^2\theta = a^2$$

因此式 ③ 可写成

$$a^2\lg^2 a = a^2\lg(c+b)\lg(c-b)$$

故

$$\lg^2 a = \lg(c+b)\lg(c-b)$$

19. 因为 $x^2 + y^2 = 1, \sin^2\alpha + \cos^2\alpha = 1$,所以

$$(x^2+y^2)(\sin^2\alpha+\cos^2\alpha) = 1$$
$$x^2\sin^2\alpha + y^2\cos^2\alpha + x^2\cos^2\alpha + y^2\sin^2\alpha = 1$$
$$x^2\sin^2\alpha + 2xy\sin\alpha\cos\alpha + y^2\cos^2\alpha +$$
$$x^2\cos^2\alpha - 2xy\sin\alpha\cos\alpha + y^2\sin^2\alpha = 1$$
$$(x\sin\alpha + y\cos\alpha)^2 + (x\cos\alpha - y\sin\alpha)^2 = 1$$

又 x, y, α 都是实数,故有

$$(x\cos\alpha - y\sin\alpha)^2 \geqslant 0$$
$$(x\sin\alpha + y\cos\alpha)^2 \leqslant 1$$
$$|x\sin\alpha + y\cos\alpha| \leqslant 1$$

20. 因 α 在第三、四象限,故 $-1 < \sin\alpha < 0$,所以

$$-1 < \frac{2m-3}{4-m} < 0$$

即

$$\begin{cases} \dfrac{2m-3}{4-m} < 0 \\[2mm] \dfrac{2m-3}{4-m} > -1 \end{cases}$$

解这个不等式组,得 $-1 < m < \dfrac{3}{2}$.

21. 若 $\sin x = 0$,则原方程化为

$$-2\cos^2 x = m, \cos^2 x = -\frac{m}{2}$$

而这时 $\cos^2 x = 1$,所以 $m = -2$.

三角解题引导

若 $\cos x = 0$,则原方程化为
$$\sin^2 x = m$$
而这时 $\sin^2 x = 1$,所以 $m = 1$.

若 $\sin x \neq 0, \cos x \neq 0$,则原方程可化为
$$\sin^2 x = 2\sin x \cos x - 2\cos^2 x = m(\sin^2 x + \cos^2 x)$$
两边同除以 $\cos^2 x$,并整理,得
$$(1 - m)\tan^2 x + 2\tan x - (2 + m) = 0$$
要使这个方程有实数解,必须其判别式的值非负,即
$$4 + 4(1 - m)(2 + m) \geqslant 0$$
$$m^2 + m - 3 \leqslant 0$$
$$-\frac{1}{2}(1 + \sqrt{13}) \leqslant m \leqslant \frac{1}{2}(\sqrt{13} - 1)$$
而 $m = -2, m = 1$ 都在这个范围内,故 m 的取值范围是
$$-\frac{1}{2}(1 + \sqrt{13}) \leqslant m \leqslant \frac{1}{2}(\sqrt{13} - 1)$$

22.(1)当 $2x - \dfrac{\pi}{3} = 2k\pi - \dfrac{\pi}{2}$,即 $x = k\pi - \dfrac{\pi}{12}$ 时,$\sin x = -1, y_{极大} = 4$;

当 $2x - \dfrac{\pi}{3} = 2k\pi + \dfrac{\pi}{2}$,即 $x = k\pi + \dfrac{5\pi}{12}$ 时,$\sin x = 1, y_{极小} = -2$.

(2)根据题意,有
$$y = 12\sin\theta + 4\cos^2\theta = -4\sin^2\theta + 12\sin\theta + 4 = -4\left(\sin\theta - \dfrac{3}{2}\right)^2 + 13$$

当 $\sin\theta = 1$,即 $\theta = 2k\pi + \dfrac{\pi}{2}$ 时,$y_{极大} = 12$;

当 $\sin\theta = -1$,即 $\theta = 2k\pi - \dfrac{\pi}{2}$ 时,$y_{极小} = -12$.

(3) $y = \dfrac{4\csc x + \cot x}{4\csc x - \cot x} = \dfrac{4 + \cos x}{4 - \cos x}$, $\cos x = \dfrac{4(y-1)}{y+1}$ 因 $x \neq k\pi$(k 为整数),$-1 < \cos x < 1$,所以 $y \in \left(\dfrac{3}{5}, \dfrac{5}{3}\right)$.

(4) 根据题意,有

$$y = \dfrac{\sec^2 x - \tan x}{\sec^2 x + \tan x} = \dfrac{\tan^2 x - \tan x + 1}{\tan^2 x + \tan x + 1}$$

$$\tan^2 x - \tan x + 1 = y(\tan^2 x + \tan x + 1)$$

$$(y-1)\tan^2 x + (y+1)\tan x + (y-1) = 0$$

因 $\tan x$ 是实数,所以当 $y \neq 1$ 时,有

$$(y+1)^2 - 4(y-1)^2 \geqslant 0$$

$$(3y-1)(y-3) \leqslant 0$$

$$\dfrac{1}{3} \leqslant y \leqslant 3$$

又当 $\tan x = 0$ 时,$y = 1$,所以 $y \in \left[\dfrac{1}{3}, 3\right]$.

23. 设斜边为 c,一锐角为 α,则有

$$c + c\sin\alpha + c\cos\alpha = l$$

$$c = \dfrac{l}{1 + \sin\alpha + \cos\alpha}$$

由于对任意的 α 均有 $\sin 2\alpha \leqslant 1$,即有

$$1 + \sin 2\alpha = \sin^2\alpha + 2\sin\alpha\cos\alpha + \cos^2\alpha \leqslant 2$$

于是

$$(\sin\alpha + \cos\alpha)^2 \leqslant 2$$

$$\sin\alpha + \cos\alpha \leqslant \sqrt{2}$$

因 α 为锐角,故当 $\alpha = 45°$ 时,$\sin\alpha + \cos\alpha$ 取最大值

$\sqrt{2}$,斜边 c 取最小值 $\dfrac{l}{1+\sqrt{2}} = (\sqrt{2}-1)l$. 即当这个三角形是等腰直角三角形时,斜边最短,等于 $(\sqrt{2}-1)l$.

24. (1) $\sin\dfrac{x}{m}$ 的周期是 $2m\pi$,$\cos\dfrac{x}{n}$ 的周期是 $2n\pi$,取 $2m$ 和 $2n$ 的最小公倍数 $2k$,于是 $2k\pi$ 即为 $y = \sin\dfrac{x}{m} + \cos\dfrac{x}{n}$ 的周期.

(2) $\tan 3\pi x$ 的周期是 $\dfrac{\pi}{3\pi} = \dfrac{1}{3}$,$\cot 2\pi x$ 的周期是 $\dfrac{\pi}{2\pi} = \dfrac{1}{2}$,而 $\dfrac{1}{2}$ 和 $\dfrac{1}{3}$ 的最小公倍数是 1,故 $y = \tan 3\pi x + \cot 2\pi x$ 的周期是 1.

25. 方程 $x^2 - px + q = 0$ 的判别式的值应不小于零,即

$$p^2 - 4q \geqslant 0 \qquad ①$$

设这个直角三角形的一锐角为 α,则另一锐角为 $90° - \alpha$,方程 $x^2 - px + q = 0$ 的两根便是 $\sin\alpha$ 和 $\cos\alpha$,依韦达定理有

$$\sin\alpha + \cos\alpha = p \qquad ②$$
$$\sin\alpha\cos\alpha = q \qquad ③$$

由 ②,③ 消去 α,得

$$p^2 - 2q - 1 = 0 \qquad ④$$

①,④ 及 p,q 为正数且 $p \leqslant \sqrt{2}$ 便是 p,q 所要满足的条件.

26. 将 $x = 1$ 代入原方程,有

左边 $= 1 - (\sqrt{2}+1) + (\sqrt{2}-q) + q = 0$

因此,1 是这个方程的根. 于是,原方程可化为

$$(x-1)(x^2 - \sqrt{2}x - q) = 0$$

设 $\sin C = 1$，则 $C = 90°$，$\sin B = \cos A$，$\sin A$，$\cos A$ 是方程

$$x^2 - \sqrt{2}x - q = 0$$

的两个根. 因此

$$\sin A + \cos A = \sqrt{2} \qquad ①$$
$$\sin A \cos A = -q \qquad ②$$

由①得 $A = 45°$（参看 23 题解法）. 由②及 $A = 45°$ 得 $q = -\dfrac{1}{2}$.

所以这个三角形的三个内角是 $45°, 45°, 90°$，$q = -\dfrac{1}{2}$.

27. 原方程可化为

$$\sin x = 1 - \sin^2 x$$
$$\cos^2 x = \sin x$$

两边平方得

$$\cos^4 x = \sin^2 x$$
$$\cos^4 x = 1 - \cos^2 x$$

即有

$$\cos^4 x + \cos^2 x = 1$$

28. 解关于 $\sec x, \tan x$ 的方程组，得

$$\sec x = \frac{c^2 + d^2}{ad + bc}, \tan x = \frac{ac - bd}{ad + bc}$$

由 $\sec^2 x - \tan^2 x = 1$ 有

$$\left(\frac{c^2 + d^2}{ad + bc}\right)^2 - \left(\frac{ac - bd}{ad + bc}\right)^2 = 1$$
$$(c^2 + d^2)^2 = (ad + bc)^2 + (ac - bd)^2 =$$
$$(a^2 + b^2)(c^2 + d^2)$$

所以
$$a^2 + b^2 = c^2 + d^2$$

29. 将第一个等式两边同乘以 $\sin x$, 第二个等式两边同乘以 $\cos x$, 得
$$1 - \sin^2 x = m\sin x, 1 - \cos^2 x = n\cos x$$
$$\cos^2 x = m\sin x, \sin^2 x = n\cos x \qquad ①$$

所以
$$\cos^2 x \sin^2 x = mn\sin x\cos x$$
$$\sin x\cos x = mn \qquad ②$$

等式①逐项乘以等式②,约简后得
$$\cos^3 x = m^2 n, \sin^3 x = mn^2$$
$$\cos^2 x = m\sqrt[3]{mn^2}, \sin^2 x = n\sqrt[3]{m^2 n}$$

由 $\sin^2 x + \cos^2 x = 1$ 得
$$m\sqrt[3]{mn^2} + n\sqrt[3]{m^2 n} = 1$$

30. 根据题意,有
$$x = \frac{1}{\tan\theta} + \tan\theta = \frac{1 + \tan^2\theta}{\tan\theta} = \frac{\sec^2\theta}{\tan\theta}$$
$$y = \sec\theta - \frac{1}{\sec\theta} = \frac{\sec^2\theta - 1}{\sec\theta} = \frac{\tan^2\theta}{\sec\theta}$$
$$x^2 y = \sec^3\theta, xy^2 = \tan^3\theta$$

由 $\sec^2\theta - \tan^2\theta = 1$ 得
$$(x^2 y)^{\frac{2}{3}} - (xy^2)^{\frac{2}{3}} = 1$$

即
$$x^{\frac{4}{3}} y^{\frac{2}{3}} - x^{\frac{2}{3}} y^{\frac{4}{3}} = 1$$

31. **解法一** ① + ②,得
$$\sin\theta = \frac{a+b}{2}$$

第 1 章　三角函数及其基本性质

由③得
$$(\sin\theta+\cos\theta)(\sin\theta-\cos\theta)-\sin\theta=-b^2$$
所以
$$ab-\frac{a+b}{2}=-b^2$$
$$b=-a \text{ 或 } b=\frac{1}{2}$$

③又可以写成
$$2\sin^2\theta-\sin\theta-1=-b^2$$
即
$$2\left(\frac{a+b}{2}\right)^2-\frac{a+b}{2}-1=-b^2$$
整理,得
$$a^2+2ab+3b^2-a-b-2=0 \qquad ④$$
把 $b=-a$ 代入④,得 $a^2=1$,故
$$a=\pm 1, b=\mp 1$$
把 $b=\frac{1}{2}$ 代入④,得
$$a^2=\frac{7}{4}, a=\pm\frac{\sqrt{7}}{2}$$

所以原方程组的解是
$$\begin{cases}a=1\\b=-1\end{cases}, \begin{cases}a=-1\\b=1\end{cases}$$
$$\begin{cases}a=\frac{\sqrt{7}}{2}\\b=\frac{1}{2}\end{cases}, \begin{cases}a=-\frac{\sqrt{7}}{2}\\b=\frac{1}{2}\end{cases}$$

解法二　②代入③,得
$$\sin^2\theta-\cos^2\theta-\sin\theta=-(\sin\theta-\cos\theta)^2$$

三角解题引导

$$2\sin^2\theta - 2\sin\theta\cos\theta - \sin\theta = 0$$
$$\sin\theta(2\sin\theta - 2\cos\theta - 1) = 0$$
$$\sin\theta = 0 \text{ 或 } 2\sin\theta - 2\cos\theta - 1 = 0$$

由 $\sin\theta = 0$ 得 $\theta = k\pi$(k 为整数). 将 $\theta = k\pi$ 分别代入①,②,当 k 为偶数时有 $a = 1, b = -1$;当 k 为奇数时有 $a = -1, b = 1$.

由 $2\sin\theta - 2\cos\theta - 1 = 0$ 得

$$\sin\theta - \cos\theta = \frac{1}{2}$$

$$b = \frac{1}{2}$$

将 $b = \frac{1}{2}$ 代入③,得

$$\sin^2\theta - \cos^2\theta - \sin\theta = -\frac{1}{4}$$

$$2\sin^2\theta - \sin\theta - \frac{3}{4} = 0$$

$$\sin\theta = \frac{1 \pm \sqrt{7}}{4}$$

从而

$$\cos\theta = \frac{-1 \pm \sqrt{7}}{4}$$

$$a = \sin\theta + \cos\theta =$$

$$\frac{1 \pm \sqrt{7}}{4} + \frac{-1 \pm \sqrt{7}}{4} = \pm\frac{\sqrt{7}}{2}$$

因此原方程组的解是

$$\begin{cases} a = 1 \\ b = -1 \end{cases}, \begin{cases} a = -1 \\ b = 1 \end{cases}$$

$$\begin{cases} a = \dfrac{\sqrt{7}}{2} \\ b = \dfrac{1}{2} \end{cases}, \begin{cases} a = -\dfrac{\sqrt{7}}{2} \\ b = \dfrac{1}{2} \end{cases}$$

32. 根据题意,有

$$x_{n-1}^2 + x_n^2 =$$
$$\cos^2\phi_1 \cos^2\phi_2 \cdots \cos^2\phi_{n-2} \cdot$$
$$(\sin^2\phi_{n-1} + \cos^2\phi_{n-1}) =$$
$$\cos^2\phi_1 \cos^2\phi_2 \cdots \cos^2\phi_{n-2}$$
$$x_{n-2}^2 + x_{n-1}^2 + x_n^2 =$$
$$\cos^2\phi_1 \cos^2\phi_2 \cdots \cos^2\phi_{n-3} \cdot$$
$$(\sin^2\phi_{n-2} + \cos^2\phi_{n-2}) =$$
$$\cos^2\phi_1 \cos^2\phi_2 \cdots \cos^2\phi_{n-3}$$

依次类推,最后得到

$$x_1^2 + x_2^2 + \cdots + x_n^2 = \sin^2\phi_1 + \cos^2\phi_1 = 1$$

加法定理及其推广

第 2 章

§1 概 述

第 1 章研究了单角的三角函数，本章将研究复角的三角函数. 这有时也视作两个变量的函数关系. 这里，问题是如何用单角(如 α,β) 的三角函数表示和角($\alpha+\beta$)、差角($\alpha-\beta$) 的三角函数. 其中最基本的公式是

$$\cos(\alpha+\beta) =$$
$$\cos\alpha\cdot\cos\beta - \sin\alpha\cdot\sin\beta$$

由于这公式成功地将复角 $\alpha+\beta$ 的余弦函数转化为单角的正弦、余弦函数. 因此若将 β 换成 $-\beta$,可得 $\cos(\alpha-\beta)$ 的公式. 若运用诱导公式

$$\sin(\alpha\pm\beta) = \cos\left[\frac{\pi}{2}-(\alpha\pm\beta)\right] =$$
$$\cos\left[\left(\frac{\pi}{2}-\alpha\right)\mp\beta\right]$$

第 2 章　加法定理及其推广

就得到和角、差角的正弦公式. 再利用

$$\tan(\alpha + \beta) = \frac{\sin(\alpha + \beta)}{\cos(\alpha + \beta)}$$

$$\tan(\alpha - \beta) = \frac{\sin(\alpha - \beta)}{\cos(\alpha - \beta)}$$

又可得到和角、差角的正切公式. 当 $\alpha = \beta$ 时, 就得到倍角公式. 又 α 是 $\frac{\alpha}{2}$ 的倍角, 若用 α 的三角函数表示 $\frac{\alpha}{2}$ 的三角函数, 则得到半角公式. 若将和角、差角的正弦及余弦的公式相加或相减, 就得到积化和差、和差化积的公式.

本章的公式如下：

和角、差角的公式

$$\sin(\alpha \pm \beta) = \sin\alpha\cos\beta \pm \cos\alpha\sin\beta$$

$$\cos(\alpha \pm \beta) = \cos\alpha\cos\beta \mp \sin\alpha\sin\beta$$

$$\tan(\alpha \pm \beta) = \frac{\tan\alpha \pm \tan\beta}{1 \mp \tan\alpha \cdot \tan\beta}$$

倍角公式

$$\sin 2\alpha = 2\sin\alpha\cos\alpha$$

$$\cos 2\alpha = \cos^2\alpha - \sin^2\alpha = 2\cos^2\alpha - 1 = 1 - 2\sin^2\alpha$$

$$\tan 2\alpha = \frac{2\tan\alpha}{1 - \tan^2\alpha}$$

万能置换公式

$$\sin\alpha = \frac{2\tan\frac{\alpha}{2}}{1 + \tan^2\frac{\alpha}{2}}$$

$$\cos\alpha = \frac{1-\tan^2\frac{\alpha}{2}}{1+\tan^2\frac{\alpha}{2}}$$

$$\tan\alpha = \frac{2\tan\frac{\alpha}{2}}{1-\tan^2\frac{\alpha}{2}}$$

半角公式

$$\sin\frac{\alpha}{2} = \pm\sqrt{\frac{1-\cos\alpha}{2}}$$

$$\cos\frac{\alpha}{2} = \pm\sqrt{\frac{1+\cos\alpha}{2}}$$

$$\tan\frac{\alpha}{2} = \pm\sqrt{\frac{1-\cos\alpha}{1+\cos\alpha}} = \frac{\sin\alpha}{1+\cos\alpha} = \frac{1-\cos\alpha}{\sin\alpha}$$

积化和差

$$\sin\alpha\cos\beta = \frac{1}{2}[\sin(\alpha+\beta)+\sin(\alpha-\beta)]$$

$$\cos\alpha\cos\beta = \frac{1}{2}[\cos(\alpha+\beta)+\cos(\alpha-\beta)]$$

$$\sin\alpha\sin\beta = -\frac{1}{2}[\cos(\alpha+\beta)-\cos(\alpha-\beta)]$$

和差化积

$$\sin\alpha+\sin\beta = 2\sin\frac{\alpha+\beta}{2}\cos\frac{\alpha-\beta}{2}$$

$$\sin\alpha-\sin\beta = 2\cos\frac{\alpha+\beta}{2}\sin\frac{\alpha-\beta}{2}$$

$$\cos\alpha+\cos\beta = 2\cos\frac{\alpha+\beta}{2}\cos\frac{\alpha-\beta}{2}$$

$$\cos\alpha-\cos\beta = -2\sin\frac{\alpha+\beta}{2}\sin\frac{\alpha-\beta}{2}$$

本章例题的类型,大体如上章.但本章公式较多,除应熟练地掌握公式外,并应注意它们之间的内在联系及相互转化.如:

已知 α 及 $\alpha+\beta$ 的三角函数值,要求 β 的三角函数值时,可视 $\beta=(\alpha+\beta)-\alpha$.

2α 是 α 的倍角,α 是 2α 的半角,α 是 $\frac{\alpha}{2}$ 的倍角,$\frac{\alpha}{2}$ 是 α 的半角等.

若式子中出现 $\sin^2\alpha$,$\cos^2\alpha$,$\sin\alpha\cos\alpha$ 或其更高次幂时,可利用倍角或半角公式降次

$$\sin^2\alpha=\frac{1-\cos 2\alpha}{2};\cos^2\alpha=\frac{1+\cos 2\alpha}{2}$$

$$\sin\alpha\cos\alpha=\frac{1}{2}\sin 2\alpha$$

此外,在使用倍角公式或半角公式时,应正确确定有关的角所在的象限.另外,代数中恒等变形,比例定理以及方程、方程组的消元法,不等式的性质、数列、极值等与三角函数相交缘时,应首先看出问题的特征,然后采取综合手段加以解决.

§2 例 题

1. 已知 $\sin\frac{\alpha}{2}-\cos\frac{\alpha}{2}=-\frac{1}{\sqrt{5}}$,$450°<\alpha<540°$,求 $\tan\frac{\alpha}{4}$ 的值.

分析 $\frac{\alpha}{4}$ 是 $\frac{\alpha}{2}$ 的半角,依半角的正切公式,应先

求出 $\cos\dfrac{\alpha}{2}$ 的值.

解 由 $450° < \alpha < 540°$ 知

$$225° < \dfrac{\alpha}{2} < 270°$$

$$\sin\dfrac{\alpha}{2} < 0,\ \cos\dfrac{\alpha}{2} < 0$$

又

$$\sin\dfrac{\alpha}{2} - \cos\dfrac{\alpha}{2} = -\dfrac{1}{\sqrt{5}} \qquad ①$$

对此式两边平方,化简得

$$2\sin\dfrac{\alpha}{2}\cos\dfrac{\alpha}{2} = \dfrac{4}{5}$$

所以

$$1 + 2\sin\dfrac{\alpha}{2}\cos\dfrac{\alpha}{2} = \dfrac{9}{5}$$

$$\left(\sin\dfrac{\alpha}{2} + \cos\dfrac{\alpha}{2}\right)^2 = \dfrac{9}{5}$$

$$\sin\dfrac{\alpha}{2} + \cos\dfrac{\alpha}{2} = -\dfrac{3}{\sqrt{5}} \qquad ②$$

由 ①,② 可得

$$\sin\dfrac{\alpha}{2} = -\dfrac{2}{\sqrt{5}},\ \cos\dfrac{\alpha}{2} = -\dfrac{1}{\sqrt{5}}$$

所以

$$\tan\dfrac{\alpha}{4} = \dfrac{1 - \cos\dfrac{\alpha}{2}}{\sin\dfrac{\alpha}{2}} = \dfrac{1 - \left(-\dfrac{1}{\sqrt{5}}\right)}{-\dfrac{2}{\sqrt{5}}} = -\dfrac{1}{2}(\sqrt{5} + 1)$$

2. 设方程 $x^2 + px + q = 0$ 的两根是 $\tan\theta$ 和

$\tan\left(\dfrac{\pi}{4}-\theta\right)$,且这方程的两根之比为 $3:2$,求 p 和 q 的值.

解法一　依韦达定理有

$$\tan\theta+\tan\left(\dfrac{\pi}{4}-\theta\right)=-p,\tan\theta\tan\left(\dfrac{\pi}{4}-\theta\right)=q$$

所以

$$\tan\dfrac{\pi}{4}=\tan\left[\theta+\left(\dfrac{\pi}{4}-\theta\right)\right]=\dfrac{\tan\theta+\tan\left(\dfrac{\pi}{4}-\theta\right)}{1-\tan\theta\tan\left(\dfrac{\pi}{4}-\theta\right)}=\dfrac{-p}{1-q}$$

即

$$\dfrac{-p}{1-q}=1$$

$$p-q+1=0 \qquad ①$$

又已知这个方程的两根之比为 $3:2$,故设此两根分别为 3α 和 2α,于是有

$$\begin{cases}3\alpha+2\alpha=-p\\ 3\alpha\cdot2\alpha=q\end{cases}$$

由此二式消去 α,得

$$6p^2=25q \qquad ②$$

由 ①,② 得

$$\begin{cases}p=5\\ q=6\end{cases},\begin{cases}p=-\dfrac{5}{6}\\ q=\dfrac{1}{6}\end{cases}$$

解法二 因此方程两根之比为 $3:2$,不妨设

$$\frac{\tan\theta}{\tan\left(\frac{\pi}{4}-\theta\right)}=\frac{3}{2}$$

即

$$\frac{\tan\theta}{\frac{1-\tan\theta}{1+\tan\theta}}=\frac{3}{2}$$

$$2\tan^2\theta+5\tan\theta-3=0$$

解之,得

$$\tan\theta=3 \text{ 或 } \tan\theta=\frac{1}{2}$$

所以

$$\tan\left(\frac{\pi}{4}-\theta\right)=-2 \text{ 或 } \tan\left(\frac{\pi}{4}-\theta\right)=\frac{1}{3}$$

依韦达定理有

$$p=-[(-3)+(-2)]=5$$
$$q=(-3)\times(-2)=6$$

或

$$p=-\left(\frac{1}{2}+\frac{1}{3}\right)=-\frac{5}{6},q=\frac{1}{2}\times\frac{1}{3}=\frac{1}{6}$$

若设 $\dfrac{\tan\left(\dfrac{\pi}{4}-\theta\right)}{\tan\theta}=\dfrac{3}{2}$,仍得此结果.

3. 设 $\tan x=3\tan y\left(0\leqslant y\leqslant x<\dfrac{\pi}{2}\right)$,求 $u=x-y$ 的最大值.

分析 根据正切函数的单调性,在 $\left[0,\dfrac{\pi}{2}\right)$ 内,$\tan u$ 和 u 同时取得最大值,故本题可从求 $\tan u$ 的最大

值入手.

解 由于 $u = x - y, 0 \leq y \leq x < \dfrac{\pi}{2}$,故

$$0 \leq u < \dfrac{\pi}{2}$$

$$\tan u = \tan(x-y) = \dfrac{\tan x - \tan y}{1 + \tan x \tan y} = \dfrac{3\tan y - \tan y}{1 + 3\tan y \tan y} = \dfrac{2\tan y}{1 + 3\tan^2 y} = \dfrac{2}{\cot y + 3\tan y}$$

因为 $\cot y > 0, 3\tan y > 0, \cot y \cdot 3\tan y = 3$,故当 $\cot y = 3\tan y$,即 $y = \dfrac{\pi}{6}$ 时,$\cot y + 3\tan y$ 取最小值,从而 $\tan u$ 取最大值,u 取最大值.

由 $\tan x = 3\tan y, y = \dfrac{\pi}{6}$ 得 $x = \dfrac{\pi}{3}$. 因此当 $x = \dfrac{\pi}{3}$, $y = \dfrac{\pi}{6}$ 时,$u = x - y$ 取最大值 $\dfrac{\pi}{6}$.

4. 求证 $\cos\dfrac{\pi}{15}\cos\dfrac{2\pi}{15}\cos\dfrac{3\pi}{15}\cos\dfrac{4\pi}{15}\cos\dfrac{5\pi}{15}\cos\dfrac{6\pi}{15}\cdot\cos\dfrac{7\pi}{15} = \dfrac{1}{2^7}$.

分析一 利用公式 $\cos\alpha = \dfrac{\sin 2\alpha}{2\sin\alpha}$ 对左边进行计算.

证法一 根据题意,有

三角解题引导

$$左边 = \frac{\sin\frac{2\pi}{15}}{2\sin\frac{\pi}{15}} \cdot \frac{\sin\frac{4\pi}{15}}{2\sin\frac{2\pi}{15}} \cdot \frac{\sin\frac{6\pi}{15}}{2\sin\frac{3\pi}{15}} \cdot$$

$$\frac{\sin\frac{8\pi}{15}}{2\sin\frac{4\pi}{15}} \cdot \frac{1}{2} \cdot \frac{\sin\frac{12\pi}{15}}{2\sin\frac{6\pi}{15}} \cdot \frac{\sin\frac{14\pi}{15}}{2\sin\frac{7\pi}{15}}$$

由于

$$\sin\frac{14\pi}{15} = \sin\frac{\pi}{15}, \sin\frac{12\pi}{15} = \sin\frac{3\pi}{15}$$

$$\sin\frac{8\pi}{15} = \sin\frac{7\pi}{15}$$

所以

$$原式左边 = \frac{1}{2^7}$$

分析二 由于

$$\cos\frac{\pi}{15}\cos\frac{2\pi}{15}\cos\frac{4\pi}{15}\cos\frac{8\pi}{15} =$$

$$\frac{1}{\sin\frac{\pi}{15}} \cdot \sin\frac{\pi}{15}\cos\frac{\pi}{15}\cos\frac{2\pi}{15}\cos\frac{4\pi}{15}\cos\frac{8\pi}{15} =$$

$$\frac{\sin\frac{16\pi}{15}}{2^4\sin\frac{\pi}{15}} =$$

$$-\frac{1}{2^4}$$

第 2 章　加法定理及其推广

$$\cos\frac{3\pi}{15}\cos\frac{6\pi}{15} = \cos\frac{\pi}{5}\cos\frac{2\pi}{5} =$$

$$\frac{1}{\sin\frac{\pi}{5}} \cdot \sin\frac{\pi}{5}\cos\frac{\pi}{5}\cos\frac{2\pi}{5} =$$

$$\frac{\sin\frac{4\pi}{5}}{2^2\sin\frac{\pi}{5}} =$$

$$\frac{1}{2^2}$$

$$\cos\frac{5\pi}{15} = \cos\frac{\pi}{3} = \frac{1}{2}$$

$$\cos\frac{7\pi}{15} = -\cos\frac{8\pi}{15}$$

于是问题可就此得证.

证法二　根据题意,有

$$左边 = \cos\frac{\pi}{15}\cos\frac{2\pi}{15}\cos\frac{4\pi}{15}\left(-\cos\frac{8\pi}{15}\right) \cdot$$

$$\cos\frac{\pi}{5}\cos\frac{2\pi}{5}\cos\frac{\pi}{3} =$$

$$\frac{-\sin\frac{\pi}{15}\cos\frac{\pi}{15}\cos\frac{2\pi}{15}\cos\frac{4\pi}{15}\cos\frac{8\pi}{15}\sin\frac{\pi}{5}\cos\frac{\pi}{5}\cos\frac{2\pi}{5} \cdot \frac{1}{2}}{\sin\frac{\pi}{15}\sin\frac{\pi}{5}} =$$

$$-\frac{1}{2^7} \cdot \frac{\sin\frac{16\pi}{15} \cdot \sin\frac{4\pi}{5}}{\sin\frac{\pi}{15} \cdot \sin\frac{\pi}{5}} = \frac{1}{2^7}$$

5. 求证 $\tan 55° \tan 65° \tan 75° = \tan 85°$.

分析　转化为证 $\tan 55° \tan 65° \tan 75° \cot 85° = 1$.

证 根据题意,有

$\tan 55° \tan 65° \tan 75° \cot 85° =$

$\dfrac{\sin 55° \sin 65° \sin 75° \cos 85°}{\cos 55° \cos 65° \cos 75° \sin 85°} =$

$\dfrac{\dfrac{1}{2}(\cos 10° - \cos 120°) \cdot \dfrac{1}{2}(\sin 160° - \sin 10°)}{\dfrac{1}{2}(\cos 10° + \cos 120°) \cdot \dfrac{1}{2}(\sin 160° + \sin 10°)} =$

$\dfrac{\left(\cos 10° + \dfrac{1}{2}\right)(\sin 20° - \sin 10°)}{\left(\cos 10° - \dfrac{1}{2}\right)(\sin 20° + \sin 10°)} =$

$\dfrac{\dfrac{1}{2}(2\cos 10° + 1) \cdot \sin 10°(2\cos 10° - 1)}{\dfrac{1}{2}(2\cos 10° - 1) \cdot \sin 10°(2\cos 10° + 1)} = 1$

所以

$\tan 55° \tan 65° \tan 75° = \tan 85°$

6. 求证 $\cos\dfrac{\pi}{13} + \cos\dfrac{3\pi}{13} + \cos\dfrac{9\pi}{13} = \dfrac{1+\sqrt{13}}{4}$,

$\cos\dfrac{5\pi}{13} + \cos\dfrac{7\pi}{13} + \cos\dfrac{11\pi}{13} = \dfrac{1-\sqrt{13}}{4}$.

分析 本题是两个相关联的等式,合在一起,容易觉察它们的内在规律,分别求值反而困难,为此,可通过求

$\cos\dfrac{\pi}{13} + \cos\dfrac{3\pi}{13} + \cos\dfrac{9\pi}{13}$ 与 $\cos\dfrac{5\pi}{13} + \cos\dfrac{7\pi}{13} + \cos\dfrac{11\pi}{13}$

的和及积入手(其所以用和与积,是为了能用韦达定理,而且可行;其所以不用两式之差,因为差不能显示

其内在规律).

证 设

$$x = \cos\frac{\pi}{13} + \cos\frac{3\pi}{13} + \cos\frac{9\pi}{13}$$

$$y = \cos\frac{5\pi}{13} + \cos\frac{7\pi}{13} + \cos\frac{11\pi}{13}$$

则

$$x + y = \cos\frac{\pi}{13} + \cos\frac{3\pi}{13} + \cos\frac{5\pi}{13} + \cos\frac{7\pi}{13} +$$

$$\cos\frac{9\pi}{13} + \cos\frac{11\pi}{13} =$$

$$\frac{1}{2\sin\frac{\pi}{13}}\Big[\sin\frac{2\pi}{13} + \Big(\sin\frac{4\pi}{13} - \sin\frac{2\pi}{13}\Big) + \cdots +$$

$$\Big(\sin\frac{12\pi}{13} - \sin\frac{10\pi}{13}\Big)\Big] =$$

$$\frac{1}{2\sin\frac{\pi}{13}} \cdot \sin\frac{12\pi}{13} =$$

$$\frac{1}{2}$$

$$xy = \cos\frac{\pi}{13}\cos\frac{5\pi}{13} + \cos\frac{\pi}{13}\cos\frac{7\pi}{13} + \cos\frac{\pi}{13}\cos\frac{11\pi}{13} +$$

$$\cos\frac{3\pi}{13}\cos\frac{5\pi}{13} + \cos\frac{3\pi}{13}\cos\frac{7\pi}{13} + \cos\frac{3\pi}{13}\cos\frac{11\pi}{13} +$$

$$\cos\frac{9\pi}{13}\cos\frac{5\pi}{13} + \cos\frac{9\pi}{13}\cos\frac{7\pi}{13} + \cos\frac{9\pi}{13}\cos\frac{11\pi}{13} =$$

$$\frac{1}{2}\Big[\Big(\cos\frac{6\pi}{13} + \cos\frac{4\pi}{13}\Big) + \Big(\cos\frac{8\pi}{13} + \cos\frac{6\pi}{13}\Big) +$$

$$\Big(\cos\frac{12\pi}{13} + \cos\frac{10\pi}{13}\Big) + \Big(\cos\frac{8\pi}{13} + \cos\frac{2\pi}{13}\Big) +$$

三角解题引导

$$\left(\cos\frac{10\pi}{13}+\cos\frac{4\pi}{13}\right)+\left(\cos\frac{14\pi}{13}+\cos\frac{8\pi}{13}\right)+$$

$$\left(\cos\frac{14\pi}{13}+\cos\frac{4\pi}{13}\right)+\left(\cos\frac{16\pi}{13}+\cos\frac{2\pi}{13}\right)+$$

$$\left(\cos\frac{20\pi}{13}+\cos\frac{2\pi}{13}\right)\bigg]=$$

$$\frac{3}{2}\left(-\cos\frac{\pi}{13}+\cos\frac{2\pi}{13}+\cos\frac{4\pi}{13}+\cos\frac{6\pi}{13}+\right.$$

$$\left.\cos\frac{8\pi}{13}+\cos\frac{10\pi}{13}\right)=$$

$$\frac{3}{2}\cdot\frac{1}{2\sin\frac{\pi}{13}}\bigg[-\sin\frac{2\pi}{13}+\left(\sin\frac{3\pi}{13}-\sin\frac{\pi}{13}\right)+\cdots+$$

$$\left(\sin\frac{11\pi}{13}-\sin\frac{9\pi}{13}\right)\bigg]=$$

$$\frac{3}{4\sin\frac{\pi}{13}}\left(-\sin\frac{2\pi}{13}-\sin\frac{\pi}{13}+\sin\frac{11\pi}{13}\right)=$$

$$-\frac{3}{4}$$

由 $x+y=\frac{1}{2}, xy=-\frac{3}{4}$ 及 $x>y$ 得

$$x=\frac{1+\sqrt{13}}{4}, y=\frac{1-\sqrt{13}}{4}$$

所以

$$\cos\frac{\pi}{13}+\cos\frac{3\pi}{13}+\cos\frac{9\pi}{13}=\frac{1+\sqrt{13}}{4}$$

$$\cos\frac{5\pi}{13}+\cos\frac{7\pi}{13}+\cos\frac{11\pi}{13}=\frac{1-\sqrt{13}}{4}$$

7. 化简 $\dfrac{2\cos^2\alpha - 1}{2\tan\left(\dfrac{\pi}{4} - \alpha\right)\sin^2\left(\dfrac{\pi}{4} + \alpha\right)}$.

分析 为统一成同角关系,运用诱导公式,将分母化成 $\dfrac{\pi}{4} + \alpha$ 或 $\dfrac{\pi}{4} - \alpha$ 的三角函数.

解 根据题意,有

原式 $= \dfrac{\cos 2\alpha}{2\cot\left(\dfrac{\pi}{4} + \alpha\right)\sin^2\left(\dfrac{\pi}{4} + \alpha\right)} =$

$\dfrac{\cos 2\alpha}{2\cos\left(\dfrac{\pi}{4} + \alpha\right)\sin\left(\dfrac{\pi}{4} + \alpha\right)} =$

$\dfrac{\cos 2\alpha}{\sin\left(\dfrac{\pi}{4} + 2\alpha\right)} =$

$\dfrac{\cos 2\alpha}{\cos 2\alpha} =$

1

8. 求证 $\sin 3A\sin^3 A + \cos 3A\cos^3 A = \cos^3 2A$.

分析 为统一成同角关系,采取将左边化成 $2A$ 或者 A 的三角函数.

证法一 根据题意,有

左边 $= \sin 3A\sin A\sin^2 A + \cos 3A\cos A\cos^2 A =$

$\dfrac{1}{2}(\cos 2A - \cos 4A) \cdot \dfrac{1 - \cos 2A}{2} +$

$\dfrac{1}{2}(\cos 2A + \cos 4A) \cdot \dfrac{1 + \cos 2A}{2} =$

$\dfrac{1}{4}(2\cos 2A + 2\cos 2A\cos 4A) =$

$$\frac{1}{2}\cos 2A(1+\cos 4A)=$$

$$\frac{1}{2}\cos 2A \cdot 2\cos^2 2A=$$

$$\cos^3 2A$$

证法二 因为

$$\sin 3A = 3\sin A - 4\sin^3 A=$$
$$3\sin A(\sin^2 A + \cos^2 A) - 4\sin^3 A=$$
$$3\sin A\cos^2 A - \sin^3 A$$
$$\cos 3A = \cos^3 A - 3\cos A\sin^2 A$$

所以

$$左边 = (3\sin A\cos^2 A - \sin^3 A)\sin^3 A + $$
$$(\cos^3 A - 3\cos A\sin^2 A)\cos^3 A =$$
$$\cos^6 A - 3\cos^4 A\sin^2 A + 3\cos^2 A\sin^4 A - \sin^6 A =$$
$$(\cos^2 A - \sin^2 A)^3 =$$
$$\cos^3 2A$$

9. 求证

$$\sin^3\alpha\cos^5\alpha = \frac{3}{64}\sin 2\alpha + \frac{1}{64}\sin 4\alpha - $$
$$\frac{1}{64}\sin 6\alpha - \frac{1}{128}\sin 8\alpha$$

分析 表面看来,右边比较复杂,左边比较简单,应从右边证到左边,这就需将右边统一成 α 的三角函数. 实际做起来,很麻烦. 故考虑从左边证到右边. 这只要应用降次的公式及积化和差的公式,就可达到目的.

证 根据题意,有

$$\sin^3\alpha\cos^5\alpha = (\sin\alpha\cos\alpha)^3\cos^2\alpha=$$
$$\frac{1}{8}\sin^3 2\alpha \cdot \frac{1+\cos 2\alpha}{2}=$$

$$\frac{1}{16}\sin^3 2\alpha(1+\cos 2\alpha) =$$

$$\frac{1}{16}\sin^2 2\alpha(\sin 2\alpha + \sin 2\alpha\cos 2\alpha) =$$

$$\frac{1}{16}\cdot\frac{1-\cos 4\alpha}{2}\left(\sin 2\alpha + \frac{1}{2}\sin 4\alpha\right) =$$

$$\frac{1}{32}\Big(\sin 2\alpha + \frac{1}{2}\sin 4\alpha -$$

$$\sin 2\alpha\cos 4\alpha - \frac{1}{2}\sin 4\alpha\cos 4\alpha\Big) =$$

$$\frac{1}{32}\Big[\sin 2\alpha + \frac{1}{2}\sin 4\alpha -$$

$$\frac{1}{2}(\sin 6\alpha - \sin 2\alpha) - \frac{1}{4}\sin 8\alpha\Big] =$$

$$\frac{3}{64}\sin 2\alpha + \frac{1}{64}\sin 4\alpha -$$

$$\frac{1}{64}\sin 6\alpha - \frac{1}{128}\sin 8\alpha$$

10. 证明

$$\cos^2(A-\theta) + \cos^2(B-\theta) -$$
$$2\cos(A-B)\cos(A-\theta)\cos(B-\theta)$$

的值与 θ 无关.

分析 本题实质就是要将上式化简成一个不含 θ 的式子.

证 因为

$$2\cos(A-B)\cos(A-\theta)\cos(B-\theta) =$$
$$\cos(A-B)[\cos(A+B-2\theta) + \cos(A-B)] =$$
$$\cos^2(A-B) + \cos(A-B)\cos(A+B-2\theta) =$$
$$\cos^2(A-B) + \frac{1}{2}[\cos 2(A-\theta) + \cos 2(B-\theta)] =$$

$$\cos^2(A-B) + \frac{1}{2}[2\cos^2(A-\theta) - 1 + 2\cos^2(B-\theta) - 1] =$$
$$\cos^2(A-B) + \cos^2(A-\theta) + \cos^2(B-\theta) - 1$$

所以
$$\cos^2(A-\theta) + \cos^2(B-\theta) - 2\cos(A-B) \cdot$$
$$\cos(A-\theta)\cos(B-\theta) =$$
$$1 - \cos^2(A-B) =$$
$$\sin^2(A-B)$$

与 θ 无关.

11. 已知 α, β 为锐角,且
$$3\sin^2\alpha + 2\sin^2\beta = 1$$
$$3\sin 2\alpha - 2\sin 2\beta = 0$$

求证: $\alpha + 2\beta = \frac{\pi}{2}$.

分析 欲证 $\alpha + 2\beta = \frac{\pi}{2}$,可证 $\sin(\alpha + 2\beta) = 1$ 或 $\cos(\alpha + 2\beta) = 0$. 因 $\tan\frac{\pi}{2}$ 不存在,故不宜取 $\alpha + 2\beta$ 的正切函数,但 $\alpha + 2\beta = \frac{\pi}{2}$ 与 $\frac{\pi}{2} - \alpha = 2\beta$ 等价,故也可证 $\tan\alpha = \cot 2\beta$.

证法一 由已知条件得
$$\cos 2\beta = 3\sin^2\alpha \qquad ①$$
$$\sin 2\beta = 3\sin\alpha\cos\alpha \qquad ②$$

① ÷ ②,得
$$\cot 2\beta = \tan\alpha$$

所以

第 2 章 　加法定理及其推广

$$\cot 2\beta = \cot\left(\frac{\pi}{2} - \alpha\right) \qquad ③$$

由 α,β 都是锐角及③,知 $2\beta, \frac{\pi}{2} - \alpha$ 也都是锐角,

所以

$$2\beta = \frac{\pi}{2} - \alpha$$

即

$$\alpha + 2\beta = \frac{\pi}{2}$$

证法二 　由①,②得

$$\cos^2 2\beta + \sin^2 2\beta = 9\sin^4\alpha + 9\sin^2\alpha\cos^2\alpha = 9\sin^2\alpha$$

所以

$$\sin^2\alpha = \frac{1}{9}$$

由于 α 是锐角,所以

$$\sin\alpha = \frac{1}{3}$$

$$\sin(\alpha + 2\beta) = \sin\alpha\cos 2\beta + \cos\alpha\sin 2\beta = \sin\alpha \cdot 3\sin^2\alpha + \cos\alpha \cdot 3\sin\alpha\cos\alpha = 3\sin\alpha(\sin^2\alpha + \cos^2\alpha) = 1$$

因为

$$0 < \alpha < \frac{\pi}{2}, 0 < \beta < \frac{\pi}{2}$$

所以

$$0 < \alpha + 2\beta < \frac{3\pi}{2}$$

三角解题引导

故必有
$$\alpha + 2\beta = \frac{\pi}{2}$$

证法三 由①,②得
$\cos(\alpha + 2\beta) = \cos\alpha\cos 2\beta - \sin\alpha\sin 2\beta =$
$\qquad \cos\alpha \cdot 3\sin^2\alpha - \sin\alpha \cdot 3\sin\alpha\cos\alpha =$
$\qquad 0$

因为
$$0 < \alpha + 2\beta < \frac{3\pi}{2}$$

所以
$$\alpha + 2\beta = \frac{\pi}{2}$$

12. 如果 $\tan\alpha, \tan 2\beta, \tan\beta$ 成等差数列,求证
$$\tan(\alpha - \beta) = \sin 2\beta$$

证 由 $\tan\alpha + \tan\beta = 2\tan 2\beta$ 得
$\tan\alpha = 2\tan 2\beta - \tan\beta =$
$\qquad \dfrac{4\tan\beta}{1 - \tan^2\beta} - \tan\beta =$
$\qquad \dfrac{\tan\beta(3 + \tan^2\beta)}{1 - \tan^2\beta}$

所以
$\tan(\alpha - \beta) = \dfrac{\tan\alpha - \tan\beta}{1 + \tan\alpha\tan\beta}$
$\qquad = \dfrac{\dfrac{\tan\beta(3 + \tan^2\beta)}{1 - \tan^2\beta} - \tan\beta}{1 + \dfrac{\tan\beta(3 + \tan^2\beta)}{1 - \tan^2\beta} \cdot \tan\beta} =$
$\qquad \dfrac{3\tan\beta + \tan^3\beta - \tan\beta + \tan^3\beta}{1 - \tan^2\beta + 3\tan^2\beta + \tan^4\beta} =$

第 2 章　加法定理及其推广

$$\frac{2\tan\beta(1+\tan^2\beta)}{(1+\tan^2\beta)^2} =$$

$$\frac{2\tan\beta}{1+\tan^2\beta} =$$

$$\sin 2\beta$$

13. 已知 $\sin x = k\sin(A-x)$，且 $k \neq -1$，求证

$$\tan\left(x-\frac{A}{2}\right) = \frac{k-1}{k+1}\tan\frac{A}{2}$$

分析　将已知条件和结论变形为：

已知：$\dfrac{\sin x}{\sin(A-x)} = k$，求证 $\dfrac{\tan\left(x-\dfrac{A}{2}\right)}{\tan\dfrac{A}{2}} = \dfrac{k-1}{k+1}$.

这就启发我们应使用合分比定理来进行证明.

证　$\sin x = k\sin(A-x)$，即

$$\frac{\sin x}{\sin(A-x)} = k$$

依合分比定理有

$$\frac{\sin x - \sin(A-x)}{\sin x + \sin(A-x)} = \frac{k-1}{k+1}$$

但

$$\frac{\sin x - \sin(A-x)}{\sin x + \sin(A-x)} = \frac{2\cos\dfrac{A}{2}\sin\left(x-\dfrac{A}{2}\right)}{2\sin\dfrac{A}{2}\cos\left(x-\dfrac{A}{2}\right)} = \frac{\tan\left(x-\dfrac{A}{2}\right)}{\tan\dfrac{A}{2}}$$

因此

$$\frac{\tan\left(x - \dfrac{A}{2}\right)}{\tan\dfrac{A}{2}} = \frac{k-1}{k+1}$$

即

$$\tan\left(x - \frac{A}{2}\right) = \frac{k-1}{k+1}\tan\frac{A}{2}$$

14. 求证:两个简谐振动

$$S_1 = A_1\sin(\omega t + \phi_1), S_2 = A_2\sin(\omega t + \phi_2)$$

的和仍为简谐振动.

证 根据题意,有

$$\begin{aligned}
S_1 + S_2 &= A_1\sin(\omega t + \phi_1) + A_2\sin(\omega t + \phi_2) = \\
&\quad A_1\sin\omega t\cos\phi_1 + A_1\cos\omega t\sin\phi_1 + \\
&\quad A_2\sin\omega t\cos\phi_2 + A_2\cos\omega t\sin\phi_2 = \\
&\quad (A_1\cos\phi_1 + A_2\cos\phi_2)\sin\omega t + \\
&\quad (A_1\sin\phi_1 + A_2\sin\phi_2)\cos\omega t = \\
&\quad A\sin(\omega t + \phi)
\end{aligned}$$

其中

$$\begin{aligned}
A &= \sqrt{(A_1\cos\phi_1 + A_2\cos\phi_2)^2 + (A_1\sin\phi_1 + A_2\sin\phi_2)^2} = \\
&\quad \sqrt{A_1^2 + A_2^2 + 2A_1A_2(\cos\phi_1\cos\phi_2 + \sin\phi_1\sin\phi_2)} = \\
&\quad \sqrt{A_1^2 + A_2^2 + 2A_1A_2\cos(\phi_1 - \phi_2)}
\end{aligned}$$

$$\phi = \arctan\frac{A_1\sin\phi_1 + A_2\sin\phi_2}{A_1\cos\phi_1 + A_2\cos\phi_2}$$

故 $S_1 + S_2$ 仍是简谐振动.

15. 已知 $A + B + C = \pi$,求证

$$\sin 2nA + \sin 2nB + \sin 2nC = (-1)^{n+1}4\sin nA\sin nB\sin nC$$

其中 n 为整数.

第 2 章 加法定理及其推广

证 因为
$$A + B + C = \pi$$
$$\sin 2nC = \sin 2n[\pi - (A+B)] =$$
$$\sin[2n\pi - 2n(A+B)] =$$
$$-\sin 2n(A+B)$$

所以
$$\sin 2nA + \sin 2nB + \sin 2nC =$$
$$\sin 2nA + \sin 2nB - \sin 2n(A+B) =$$
$$2\sin n(A+B)\cos n(A-B) -$$
$$2\sin n(A+B)\cos n(A+B) =$$
$$2\sin n(A+B)[\cos n(A-B) - \cos n(A+B)] =$$
$$2\sin n(\pi - C) \cdot 2\sin nA \sin nB =$$
$$(-1)^{n+1} 4\sin nA \sin nB \sin nC$$

16. 设 α, m 为常数，θ 是任意角，证明
$$[\cos(\alpha + \theta) + m\cos\theta]^2 \leq 1 + 2m\cos\alpha + m^2$$

分析 证明不等式时，常通过移项，从而转证所得式子大于零或者小于零，本题亦此。

证 根据题意，有
$$f(\theta) = 1 + 2m\cos\alpha + m^2 - [\cos(\alpha + \theta) + m\cos\theta]^2 =$$
$$1 + 2m\cos\alpha + m^2 - \cos^2(\alpha + \theta) - 2m\cos(\alpha + \theta)\cos\theta - m^2\cos^2\theta =$$
$$\sin^2(\alpha + \theta) + 2m[\cos\alpha - \cos(\alpha + \theta)\cos\theta] + m^2\sin^2\theta$$

但
$$\cos\alpha + \cos(\alpha + \theta)\cos\theta =$$

$$\cos[(\alpha+\theta)-\theta] - \cos(\alpha+\theta)\cos\theta = \sin(\alpha+\theta)\sin\theta$$

所以

$$f(\theta) = \sin^2(\alpha+\theta) + 2m\sin(\alpha+\theta)\sin\theta + m^2\sin^2\theta = [\sin(\alpha+\theta) + m\sin\theta]^2 \geq 0$$

即

$$[\cos(\alpha+\theta) + m\cos\theta]^2 \leq 1 + 2m\cos\alpha + m^2$$

17. 已知 $0 < x < \pi$,求证 $\cot\dfrac{x}{8} - \cot x > 3$.

分析 对于 $\cot\dfrac{x}{8}$ 和 $\cot x$,没有公式使它们直接发生联系,但 $\dfrac{x}{8}$ 是 $\dfrac{x}{4}$ 的半角,$\dfrac{x}{4}$ 是 $\dfrac{x}{2}$ 的半角,$\dfrac{x}{2}$ 是 x 的半角,这就启发我们反复运用半角公式.

半角的余切公式以运用

$$\cot\dfrac{\alpha}{2} = \dfrac{1+\cos\alpha}{\sin\alpha} = \csc\alpha + \cot\alpha$$

为宜.

证 由 $\cot\dfrac{\alpha}{2} = \dfrac{1+\cos\alpha}{\sin\alpha} = \csc\alpha + \cot\alpha$ 有

$$\cot\dfrac{x}{2} = \csc x + \cot x$$

$$\cot\dfrac{x}{4} = \csc\dfrac{x}{2} + \cot\dfrac{x}{2}$$

$$\cot\dfrac{x}{8} = \csc\dfrac{x}{4} + \cot\dfrac{x}{4}$$

把上面三个式子的两边分别相加,并抵消相同的项,得

$$\cot\dfrac{x}{8} = \csc x + \csc\dfrac{x}{2} + \csc\dfrac{x}{4} + \cot x$$

即
$$\cot\frac{x}{8} - \cot x = \csc x + \csc\frac{x}{2} + \csc\frac{x}{4}$$

又由 $0 < x < \pi$ 知
$$\csc x \geq 1, \csc\frac{x}{2} > 1, \csc\frac{x}{4} > 1$$

所以
$$\cot\frac{x}{8} - \cot x > 3$$

注 因 $\cot\dfrac{x}{2^n} = \dfrac{1 + \cos\dfrac{x}{2^{n-1}}}{\sin\dfrac{x}{2^{n-1}}} = \csc\dfrac{x}{2^{n-1}} + \cot\dfrac{x}{2^{n-1}}$,

故当 $0 < x < \pi$ 时,我们可证
$$\cot\frac{x}{2^n} - \cot x > n$$

并且可以得到
$$\csc x + \csc\frac{x}{2} + \csc\frac{x}{2^2} + \cdots + \csc\frac{x}{2^n} =$$
$$\cot\frac{x}{2^{n+1}} - \cot x$$

这是级数求和的一种方法.

18. 设 A, B 是任意实数,且 $A \neq B$, k 是正整数,证明
$$\left|\frac{\cos kB\cos A - \cos kA\cos B}{\cos B - \cos A}\right| \leq k^2 - 1$$

证 运用数学归纳法可证
$$|\sin kx| \leq k|\sin x|$$

即

$$\left|\frac{\sin kx}{\sin x}\right| \leqslant k$$

于是有

$$\left|\frac{\cos kB\cos A - \cos kA\cos B}{\cos B - \cos A}\right| =$$

$$\left|\frac{\frac{1}{2}[\cos(kB+A) + \cos(kB-A) - \cos(kA+B) - \cos(kA-B)]}{\cos B - \cos A}\right| =$$

$$\left|\frac{\frac{1}{2}[\cos(kB+A) - \cos(kA+B) + \cos(kB-A) - \cos(kA-B)]}{\cos B - \cos A}\right| =$$

$$\left|\frac{\sin(k+1)\frac{A+B}{2}\sin(k-1)\frac{A-B}{2} + \sin(k-1)\frac{A+B}{2}\sin(k+1)\frac{A-B}{2}}{2\sin\frac{A+B}{2}\sin\frac{A-B}{2}}\right| \leqslant$$

$$\frac{1}{2}\left[\left|\frac{\sin(k+1)\frac{A+B}{2}}{\sin\frac{A+B}{2}}\right| \cdot \left|\frac{\sin(k-1)\frac{A-B}{2}}{\sin\frac{A-B}{2}}\right|\right] +$$

$$\left[\left|\frac{\sin(k-1)\frac{A+B}{2}}{\sin\frac{A+B}{2}}\right| \cdot \left|\frac{\sin(k+1)\frac{A-B}{2}}{\sin\frac{A-B}{2}}\right|\right] \leqslant$$

$$\frac{1}{2}[(k+1)(k-1) + (k-1)(k+1)] =$$

$$k^2 - 1$$

19. 设 a,b,A,B 为给定实常数,有

$$f(\theta) = 1 - a\cos\theta - b\sin\theta - A\cos 2\theta - B\sin 2\theta$$

证明:若 $f(\theta) \geqslant 0$ 对所有实数 θ 成立,则

$$a^2 + b^2 \leqslant 2, A^2 + B^2 \leqslant 1$$

分析 应将 $f(\theta)$ 变形为

$$f(\theta) = 1 - \sqrt{a^2 + b^2}\sin(\theta + \phi_1) - \sqrt{A^2 + B^2}\sin(2\theta + \phi_2)$$

其中 $\phi_1 = \arctan\dfrac{a}{b}, \phi_2 = \arctan\dfrac{A}{B}$

由 $f(\theta) \geqslant 0$,得

$$1 - \sqrt{a^2 + b^2}\sin(\theta + \phi_1) \geqslant \sqrt{A^2 + B^2}\sin(2\theta + \phi_2)$$
①

欲证 $a^2 + b^2 \leqslant 2$,就应利用 $f(\theta) \geqslant 0$ 对所有实数 θ 成立,得出一个新的不等式,它和①联立,能消去 A, B. 同理可证

$$A^2 + B^2 \leqslant 1$$

证 令 $\phi_1 = \arctan\dfrac{a}{b}, \phi_2 = \arctan\dfrac{A}{B}$,则有

$$f(\theta) = 1 - \sqrt{a^2 + b^2}\sin(\theta + \phi_1) - \sqrt{A^2 + B^2}\sin(2\theta + \phi_2)$$

因为 $f(\theta) \geqslant 0$,所以

$$1 - \sqrt{a^2 + b^2}\sin(\theta + \phi_1) \geqslant \sqrt{A^2 + B^2}\sin(2\theta + \phi_2)$$

由于对于任何 $\theta, f(\theta) \geqslant 0$ 成立,故对于 $\theta + 2k\pi + \dfrac{\pi}{2}, f(\theta) \geqslant 0$ 也成立,将式①中的 θ 换成 $\theta + 2k\pi + \dfrac{\pi}{2}$,得

$$1 - \sqrt{a^2 + b^2}\cos(\theta + \phi_1) \geqslant -\sqrt{A^2 + B^2}\sin(2\theta + \phi_2)$$
②

① + ②,得

$$2 - \sqrt{a^2 + b^2}[\sin(\theta + \phi_1) + \cos(\theta + \phi_2)] \geqslant 0$$

$$\sqrt{a^2 + b^2} \cdot \sqrt{2}\sin\left(\theta + \phi_1 + \dfrac{\pi}{4}\right) \leqslant 2$$

$$\sqrt{a^2+b^2}\sin\left(\theta+\phi_1+\frac{\pi}{4}\right)\leqslant\sqrt{2} \qquad ③$$

式③对于 $\theta+\phi_1+\frac{\pi}{4}=\frac{\pi}{2}$，即 $\theta=\frac{\pi}{4}-\phi_1$ 也应成立，所以

$$\sqrt{a^2+b^2}\leqslant\sqrt{2}$$

即

$$a^2+b^2\leqslant 2$$

式①对于 $\theta+(2k+1)\pi$ 应成立，所以

$$1+\sqrt{a^2+b^2}\sin(\theta+\phi_1)\geqslant\sqrt{A^2+B^2}\sin(2\theta+\phi_2) \qquad ④$$

① + ④, 得

$$2\geqslant 2\sqrt{A^2+B^2}\sin(2\theta+\phi_2)$$

$$\sqrt{A^2+B^2}\sin(2\theta+\phi_2)\leqslant 1 \qquad ⑤$$

式⑤对于 $2\theta+\phi_2=\frac{\pi}{2}$，即 $\theta=\frac{\pi}{4}-\frac{\phi_2}{2}$ 也应成立，所以

$$\sqrt{A^2+B^2}\leqslant 1$$

即

$$A^2+B^2\leqslant 1$$

20. 消去下式中的 θ

$$\begin{cases}\tan(\theta-\alpha)+\tan(\theta-\beta)=a\\\cot(\theta-\alpha)+\cot(\theta-\beta)=b\end{cases}(a\neq -b)$$

分析 因 $(\theta-\alpha)-(\theta-\beta)=\beta-\alpha$，所以
$$\tan(\beta-\alpha)=\tan[(\theta-\alpha)-(\theta-\beta)]=$$
$$\frac{\tan(\theta-\alpha)-\tan(\theta-\beta)}{1+\tan(\theta-\alpha)\tan(\theta-\beta)}$$

第 2 章 加法定理及其推广

根据已知条件, 能求出 $\tan(\theta - \alpha) - \tan(\theta - \beta)$ 和 $\tan(\theta - \alpha)\tan(\theta - \beta)$ 的值, 从而可达到消去 θ 之目的.

解 因为
$$\tan(\theta - \alpha) + \tan(\theta - \beta) = a$$
$$\cot(\theta - \alpha) + \cot(\theta - \beta) = b$$
$$\cot(\theta - \alpha) + \cot(\theta - \beta) =$$
$$\frac{1}{\tan(\theta - \alpha)} + \frac{1}{\tan(\theta - \beta)} =$$
$$\frac{\tan(\theta - \alpha) + \tan(\theta - \beta)}{\tan(\theta - \alpha)\tan(\theta - \beta)}$$

所以
$$b = \frac{a}{\tan(\theta - \alpha)\tan(\theta - \beta)}$$
$$\tan(\theta - \alpha)\tan(\theta - \beta) = \frac{a}{b}$$

又
$$[\tan(\theta - \alpha) - \tan(\theta - \beta)]^2 =$$
$$[\tan(\theta - \alpha) + \tan(\theta - \beta)]^2 - 4\tan(\theta - \alpha)\tan(\theta - \beta) =$$
$$a^2 - \frac{4a}{b}$$

所以
$$\tan^2(\beta - \alpha) = \tan^2[(\theta - \alpha) - (\theta - \beta)] =$$
$$\frac{[\tan(\theta - \alpha) - \tan(\theta - \beta)]^2}{[1 + \tan(\theta - \alpha)\tan(\theta - \beta)]^2} =$$
$$\frac{a^2 - \dfrac{4a}{b}}{\left(1 + \dfrac{a}{b}\right)^2} =$$
$$\frac{a^2 b^2 - 4ab}{(a + b)^2}$$

即
$$ab(ab-4) = (a+b)^2 \tan^2(\beta - \alpha)$$

21. 求 $y = a\sin^2 x + b\sin x \cos x + c\cos^2 x$ 的极值.

分析 根据正弦波形求极值,本题宜化为
$$y = A\sin(\omega x + \phi) + k$$
的形式.

解 根据题意,有
$$y = a\sin^2 x + b\sin x\cos x + c\cos^2 x =$$
$$\frac{a}{2}(1 - \cos 2x) + \frac{b}{2}\sin 2x +$$
$$\frac{c}{2}(1 + \cos 2x) =$$
$$\frac{1}{2}[b\sin 2x + (c-a)\cos 2x] + \frac{a+c}{2} =$$
$$\frac{1}{2}\sqrt{b^2 + (c-a)^2} \cdot$$
$$\sin\left(2x + \arctan\frac{c-a}{b}\right) + \frac{a+c}{2}$$

因此,当
$$2x + \arctan\frac{c-a}{b} = 2n\pi + \frac{\pi}{2}$$
即 $x = n\pi + \frac{\pi}{4} - \frac{1}{2}\arctan\frac{c-a}{b}$ 时,函数取极大值
$$y = \frac{1}{2}\sqrt{b^2 + (c-a)^2} + \frac{a+c}{2} =$$
$$\frac{a + c + \sqrt{a^2 + b^2 + c^2 - 2ac}}{2}$$

当 $2x + \arctan\dfrac{c-a}{b} = 2n\pi - \dfrac{\pi}{2}$,即 $x = n\pi - \dfrac{\pi}{4} -$

第2章 加法定理及其推广

$\frac{1}{2}\arctan\frac{c-a}{b}$ 时,函数取极小值

$$y = -\frac{1}{2}\sqrt{b^2+(c-a)^2}+\frac{a+c}{2}=$$

$$\frac{a+c-\sqrt{a^2+b^2+c^2-2ac}}{2}$$

22. 求证 $(1+\tan 1°)(1+\tan 2°)\cdots(1+\tan 44°) = 2^{22}$.

分析 本题特征:左边为44个因子所形成,右边22个2的连乘积,因此考虑左边是否存在每两个因子之积为2.

又 $1°+44°=2°+43°=\cdots=45°$,故试证左边对称的两因子之积是否为2.

证 因

$$\tan 45° = \tan(1+44°) = \frac{\tan 1° + \tan 44°}{1-\tan 1°\tan 44°}$$

所以

$$\tan 1° + \tan 44° = 1 - \tan 1°\tan 44°$$

即有

$$(1+\tan 1°)(1+\tan 44°) = 2$$

同理

$$(1+\tan 2°)(1+\tan 43°) = 2$$

$$\vdots$$

$$(1+\tan 22°)(1+\tan 23°) = 2$$

所以

$$(1+\tan 1°)(1+\tan 2°)\cdots(1+\tan 44°) = 2^{22}$$

23. 设 $x+y+z=xyz$ 且 $x\neq\pm 1, y\neq\pm 1, z\neq\pm 1$,

求证
$$\frac{x}{1-x^2}+\frac{y}{1-y^2}+\frac{z}{1-z^2}=\frac{4xyz}{(1-x^2)(1-y^2)(1-z^2)}$$

证 设 $x=\tan\alpha, y=\tan\beta, z=\tan\gamma$，因
$$x+y+z=xyz$$

即
$$\tan\alpha+\tan\beta+\tan\gamma=\tan\alpha\tan\beta\tan\gamma$$

所以
$$\alpha+\beta+\gamma=k\pi(k\text{ 为整数})$$
$$\tan2\alpha+\tan2\beta+\tan2\gamma=\tan2\alpha\tan2\beta\tan2\gamma$$
$$\frac{2\tan\alpha}{1-\tan^2\alpha}+\frac{2\tan\beta}{1-\tan^2\beta}+\frac{2\tan\gamma}{1-\tan^2\gamma}=$$
$$\frac{2\tan\alpha}{1-\tan^2\alpha}\cdot\frac{2\tan\beta}{1-\tan^2\beta}\cdot\frac{2\tan\gamma}{1-\tan^2\gamma}$$
$$\frac{2x}{1-x^2}+\frac{2y}{1-y^2}+\frac{2z}{1-z^2}=\frac{2x}{1-x^2}\cdot\frac{2y}{1-y^2}\cdot\frac{2z}{1-z^2}$$

即
$$\frac{x}{1-x^2}+\frac{y}{1-y^2}+\frac{z}{1-z^2}=\frac{4xyz}{(1-x^2)(1-y^2)(1-z^2)}$$

24. 利用复数的性质证明
$$\sin^6\alpha=\frac{1}{32}(10-15\cos2\alpha+6\cos4\alpha-\cos6\alpha)$$

证 设 $z=\cos\alpha+i\sin\alpha$，则
$$\frac{1}{z}=\cos\alpha-i\sin\alpha, z^n=\cos n\alpha-i\sin n\alpha$$
$$\frac{1}{z^n}=\cos n\alpha-i\sin n\alpha, z+\frac{1}{z}=2\cos\alpha$$
$$z-\frac{1}{z}=2i\sin\alpha, z^n+\frac{1}{z^n}=2\cos n\alpha$$

第 2 章　加法定理及其推广

又

$$(2i\sin\alpha)^6 = \left(z - \frac{1}{z}\right)^6 =$$

$$z^6 - 6z^4 + 15z^2 - 20 + \frac{15}{z^2} - \frac{6}{z^4} + \frac{1}{z^6} =$$

$$\left(z^6 + \frac{1}{z^6}\right) - 6\left(z^4 + \frac{1}{z^4}\right) +$$

$$15\left(z^2 + \frac{1}{z^2}\right) - 20 =$$

$$2\cos 6\alpha - 12\cos 4\alpha + 30\cos 2\alpha - 20$$

所以

$$\sin^6\alpha = \frac{1}{32}(10 - 15\cos 2\alpha + 6\cos 4\alpha - \cos 6\alpha)$$

§3　习　题

1. 已知 $\tan\alpha = 2\sqrt{2}$, $180° < \alpha < 270°$, 求 $\cos 2\alpha$, $\cos\frac{\alpha}{2}$ 的值.

2. 已知 $\cot\alpha = \frac{1}{2}$, $\cot\beta = -\frac{1}{3}$, $\pi < \alpha < \frac{3\pi}{2} < \beta < 2\pi$, 求 $\csc(\alpha + \beta)$ 的值.

3. 已知 $\cos\alpha = -\frac{7}{25}$, α 在第三象限, 求 $\sin\frac{\alpha}{2}$, $\cos\frac{\alpha}{2}$ 和 $\tan\frac{\alpha}{2}$ 的值.

4. 已知 $\sin\left(\frac{\pi}{4} - x\right) = \frac{5}{13}$, $0 < x < \frac{\pi}{4}$, 求

$\dfrac{\cos 2x}{\cos\left(\dfrac{\pi}{4}+x\right)}$ 的值.

5. 设 α,β 为锐角,且 $\tan\alpha=\dfrac{1}{7}$,$\sin\beta=\dfrac{1}{\sqrt{10}}$,求证 $\alpha+2\beta=\dfrac{\pi}{4}$.

6. 求证:$\tan\dfrac{\alpha}{2}=\dfrac{1-\cos\alpha+\sin\alpha}{1+\cos\alpha+\sin\alpha}$.

7. 设 $\sin\alpha$ 和 $\sin\beta$ 是方程
$$x^2-(\sqrt{2}\cos 20°)x+(\cos^2 20°-\dfrac{1}{2})=0$$
的两个根,且 α,β 都是锐角,求 α 和 β 的度数.

8. 设 $\tan\alpha$ 和 $\tan\beta$ 是方程 $x^2+px+q=0$ 的两根,求
$$\sin^2(\alpha+\beta)+p\sin(\alpha+\beta)\cos(\alpha+\beta)+q\cos^2(\alpha+\beta)$$
的值.

9. 设 x 的二次方程
$$(\sin\theta+1)(x^2-x)=(\sin\theta-1)(x-2)$$
的根是实数,而且两根的绝对值相等,符号相反,取其中的正根 x,求
$$\log_2 x^{1+\frac{1}{2}+\frac{1}{2^2}+\cdots+\frac{1}{2^n}}$$
的值.

10. 设方程 $a\cos x+b\sin x+c=0$ 在 $[0,\pi]$ 中有相异两根 α,β,求 $\sin(\alpha+\beta)$ 的值.

11. 已知 $\sin\alpha+\sin\beta=p$,$\cos\alpha+\cos\beta=q$,求 $\sin(\alpha+\beta)$ 和 $\cos(\alpha+\beta)$ 的值.

12. 求证下列各题:

第 2 章 加法定理及其推广

(1) $\dfrac{1}{\sin 10°} - \dfrac{\sqrt{3}}{\cos 10°} = 4$;

(2) $\sin 50°(1 + \sqrt{3}\tan 10°) = 1$;

(3) $\csc 5° \sqrt{1 + \sin 620°} = \sqrt{2}$;

(4) $\sin 9° = \dfrac{1}{4}(\sqrt{3 + \sqrt{5}} - \sqrt{5 - \sqrt{5}})$;

(5) $\cos \dfrac{2\pi}{7} \cos \dfrac{4\pi}{7} \cos \dfrac{6\pi}{7} = \dfrac{1}{8}$;

(6) $\tan 10° \tan 50° \tan 70° = \dfrac{\sqrt{3}}{3}$;

(7) $\tan 9° - \tan 27° - \tan 63° + \tan 81° = 4$;

(8) $\cos 40° \cos 80° + \cos 80° \cos 160° + \cos 160° \cos 40° = -\dfrac{3}{4}$;

(9) $\cos \dfrac{\pi}{7} + \cos \dfrac{3\pi}{7} + \cos \dfrac{5\pi}{7} = \dfrac{1}{2}$;

(10) $1 + 4\cos \dfrac{2\pi}{7} - 4\cos^2 \dfrac{2\pi}{7} - 8\cos^3 \dfrac{2\pi}{7} = 0$;

(11) $\sin 47° + \sin 61° - \sin 11° - \sin 25° = \cos 7°$;

(12) $\tan 6° \tan 42° \tan 66° \tan 78° = 1$;

(13) $\cos \dfrac{2\pi}{15} + \cos \dfrac{4\pi}{15} - \cos \dfrac{7\pi}{15} - \cos \dfrac{\pi}{15} = \dfrac{1}{2}$.

13. 化简下列各式:

(1) $\cos^2 \phi + \cos^2(\theta + \phi) - 2\cos \theta \cos \phi \cos(\theta + \phi)$;

(2) $\sin^2\left(\dfrac{\pi}{4} + \alpha\right) - \sin^2\left(\dfrac{\pi}{6} - \alpha\right) - \sin \dfrac{\pi}{12} \cos\left(\dfrac{\pi}{12} + 2\alpha\right)$;

(3) $(1+\sin x)\left[\dfrac{x}{2\cos^2\left(\dfrac{\pi}{4}-\dfrac{x}{2}\right)}-2\tan\left(\dfrac{\pi}{4}-\dfrac{x}{2}\right)\right]$;

(4) $\dfrac{2(\sin 2\alpha+2\cos^2\alpha-1)}{\cos\alpha-\sin\alpha-\cos 3\alpha+\sin 3\alpha}$.

14. 求证下列各恒等式：

(1) $\dfrac{2\sin A}{\cos A+\cos 3A}=\tan 2A-\tan A$;

(2) $\dfrac{\cos\theta}{1-\sin\theta}+\dfrac{\cos\phi}{1-\sin\phi}=\dfrac{2(\sin\theta-\sin\phi)}{\sin(\theta-\phi)+\cos\theta-\cos\phi}$;

(3) $\left(\cot\dfrac{\theta}{2}-\tan\dfrac{\theta}{2}\right)\left(1+\tan\theta\tan\dfrac{\theta}{2}\right)=2\csc\theta$;

(4) $\sin\theta\cos^5\theta-\cos\theta\sin^5\theta=\dfrac{1}{4}\sin 4\theta$;

(5) $\dfrac{\sin(2\alpha+\beta)}{\sin\alpha}-2\cos(\alpha+\beta)=\dfrac{\sin\beta}{\sin\alpha}$;

(6) $\sin^8\alpha-\cos^8\alpha+\cos 2\alpha=\dfrac{1}{4}\sin 2\alpha\sin 4\alpha$;

(7) $\sin^4\alpha=\dfrac{3}{8}-\dfrac{1}{2}\cos 2\alpha+\dfrac{1}{8}\cos 4\alpha$;

(8) $\dfrac{1}{\sin(\alpha-\beta)\sin(\alpha-\gamma)}+\dfrac{1}{\sin(\beta-\gamma)\sin(\beta-\alpha)}+\dfrac{1}{\sin(\gamma-\alpha)\sin(\gamma-\beta)}=\dfrac{1}{2\cos\dfrac{\alpha-\beta}{2}\cos\dfrac{\beta-\gamma}{2}\cos\dfrac{\gamma-\alpha}{2}}$.

第2章 加法定理及其推广

15. 已知 $A + B + C = \pi$,求证:

(1) $\tan A + \tan B + \tan C = \tan A \tan B \tan C$;

(2) $\tan nA + \tan nB + \tan nC = \tan nA \tan nB \cdot \tan nC$;

(3) $\cot A \cot B + \cot B \cot C + \cot C \cot A = 1$.

16. 已知 $\alpha + \beta + \gamma = \dfrac{\pi}{2}$,求证:

(1) $\tan\alpha\tan\beta + \tan\beta\tan\gamma + \tan\gamma\tan\alpha = 1$;

(2) $\tan^2\alpha + \tan^2\beta + \tan^2\gamma \geq 1$;

(3) $\cot\alpha + \cot\beta + \cot\gamma = \cot\alpha\cot\beta\cot\gamma$.

17. 设 $x + y + z = k \cdot \dfrac{\pi}{2}$,试问 k 为何值时,有

$$u = \tan y \tan z + \tan z \tan x + \tan x \tan y$$

与 x, y, z 无关.

18. 求证:

(1) $\tan 20° + \tan 40° + \sqrt{3}\tan 20°\tan 40° = \sqrt{3}$;

(2) $\tan 2\alpha\tan(30° - \alpha) + \tan 2\alpha\tan(60° - \alpha) + \tan(30° - \alpha)\tan(60° - \alpha) = 1$;

(3) $\tan 5\alpha - \tan 3\alpha - \tan 2\alpha = \tan 5\alpha\tan 3\alpha \cdot \tan 2\alpha$.

19. 已知 $|A| < 1, \cos\beta \neq A, \alpha + \beta \neq \dfrac{\pi}{2}$,且

$$\sin\alpha = A\sin(\alpha + \beta)$$

求证: $\tan(\alpha + \beta) = \dfrac{\sin\beta}{\cos\beta - A}$.

20. 已知 $\sin\beta = m\sin(2\alpha + \beta)$,且 $\beta \neq k\pi$(k 为整数),$m \neq 1$,求证:$\tan(\alpha + \beta) = \dfrac{1 + m}{1 - m}\tan\alpha$.

21. 已知 $\tan^2\theta = \tan(\theta-\alpha)\tan(\theta-\beta)$，且 $\alpha+\beta \neq k\pi$，求证：$\tan 2\theta = \dfrac{2\sin\alpha\sin\beta}{\sin(\alpha+\beta)}$.

22. 已知 $\dfrac{e^2-1}{1+2e\cos\alpha+e^2} = \dfrac{1+2e\cos\beta+e^2}{e^2-1}$，求证：

（1）$\dfrac{e^2-1}{1+2e\cos\alpha+e^2} = \dfrac{e+\cos\beta}{e+\cos\alpha} = \pm\dfrac{\sin\beta}{\sin\alpha} = -\dfrac{1+e\cos\beta}{1+e\cos\alpha}$；

（2）$\tan\dfrac{\alpha}{2}\tan\dfrac{\beta}{2} = \pm\dfrac{1+e}{1-e}$.

23. 设 $\sin\theta = \dfrac{a}{b}\sin\phi, \cos\theta = \dfrac{c}{d}\cos\phi$，这里 $\phi \neq \dfrac{k\pi}{2}$，求证：$\cos(\theta\mp\phi) = \dfrac{ac\pm bd}{ad\pm bc}$.

24. 设 $\cos x = \cos\alpha\cos\beta$，求证

$$\tan\dfrac{x+\alpha}{2}\tan\dfrac{x-\alpha}{2} + \tan\dfrac{x+\beta}{2}\tan\dfrac{x-\beta}{2} = \tan^2\dfrac{\alpha}{2} + \tan^2\dfrac{\beta}{2}$$

25. 已知 $\cos\alpha = \tan\beta, \cos\beta = \tan\gamma, \cos\gamma = \tan\alpha$，($\alpha,\beta,\gamma$ 均不为 $\dfrac{k\pi}{2}$) 求证

$$\sin^2\alpha = \sin^2\beta = \sin^2\gamma = 4\sin^2 18°$$

26. 在锐角三角形 ABC 中，已知 $\cos A = \cos\alpha\cdot\sin\beta, \cos B = \cos\beta\sin\gamma, \cos C = \cos\gamma\sin\alpha$，试证

$$\tan\alpha\tan\beta\tan\gamma = 1$$

27. 设 $\sin A + \sin B + \sin C = \cos A + \cos B + \cos C = 0$，求证：

(1) $\sin 3A + \sin 3B + \sin 3C = 3\sin(A+B+C)$,
$\cos 3A + \cos 3B + \cos 3C = 3\cos(A+B+C)$;

(2) $\cos^2 A + \cos^2 B + \cos^2 C$ 为定值.

28. 设 A, B, C 都是锐角,且 $\sin^2 A + \sin^2 B + \sin^2 C = 1$,求证:$\dfrac{\pi}{2} \leqslant A + B + C < \pi$.

29. 已知 $a\tan\alpha + b\tan\beta = (a+b)\tan\dfrac{\alpha+\beta}{2}$,求证
$$a\cos\beta = b\cos\alpha$$

30. 已知 $\dfrac{\tan(A-B)}{\tan A} + \dfrac{\sin^2 C}{\sin^2 A} = 1$,求证:$\tan^2 C = \tan A \tan B$.

31. 设 $e^x - e^{-x} = 2\tan\theta$,试证:

(1) $e^x + e^{-x} = 2\sec\theta$;

(2) $x = \ln\tan\left(\dfrac{\pi}{4} + \dfrac{\theta}{2}\right)\left(e > 0, 0 < \theta < \dfrac{\pi}{2}\right)$.

32. 设 $0 < \alpha < \pi, 0 < \beta < \pi$,又 $\cos\alpha + \cos\beta - \cos(\alpha+\beta) = \dfrac{3}{2}$,试证:$\alpha = \beta = \dfrac{\pi}{3}$.

33. 如果 $(x-a)\cos\theta + y\sin\theta = (x-a)\cos\theta_1 + y\sin\theta_1 = a$ 和 $\tan\dfrac{\theta}{2} - \tan\dfrac{\theta_1}{2} = 2l$,则有 $y^2 = 2ax - (1-l^2)x^2$.

34. 已知 $\alpha + \beta + \gamma = \pi$,且 $\tan\alpha, \tan\beta, \tan\gamma$ 成等差数列,求证:$\cos(\beta+\gamma-\alpha) = \dfrac{4+5\cos 2\gamma}{5+4\cos 2\gamma}$.

35. △ABC 的三内角 A, B, C 成等比数列,其公比为 3,求证

$$\cos B\cos C + \cos C\cos A + \cos A\cos B = -\frac{1}{4}$$

36. 已知
$$a\sin x + b\cos x = 0 \qquad ①$$
$$A\sin 2x + B\cos 2x = C \qquad ②$$
其中 a,b 不同时为零,求证
$$2abA + (b^2 - a^2)B + (a^2 + b^2)C = 0 \qquad ③$$

37. 已知
$$\frac{\cos x}{a} = \frac{\cos(x+\alpha)}{b} = \frac{\cos(x+2\alpha)}{c} = \frac{\cos(x+3\alpha)}{d}$$
求证:$\dfrac{a+c}{b} = \dfrac{b+d}{c}$.

38. 和差化积:

(1) $1 + \sin \alpha + \cos \alpha + \tan \alpha$;

(2) $(\cos x + \cos y)^2 + (\sin x + \sin y)^2$;

(3) $\sin \alpha + \cos \alpha + \sin 2\alpha + \cos 2\alpha + \sin 3\alpha + \cos 3\alpha$;

(4) $\cot^2 2x - \tan^2 2x - 8\cos 4x \cot 4x$;

(5) $(\sin \alpha + \sin 2\alpha + \sin 3\alpha)^3 - \sin^3 \alpha - \sin^3 2\alpha - \sin^3 3\alpha$.

39. 已知 $A + B + C = \pi$,求证:

(1) $\cos A + \cos B + \cos C = 1 + 4\sin\dfrac{A}{2}\sin\dfrac{B}{2} \cdot \sin\dfrac{C}{2}$;

(2) $\cos^2 A + \cos^2 B + \cos^2 C + 2\cos A\cos B\cos C = 1$;

(3) $\dfrac{\tan A}{\tan B} + \dfrac{\tan B}{\tan C} + \dfrac{\tan C}{\tan A} + \dfrac{\tan A}{\tan C} + \dfrac{\tan B}{\tan A} + \dfrac{\tan C}{\tan B} =$

第 2 章 加法定理及其推广

$\sec A \sec B \sec C - 2$；

(4) $\cot B + \dfrac{\cos C}{\sin B \cos A} = \tan A$；

(5) $\dfrac{\cos A}{\sin B \sin C} + \dfrac{\cos B}{\sin C \sin A} + \dfrac{\cos C}{\sin A \sin B} = 2$.

40. 在四边形 $ABCD$ 中,求证：

(1) $\sin A - \sin B + \sin C - \sin D =$
$4\cos\dfrac{A+B}{2}\cos\dfrac{B+C}{2}\sin\dfrac{C+A}{2}$；

(2) $\cos^2 A + \cos^2 B - \cos^2 C - \cos^2 D =$
$2\cos(A+B)\sin(B+C)\sin(C+A)$.

41. 设四边形 $ABCD$ 是不含直角的凸四边形,试证
$$\dfrac{\tan A + \tan B + \tan C + \tan D}{\tan A \tan B \tan C \tan D} = \cot A + \cot B + \cot C + \cot D$$

42. 设
$a_1 \cos \alpha_1 + a_2 \cos \alpha_2 + \cdots + a_n \cos \alpha_n = 0$
$a_1 \cos(\alpha_1 + 1) + a_2 \cos(\alpha_2 + 1) + \cdots +$
$a_n \cos(\alpha_n + 1) = 0$

试证：对于任何实数 β,有
$a_1 \cos(\alpha_1 + \beta) + a_2 \cos(\alpha_2 + \beta) + \cdots +$
$a_n \cos(\alpha_n + \beta) = 0$

43. 设 $f(x) = A\cos x + B\sin x$,其中 A,B 为常数,如果对于自变量的两个值 x_1 和 x_2,$x_1 - x_2 \neq k\pi$(k 为整数),那么 $f(x_1) = f(x_2) = 0$,那么 $f(x) \equiv 0$.

44. 已知 $\cos\theta - \sin\theta = b$,$\cos 3\theta + \sin 3\theta = a$,求证
$$a = 3b - 2b^3$$

45. 由方程组 $\dfrac{\cos(\alpha - 3\phi)}{\cos^3\phi} = \dfrac{\sin(\alpha - 3\phi)}{\sin^3\phi} = m$ 消去 ϕ.

46. 由方程组
$$\begin{cases} a\cos\theta + b\sin\theta = c & \text{①} \\ a\cos^2\theta + 2a\sin\theta\cos\theta + b\sin^2\theta = c & \text{②} \end{cases}$$
消去 θ(这里设 $a \neq b$).

47. 由方程组
$$\begin{cases} x\cos\theta + y\sin\theta = 2a & \text{①} \\ x\cos\phi + y\sin\phi = 2a & \text{②} \\ 2\sin\dfrac{\theta}{2}\sin\dfrac{\phi}{2} = 1 & \text{③} \end{cases}$$
消去 θ 和 ϕ.

48. 由方程组
$$\begin{cases} \sin x = a\sin(y - z) & \text{①} \\ \sin y = b\sin(z - x) & \text{②} \\ \sin z = c\sin(x - y) & \text{③} \end{cases}$$
消去 x, y, z(这里 $a \neq 1, b \neq 1, c \neq 1$).

49. 试比较 $2 + \sin x + \cos x$ 与 $\dfrac{2}{2 - \sin x - \cos x}$ 的大小.

50. 直角三角形的两条直角边的长为 x, y, 斜边的长为 z, 试证明: 对于任何正数 m, n, 有
$$\dfrac{mx + ny}{\sqrt{m^2 + n^2}} \leqslant z$$

51. 若 $0 < \alpha < \beta < \dfrac{\pi}{2}$, 求证 $\alpha - \sin\alpha < \beta - \sin\beta$.

52. 求证:

第 2 章 加法定理及其推广

(1) $\sin^6 x + \cos^6 x \geqslant \dfrac{1}{4}$;

(2) $\left(\dfrac{1}{\sin^4 \alpha} - 1\right)\left(\dfrac{1}{\cos^4 \alpha} - 1\right) \geqslant 9$;

(3) $(\cot^2 x - 1)(3\cot^2 x - 1)(\cot 3x \tan 2x - 1) \leqslant -1$.

53. 设 $13° \leqslant x \leqslant 28°$,试证:

(1) $\dfrac{3}{2} \leqslant \sin^2(4x + 8°) + \cos^2(4x - 82°) \leqslant 2$;

(2) $0 \leqslant \cot^2(4x + 8°) + \tan^2(4x - 82°) \leqslant \dfrac{2}{3}$.

54. 设 $\alpha + \beta + \gamma = \dfrac{\pi}{2}, 0 \leqslant \alpha < \dfrac{\pi}{2}, 0 \leqslant \beta < \dfrac{\pi}{2}, 0 \leqslant \gamma < \dfrac{\pi}{2}$,求证

$$\sqrt{\tan\alpha\tan\beta + 5} + \sqrt{\tan\beta\tan\gamma + 5} + \sqrt{\tan\gamma\tan\alpha + 5} \leqslant 4\sqrt{3}$$

55. 设 $A + B + C = \pi$,求证

(1) $1 < \cos A + \cos B + \cos C \leqslant \dfrac{3}{2}$;

(2) $\sin A + \sin B + \sin C \leqslant \dfrac{3\sqrt{3}}{2}$;

(3) $\cos A \cos B \cos C \leqslant \dfrac{1}{8}$;

(4) $\sin^2 A + \sin^2 B + \sin^2 C \begin{cases} > 2, \text{当 } \triangle ABC \text{ 为锐角三角形时} \\ = 2, \text{当 } \triangle ABC \text{ 为直角三角形时} \\ < 2, \text{当 } \triangle ABC \text{ 为钝角三角形时} \end{cases}$;

(5) $\csc\dfrac{A}{2} + \csc\dfrac{B}{2} + \csc\dfrac{C}{2} \geq 6$;

(6) $\cot^2\dfrac{A}{2} + \cot^2\dfrac{B}{2} + \cot^2\dfrac{C}{2} \geq 9$;

(7) $\dfrac{\sin A + \sin B + \sin C}{\sin A \sin B \sin C} \geq 4$;

(8) $\sin\dfrac{A}{2}\cos\dfrac{B}{2}\cos\dfrac{C}{2} + \sin\dfrac{B}{2}\cos\dfrac{C}{2}\cos\dfrac{A}{2} + \sin\dfrac{C}{2}\cos\dfrac{A}{2}\cos\dfrac{B}{2} \leq \dfrac{9}{8}$.

56. 设 $\triangle ABC$ 为锐角三角形，求证：

(1) $\tan A \tan B \tan C \geq 3\sqrt{3}$；

(2) $\tan A(\cot B + \cot C) + \tan B(\cot C + \cot A) + \tan C(\cot A + \cot B) \geq 6$；

(3) $\sin A + \sin B + \sin C + \tan A + \tan B + \tan C > 2\pi$；

(4) $\tan^n A + \tan^n B + \tan^n C > 3 + \dfrac{3n}{2}$.

57. 设 α, β, γ 是任意锐角三角形的三个内角，且 $\alpha < \beta < \gamma$，求证：$\sin 2\alpha > \sin 2\beta > \sin 2\gamma$.

58. 在 $\triangle ABC$ 中，$\lg\tan A + \lg\tan C = 2\lg\tan B$，求证：$\dfrac{\pi}{3} \leq B < \dfrac{\pi}{2}$.

59. 已知 $mx^2 + (2m-3)x + (m-2) = 0$ 的两根为 $\tan\alpha, \tan\beta$，求证：$\tan(\alpha+\beta) \geq -\dfrac{3}{4}$.

60. 设 x 为实数，求证
$$y = \dfrac{x^2 - 2x\cos\alpha + 1}{x^2 - 2x\cos\beta + 1}$$

的值在 $\dfrac{\sin^2\dfrac{\alpha}{2}}{\sin^2\dfrac{\beta}{2}}$ 和 $\dfrac{\cos^2\dfrac{\alpha}{2}}{\cos^2\dfrac{\beta}{2}}$ 之间.

61. 设 $\tan\dfrac{\theta}{2} = \dfrac{\tan\theta + m - 1}{\tan\theta + m + 1}$,且 m 是实数,试证: m 的值不可能在 -1 与 1 之间.

62. 实数 q 在什么范围内,方程 $\cos 2x + \sin x = q$ 有实数解.

63. a 为何值时,函数
$$y = \sqrt{\sin^6 x + \cos^6 x + a\sin x\cos x}$$
的自变量 x 的定义域是实数集.

64. 求下列函数的极值:

(1) $y = \sin^{10}x + 10\sin^2 x\cos^2 x + \cos^{10}x$;

(2) $y = \sin\left(\dfrac{\pi}{6} + 3x\right)\cos\left(x + \dfrac{2\pi}{9}\right)$;

(3) $y = \cos^p x\sin^q x\left(0 \leqslant x \leqslant \dfrac{\pi}{2}, p, q\ \text{为正有理数}\right)$;

(4) $y = \tan^p x + \cot^q x\left(0 < x < \dfrac{\pi}{2}, p, q\ \text{为正有理数}\right)$.

65. 求证: $\sin\theta + \sin 2\theta + \cdots + \sin n\theta + \dfrac{\sin(n+1)\theta}{2}$
当 θ 在区间 $[0, \pi]$ 内是非负的.

66. 求 $\sin^2\theta + \sin^2 2\theta + \sin^2 3\theta + \cdots + \sin^2 n\theta$ 的和.

67. 求证
$$\dfrac{1}{1 + \tan\alpha\tan 2\alpha} + \dfrac{1}{1 + \tan 2\alpha\tan 4\alpha} + \cdots +$$

$$\frac{1}{1+\tan n\alpha \tan 2n\alpha} = \frac{\cos(n+1)\alpha \sin n\alpha}{\sin \alpha}$$

68. 求 $\tan \alpha + \frac{1}{2}\tan \frac{\alpha}{2} + \frac{1}{2^2}\tan \frac{\alpha}{2^2} + \cdots + \frac{1}{2^{n-1}}\tan \frac{\alpha}{2^{n-1}}$ 的和.

69. 求证:$(2\cos \theta - 1)(2\cos 2\theta - 1)(2\cos 2^2\theta - 1)\cdots(2\cos 2^{n-1}\theta - 1) = \frac{2\cos 2^n \theta + 1}{2\cos \theta + 1}$.

70. 若 $\alpha \neq \beta$,求证

$$\left(\cos \frac{\alpha}{2} + \cos \frac{\beta}{2}\right)\left(\cos \frac{\alpha}{4} + \cos \frac{\beta}{4}\right)\cdots \left(\cos \frac{\alpha}{2^n} + \cos \frac{\beta}{2^n}\right) = \frac{1}{2^n} \cdot \frac{\cos \alpha - \cos \beta}{\cos \frac{\alpha}{2^n} - \cos \frac{\beta}{2^n}}$$

71. 当 $n < 89$ 时,求证

$$\frac{1}{\cos 0°\cos 1°} + \frac{1}{\cos 1°\cos 2°} + \cdots + \frac{1}{\cos n°\cos(n+1)°} = \frac{\tan(n+1)°}{\sin 1°}$$

72. 当 $x \neq 2^t k\pi (t = 1,2,\cdots,n)$ 时,求证

$$\cos \frac{x}{2}\cos \frac{x}{2^2}\cos \frac{x}{2^3}\cdots\cos \frac{x}{2^n} = \frac{\sin x}{2^n \sin \frac{x}{2^n}}$$

73. 设 A 为锐角,求证

$$\sec A + \sec \frac{A}{2} + \cdots + \sec \frac{A}{n} +$$
$$\csc A + \csc \frac{A}{2} + \cdots + \csc \frac{A}{n} >$$
$$\sec A\csc A + \sec \frac{A}{2}\csc \frac{A}{2} + \cdots +$$

$$\sec\frac{A}{n}\csc\frac{A}{n}$$

74. 如果 x,y 都是实数,且 $1 \leqslant x^2 + y^2 \leqslant 2$,求 $z = x^2 + y^2 - xy$ 的最大值和最小值.

75. 已知 $a^2 + b^2 = 1, x^2 + y^2 = 1$,求证:$|ax + by| \leqslant 1$.

76. 已知 $a_1^2 + b_1^2 = 1, a_2^2 + b_2^2 = 1, a_1 a_2 + b_1 b_2 = 0$,求证:$a_1^2 + a_2^2 = 1, b_1^2 + b_2^2 = 1, a_1 b_1 + a_2 b_2 = 0$.

77. 已知 $x + y + z = \dfrac{\pi}{4}$,求证

$$\frac{1+\tan x}{1-\tan x} + \frac{1+\tan y}{1-\tan y} + \frac{1+\tan z}{1-\tan z} = \frac{1+\tan x}{1-\tan x} \cdot \frac{1+\tan y}{1-\tan y} \cdot \frac{1+\tan z}{1-\tan z}$$

78. 设 $xy + yz + zx = 1$,求证

$$x(1-y^2)(1-z^2) + y(1-z^2)(1-x^2) + z(1-x^2)(1-y^2) = 4xyz$$

79. 求方程 $x + \dfrac{x}{\sqrt{x^2 - 1}} = \dfrac{35}{12}$ 的实数根.

80. 解方程组

$$\begin{cases} \sqrt{x(1-y)} + \sqrt{y(1-x)} = 1 \\ \sqrt{xy} + \sqrt{(1-x)(1-y)} = 1 \end{cases}$$

81. 设 $x > 0, y > 0, x + y = 1$,求证

$$\left(x + \frac{1}{x}\right)\left(y + \frac{1}{y}\right) \geqslant \frac{25}{4}$$

§4 习题解答

1. **解** 因 $180° < \alpha < 270°$,所以

$$\sec \alpha = -\sqrt{1+\tan^2\alpha} = -\sqrt{1+(2\sqrt{2})^2} = -3$$

$$\cos \alpha = -\frac{1}{3}$$

因此 $\cos 2\alpha = 2\cos^2\alpha - 1 = 2 \times \left(-\frac{1}{3}\right)^2 - 1 = -\frac{7}{9}$

由 $180° < \alpha < 270°$ 得

$$90° < \frac{\alpha}{2} < 135°$$

所以

$$\cos \frac{\alpha}{2} = -\sqrt{\frac{1+\cos \alpha}{2}} = -\sqrt{\frac{1-\frac{1}{3}}{2}} = -\frac{\sqrt{3}}{3}$$

2. **解法一** 根据题意,有

$$\cot(\alpha+\beta) = \frac{\cot\alpha\cot\beta - 1}{\cot\alpha + \cot\beta} = \frac{\frac{1}{2}\times\left(-\frac{1}{3}\right) - 1}{\frac{1}{2}+\left(-\frac{1}{3}\right)} = -7$$

所以

$$\csc^2(\alpha+\beta) = 1 + \cot^2(\alpha+\beta) = 1 + (-7)^2 = 50$$

又因 $\pi < \alpha < \frac{3\pi}{2}, \frac{3\pi}{2} < \beta < 2\pi$,所以

$$2\pi + \frac{\pi}{2} < \alpha + \beta < 2\pi + \frac{3\pi}{2}$$

但 $\cot(\alpha+\beta)<0$,因此 $\alpha+\beta$ 是第二象限的角,所以
$$\csc(\alpha+\beta)=\sqrt{50}=5\sqrt{2}$$

解法二　由 $\cot\alpha=\dfrac{1}{2}$ 及 $\pi<\alpha<\dfrac{3\pi}{2}$ 得
$$\sin\alpha=-\dfrac{2}{\sqrt{5}},\cos\alpha=-\dfrac{1}{\sqrt{5}}$$

由 $\cot\beta=-\dfrac{1}{3}$ 及 $\dfrac{3\pi}{2}<\beta<2\pi$ 得
$$\sin\beta=-\dfrac{3}{\sqrt{10}},\cos\beta=\dfrac{1}{\sqrt{10}}$$

所以
$$\sin(\alpha+\beta)=\sin\alpha\cos\beta+\cos\alpha\sin\beta=$$
$$-\dfrac{2}{\sqrt{5}}\times\dfrac{1}{\sqrt{10}}+$$
$$\left(-\dfrac{1}{\sqrt{5}}\right)\times\left(-\dfrac{3}{\sqrt{10}}\right)=$$
$$\dfrac{1}{\sqrt{50}}$$
$$\csc(\alpha+\beta)=\sqrt{50}=5\sqrt{2}$$

3. α 在第三象限,即
$$2k\pi+\pi<\alpha<2k\pi+\dfrac{3\pi}{2}(k\text{ 为整数})$$
$$k\pi+\dfrac{\pi}{2}<\dfrac{\alpha}{2}<k\pi+\dfrac{3\pi}{4}$$

若 k 为奇数,则 $\dfrac{\alpha}{2}$ 在第四象限,有
$$\sin\dfrac{\alpha}{2}=-\sqrt{\dfrac{1-\cos\alpha}{2}}=-\sqrt{\dfrac{1+\dfrac{7}{25}}{2}}=-\dfrac{4}{5}$$

三角解题引导

$$\cos\frac{\alpha}{2} = \sqrt{\frac{1+\cos\alpha}{2}} = \sqrt{\frac{1-\frac{7}{25}}{2}} = \frac{3}{5}$$

$$\tan\frac{\alpha}{2} = -\frac{4}{3}$$

若 k 为偶数，则 $\frac{\alpha}{2}$ 在第二象限，有

$$\sin\frac{\alpha}{2} = \frac{4}{5}, \cos\frac{\alpha}{2} = -\frac{3}{5}, \tan\frac{\alpha}{2} = -\frac{4}{3}$$

4. 依已知条件有

$$0 < \frac{\pi}{4} - x < \frac{\pi}{4}, \cos\left(\frac{\pi}{4} - x\right) = \frac{12}{13}$$

所以

$$\frac{\cos 2x}{\cos\left(\frac{\pi}{4}+x\right)} = \frac{\sin\left(\frac{\pi}{2}-2x\right)}{\sin\left(\frac{\pi}{4}-x\right)} =$$

$$\frac{2\sin\left(\frac{\pi}{4}-x\right)\cos\left(\frac{\pi}{4}-x\right)}{\sin\left(\frac{\pi}{4}-x\right)} =$$

$$2\cos\left(\frac{\pi}{4}-x\right) = \frac{24}{13}$$

5. 因 β 为锐角，$\sin\beta = \frac{1}{\sqrt{10}}$，所以

$$\cos\beta = \frac{3}{\sqrt{10}}, \tan\beta = \frac{1}{3}$$

$$\tan 2\beta = \frac{2\tan\beta}{1-\tan^2\beta} = \frac{2\times\frac{1}{3}}{1-\left(\frac{1}{3}\right)^2} = \frac{3}{4}$$

第 2 章 加法定理及其推广

因此 2β 也是锐角且
$$0 < \alpha + 2\beta < \pi$$

又
$$\tan(\alpha + 2\beta) = \frac{\tan\alpha + \tan 2\beta}{1 - \tan\alpha \tan 2\beta} = \frac{\frac{1}{7} + \frac{3}{4}}{1 - \frac{1}{7} \times \frac{3}{4}} = 1$$

所以
$$\alpha + 2\beta = \frac{\pi}{4}$$

6. 根据题意,有

$$\frac{1 - \cos\alpha + \sin\alpha}{1 + \cos\alpha + \sin\alpha} = \frac{2\sin^2\frac{\alpha}{2} + 2\sin\frac{\alpha}{2}\cos\frac{\alpha}{2}}{2\cos^2\frac{\alpha}{2} + 2\sin\frac{\alpha}{2}\cos\frac{\alpha}{2}} =$$

$$\frac{2\sin\frac{\alpha}{2}\left(\sin\frac{\alpha}{2} + \cos\frac{\alpha}{2}\right)}{2\cos\frac{\alpha}{2}\left(\sin\frac{\alpha}{2} + \cos\frac{\alpha}{2}\right)} =$$

$$\tan\frac{\alpha}{2}$$

7. 解这个方程,得

$$x = \frac{\sqrt{2}\cos 20° \pm \sqrt{2\cos^2 20° - 4\left(\cos^2 20° - \frac{1}{2}\right)}}{2} =$$

$$\frac{\sqrt{2}}{2}(\cos 20° \pm \sin 20°) =$$

$$\sin 45° \cos 20° \pm \cos 45° \sin 20° =$$

$$\sin(45° \pm 20°)$$

所以

$$x_1 = \sin 65°, x_2 = \sin 25°$$

即

$$\sin \alpha = \sin 65°, \sin \beta = \sin 25°$$

或

$$\sin \alpha = \sin 25°, \sin \beta = \sin 65°$$

但 α, β 都是锐角,所以

$$\alpha = 65°, \beta = 25° \text{ 或 } \alpha = 25°, \beta = 65°$$

8. 依韦达定理有

$$\tan \alpha + \tan \beta = -p, \tan \alpha \tan \beta = q$$

若 $q \neq 1$,则

$$\tan(\alpha + \beta) = \frac{\tan \alpha + \tan \beta}{1 - \tan \alpha \tan \beta} = \frac{-p}{1-q} = \frac{p}{q-1}.$$

$$\sin^2(\alpha + \beta) + p\sin(\alpha + \beta) \cdot \cos(\alpha + \beta) + q\cos^2(\alpha + \beta) =$$

$$\cos^2(\alpha + \beta)[\tan^2(\alpha + \beta) + p\tan(\alpha + \beta) + q] =$$

$$\frac{1}{1 + \tan^2(\alpha + \beta)}[\tan^2(\alpha + \beta) + p\tan(\alpha + \beta) + q] =$$

$$\frac{1}{1 + \left(\frac{p}{q-1}\right)^2} \cdot \left[\left(\frac{p}{q-1}\right)^2 + p \cdot \frac{p}{q-1} + q\right] = q$$

若 $q = 1$,则

$$\cos(\alpha + \beta) = 0, \sin^2(\alpha + \beta) = 1$$

$$\sin^2(\alpha + \beta) + p\sin(\alpha + \beta)\cos(\alpha + \beta) + q\cos^2(\alpha + \beta) = \sin^2(\alpha + \beta) = 1 = q$$

9. 原方程可变为

$$(\sin\theta + 1)x^2 - 2\sin\theta \cdot x + 2(\sin\theta - 1) = 0 \quad (*)$$

因已知方程有不相等的两个根,所以

$$\sin\theta + 1 \neq 0$$

又因两根是绝对值相等、符号相反的实数,故

$$\sin\theta = 0, \theta = k\pi \ (k \text{ 是整数})$$

将 $\theta = k\pi$ 代入 $(*)$,得

$$x = \pm\sqrt{2}$$

取 $x = \sqrt{2} = 2^{\frac{1}{2}}$,则有

$$\log_2 x^{1+\frac{1}{2}+\cdots+\frac{1}{2^n}} =$$

$$\log_2 2^{\frac{1}{2}\left(1+\frac{1}{2}+\cdots+\frac{1}{2^n}\right)} =$$

$$\frac{1}{2}\left(1 + \frac{1}{2} + \cdots + \frac{1}{2^n}\right) =$$

$$1 - \frac{1}{2^{n+1}}$$

10. 依题设有

$$a\cos\alpha + b\sin\alpha + c = 0$$
$$a\cos\beta + b\sin\beta + c = 0$$

所以

$$a(\cos\alpha - \cos\beta) + b(\sin\alpha - \sin\beta) = 0$$

$$-2a\sin\frac{\alpha+\beta}{2}\sin\frac{\alpha-\beta}{2} + 2b\cos\frac{\alpha+\beta}{2}\sin\frac{\alpha-\beta}{2} = 0$$

因为

$$\alpha \neq \beta, 0 \leq \alpha \leq \pi, 0 \leq \beta \leq \pi$$

所以

$$\sin\frac{\alpha-\beta}{2} \neq 0$$

三角解题引导

$$b\cos\frac{\alpha+\beta}{2} - a\sin\frac{\alpha+\beta}{2} = 0 \quad (*)$$

若 $\cos\dfrac{\alpha+\beta}{2} \neq 0$,则有

$$\tan\frac{\alpha+\beta}{2} = \frac{b}{a}$$

$$\sin(\alpha+\beta) = \frac{2\tan\dfrac{\alpha+\beta}{2}}{1+\tan^2\dfrac{\alpha+\beta}{2}} = \frac{2\cdot\dfrac{b}{a}}{1+\left(\dfrac{b}{a}\right)^2} = \frac{2ab}{a^2+b^2}$$

若 $\cos\dfrac{\alpha+\beta}{2} = 0$,因 $0 < \dfrac{\alpha+\beta}{2} < \pi$,故有 $\alpha+\beta = \pi$,因此 $\sin(\alpha+\beta) = 0$.

但这时由($*$)知 $a = 0$(注意此时必有 $b \neq 0$,否则原方程不存在了),所以仍有

$$\sin(\alpha+\beta) = \frac{2ab}{a^2+b^2}$$

11. 当 $p = q = 0$ 时,由已知条件有
$$\sin\beta = -\sin\alpha, \cos\beta = -\cos\alpha$$
所以
$$\sin(\alpha+\beta) = \sin\alpha\cos\beta + \cos\alpha\sin\beta =$$
$$\sin\alpha(-\cos\alpha) + \cos\alpha(-\sin\alpha) =$$
$$-\sin 2\alpha$$
$$\cos(\alpha+\beta) = \cos\alpha\cos\beta - \sin\alpha\sin\beta =$$
$$\cos\alpha(-\cos\alpha) - \sin\alpha(-\sin\alpha) =$$
$$-\cos 2\alpha$$
在这种情况下,所求的解答不定.

当 p, q 不全为零,例如 $q \neq 0$ 时,由已知条件得
$$\frac{\sin\alpha+\sin\beta}{\cos\alpha+\cos\beta} = \frac{p}{q}$$

第 2 章　加法定理及其推广

$$\frac{2\sin\frac{\alpha+\beta}{2}\cos\frac{\alpha-\beta}{2}}{2\cos\frac{\alpha+\beta}{2}\cos\frac{\alpha-\beta}{2}} = \frac{p}{q}$$

$$\tan\frac{\alpha+\beta}{2} = \frac{p}{q}$$

所以

$$\sin(\alpha+\beta) = \frac{2\tan\frac{\alpha+\beta}{2}}{1+\tan^2\frac{\alpha+\beta}{2}} = \frac{2pq}{q^2+p^2}$$

$$\cos(\alpha+\beta) = \frac{1-\tan^2\frac{\alpha+\beta}{2}}{1+\tan^2\frac{\alpha+\beta}{2}} = \frac{q^2-p^2}{q^2+p^2}$$

12. (1) $\dfrac{1}{\sin 10°} - \dfrac{\sqrt{3}}{\cos 10°} =$

$\dfrac{\cos 10° - \sqrt{3}\sin 10°}{\sin 10°\cos 10°} =$

$\dfrac{2\left(\dfrac{1}{2}\cos 10° - \dfrac{\sqrt{3}}{2}\sin 10°\right)}{\dfrac{1}{2}\sin 20°} =$

$\dfrac{4(\sin 30°\cos 10° - \cos 30°\sin 10°)}{\sin 20°} =$

$\dfrac{4\sin 20°}{\sin 20°} =$

4

(2) $\sin 50°(1+\sqrt{3}\tan 10°) =$

$\sin 50°\left(1+\dfrac{\sqrt{3}\sin 10°}{\cos 10°}\right) =$

三角解题引导

$$\sin 50° \cdot \frac{\cos 10° + \sqrt{3}\sin 10°}{\cos 10°} =$$

$$2\sin 50° \cdot \frac{\frac{1}{2}\cos 10° + \frac{\sqrt{3}}{2}\sin 10°}{\cos 10°} =$$

$$\frac{2\sin 50° \sin 40°}{\cos 10°} =$$

$$\frac{\cos(50° - 40°) - \cos(50° + 40°)}{\cos 10°} = 1$$

(3) $\csc 5° \sqrt{1 + \sin 620°} =$

$\csc 5° \cdot \sqrt{1 - \cos 10°} =$

$\csc 5° \cdot \sqrt{2\sin^2 5°} = \sqrt{2}$

(4) 由 $\sin 18° = \frac{\sqrt{5}-1}{4}$,得

$$\sin 9° = \sqrt{\frac{1}{2}(1 - \cos 18°)} = \frac{1}{2}\sqrt{2 - 2\cos 18°} =$$

$$\frac{1}{2}\sqrt{1 + \sin 18° - 2\sqrt{1 - \sin^2 18°} + 1 - \sin 18°} =$$

$$\frac{1}{2}\sqrt{(\sqrt{1 + \sin 18°} - \sqrt{1 - \sin 18°})^2} =$$

$$\frac{1}{2}(\sqrt{1 + \sin 18°} - \sqrt{1 - \sin 18°}) =$$

$$\frac{1}{2}\left(\sqrt{1 + \frac{\sqrt{5}-1}{4}} - \sqrt{1 - \frac{\sqrt{5}-1}{4}}\right) =$$

$$\frac{1}{4}(\sqrt{3 + \sqrt{5}} - \sqrt{5 - \sqrt{5}})$$

(5) $\cos\frac{2\pi}{7}\cos\frac{4\pi}{7}\cos\frac{6\pi}{7} =$

第 2 章 　加法定理及其推广

$$-\cos\frac{\pi}{7}\cos\frac{2\pi}{7}\cos\frac{4\pi}{7} =$$

$$-\frac{1}{8\sin\frac{\pi}{7}} \cdot 8\sin\frac{\pi}{7}\cos\frac{\pi}{7}\cos\frac{2\pi}{7}\cos\frac{4\pi}{7} =$$

$$-\frac{1}{8\sin\frac{\pi}{7}} \cdot 8\sin\frac{8\pi}{7} =$$

$$\frac{1}{8}$$

（6）$\tan 10° \tan 50° \tan 70° =$

$$\frac{\sin 10° \sin 50° \sin 70°}{\cos 10° \cos 50° \cos 70°} =$$

$$\frac{-\frac{1}{2}(\cos 60° - \cos 40°)\sin 70°}{\frac{1}{2}(\cos 60° + \cos 40°)\cos 70°} =$$

$$\frac{\sin 70°\cos 40° - \frac{1}{2}\sin 70°}{\cos 70°\cos 40° + \frac{1}{2}\cos 70°} =$$

$$\frac{\frac{1}{2}(\sin 110° + \sin 30°) - \frac{1}{2}\sin 70°}{\frac{1}{2}(\cos 110° + \cos 30°) + \frac{1}{2}\cos 70°} =$$

$$\frac{\sin 70° + \sin 30° - \sin 70°}{-\cos 70° + \cos 30° + \cos 70°} =$$

$$\tan 30° = \frac{\sqrt{3}}{3}$$

（7）$\tan 9° - \tan 27° - \tan 63° + \tan 81° =$

$\tan 9° + \cot 9° - (\tan 27° + \cot 27°) =$

三角解题引导

$$\frac{1+\tan^2 9°}{\tan 9°} - \frac{1+\tan^2 27°}{\tan 27°} =$$

$$\frac{2}{\sin 18°} - \frac{2}{\sin 54°} =$$

$$\frac{2(\sin 54° - \sin 18°)}{\sin 18° \sin 54°} =$$

$$\frac{2 \cdot 2\cos 36° \sin 18°}{\sin 18° \sin 54°} = 4$$

(8) $\cos 40° \cos 80° + \cos 80° \cos 160° + \cos 160° \cos 40° =$

$\frac{1}{2}(\cos 120° + \cos 40° + \cos 240° + \cos 80° + \cos 200° + \cos 120°) =$

$\frac{1}{2}\left(-\frac{3}{2} + \cos 40° + \cos 80° - \cos 20°\right) =$

$-\frac{3}{4} + \frac{1}{2}(\cos 40° + \cos 80° - \cos 20°) =$

$-\frac{3}{4} + \frac{1}{2}(2\cos 60° \cos 20° - \cos 20°) =$

$-\frac{3}{4}$

(9) $\cos \frac{\pi}{7} + \cos \frac{3\pi}{7} + \cos \frac{5\pi}{7} =$

$\frac{1}{2\sin \frac{\pi}{7}}\left(2\sin \frac{\pi}{7}\cos \frac{\pi}{7} + 2\sin \frac{\pi}{7}\cos \frac{3\pi}{7} + 2\sin \frac{\pi}{7}\cos \frac{5\pi}{7}\right) =$

$\frac{1}{2\sin \frac{\pi}{7}}\left(\sin \frac{2\pi}{7} + \sin \frac{4\pi}{7} - \sin \frac{2\pi}{7} +\right.$

$$\sin\frac{6\pi}{7} - \sin\frac{4\pi}{7}\Big) =$$

$$\frac{1}{2\sin\frac{\pi}{7}} \cdot \sin\frac{6\pi}{7} =$$

$$\frac{1}{2}$$

(10) $1 + 4\cos\frac{2\pi}{7} - 4\cos^2\frac{2\pi}{7} - 8\cos^3\frac{2\pi}{7} =$

$$1 - 4\cos^2\frac{2\pi}{7} + 4\cos\frac{2\pi}{7} - 8\cos^3\frac{2\pi}{7} =$$

$$1 - 2\Big(1 + \cos\frac{4\pi}{7}\Big) + 4\cos\frac{2\pi}{7}\Big(1 - 2\cos^2\frac{2\pi}{7}\Big) =$$

$$1 - 2\Big(1 + \cos\frac{4\pi}{7}\Big) - 4\cos\frac{2\pi}{7}\cos\frac{4\pi}{7} =$$

$$1 - 2\Big(1 + \cos\frac{4\pi}{7}\Big) - 2\Big(\cos\frac{6\pi}{7} + \cos\frac{2\pi}{7}\Big) =$$

$$-\Big[1 + 2\Big(\cos\frac{2\pi}{7} + \cos\frac{4\pi}{7} + \cos\frac{6\pi}{7}\Big)\Big]$$

但利用上题的方法可证

$$\cos\frac{2\pi}{7} + \cos\frac{4\pi}{7} + \cos\frac{6\pi}{7} = -\frac{1}{2}$$

所以

$$1 + 4\cos\frac{2\pi}{7} - 4\cos^2\frac{2\pi}{7} - 8\cos^3\frac{2\pi}{7} =$$

$$-\Big[1 + 2\times\Big(-\frac{1}{2}\Big)\Big] = 0$$

(11) $\sin 47° + \sin 61° - \sin 11° - \sin 25° =$

$\quad 2\sin 54°\cos 7° - 2\sin 18°\cos 7° =$

$\quad 2\cos 7°(\sin 54° - \sin 18°) =$

三角解题引导

$2\cos 7° \cdot 2\sin 18°\cos 36° =$

$\cos 7° \cdot \dfrac{4\sin 18°\cos 18°\cos 36°}{\cos 18°} =$

$\cos 7° \cdot \dfrac{\sin 72°}{\cos 18°} =$

$\cos 7°$

(12) $\sin 6°\sin 42°\sin 66°\sin 78° =$

$\sin 6°\cos 48°\cos 24°\cos 12° =$

$\dfrac{\sin 6°\cos 6°\cos 12°\cos 24°\cos 48°}{\cos 6°} =$

$\dfrac{\dfrac{1}{16}\sin 96°}{\cos 6°} =$

$\dfrac{1}{16}$

$\cos 6°\cos 42°\cos 66°\cos 78° =$

$\cos 6°\cos 66°\cos 42°\cos 78° =$

$\dfrac{1}{2}(\cos 72° + \cos 60°) \cdot \dfrac{1}{2}(\cos 120° + \cos 36°) =$

$\dfrac{1}{4}\left(\sin 18° + \dfrac{1}{2}\right)\left(\cos 36° - \dfrac{1}{2}\right) =$

$\dfrac{1}{4}\left[\sin 18°\cos 36° + \dfrac{1}{2}(\cos 36° - \sin 18°) - \dfrac{1}{4}\right] =$

$\dfrac{1}{4}\left[\dfrac{1}{4} + \dfrac{1}{2} \times \dfrac{1}{2} - \dfrac{1}{4}\right] =$

$\dfrac{1}{16}$

所以

$\tan 6°\tan 42°\tan 66°\tan 78° =$

第 2 章　加法定理及其推广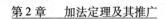

$$\frac{\sin 6°\sin 42°\sin 66°\sin 78°}{\cos 6°\cos 42°\cos 66°\cos 78°} =$$

1

(13) $\cos\dfrac{2\pi}{15} + \cos\dfrac{4\pi}{15} - \cos\dfrac{7\pi}{15} - \cos\dfrac{\pi}{15} =$

$2\cos\dfrac{\pi}{5}\cos\dfrac{\pi}{15} - 2\cos\dfrac{4\pi}{15}\cos\dfrac{\pi}{5} =$

$2\cos\dfrac{\pi}{5}\left(\cos\dfrac{\pi}{15} - \cos\dfrac{4\pi}{15}\right) =$

$4\cos\dfrac{\pi}{5}\sin\dfrac{\pi}{6}\sin\dfrac{\pi}{10} =$

$2\sin\dfrac{\pi}{10}\cos\dfrac{\pi}{5} =$

$2 \times \dfrac{1}{4} = \dfrac{1}{2}$

13. (1) $\cos^2\phi + \cos^2(\theta+\phi) - 2\cos\theta\cos\phi\cos(\theta+\phi) =$

$\cos^2\phi + \cos(\theta+\phi) \cdot [\cos(\theta+\phi) - 2\cos\theta\cos\phi] =$

$\cos^2\phi + \cos(\theta+\phi) \cdot (-\cos\theta\cos\phi - \sin\theta\sin\phi) =$

$\cos^2\phi - \cos(\theta+\phi)\cos(\theta-\phi) =$

$\cos^2\phi - \dfrac{1}{2}(\cos 2\theta + \cos 2\phi) =$

$\cos^2\phi - \dfrac{1}{2}(1 - 2\sin^2\theta + 2\cos^2\phi - 1) =$

$\sin^2\theta$

(2) $\sin^2\left(\dfrac{\pi}{4} + \alpha\right) - \sin^2\left(\dfrac{\pi}{6} - \alpha\right) -$

$$\sin\frac{\pi}{12}\cos\left(\frac{\pi}{12}+2\alpha\right) =$$

$$\frac{1-\cos\left(\frac{\pi}{2}+2\alpha\right)}{2} - \frac{1-\cos\left(\frac{\pi}{3}-2\alpha\right)}{2} -$$

$$\sin\frac{\pi}{12}\left(\cos\frac{\pi}{12}\cos 2\alpha - \sin\frac{\pi}{12}\sin 2\alpha\right) =$$

$$\frac{1}{2}\sin 2\alpha + \frac{1}{2}\left(\cos\frac{\pi}{3}\cos 2\alpha - \sin\frac{\pi}{3}\sin 2\alpha\right) -$$

$$\sin\frac{\pi}{12}\cos\frac{\pi}{12}\cos 2\alpha + \sin^2\frac{\pi}{12}\sin 2\alpha =$$

$$\frac{1}{2}\sin 2\alpha + \frac{1}{4}\cos 2\alpha + \frac{\sqrt{3}}{4}\sin 2\alpha -$$

$$\frac{1}{4}\cos 2\alpha + \frac{1-\cos\frac{\pi}{6}}{2}\sin 2\alpha =$$

$$\frac{1}{2}\sin 2\alpha + \frac{\sqrt{3}}{4}\sin 2\alpha + \frac{1-\frac{\sqrt{3}}{2}}{2}\sin 2\alpha =$$

$$\sin 2\alpha$$

(3) 根据题意,得

$$(1+\sin x)\left[\frac{x}{2\cos^2\left(\frac{\pi}{4}-\frac{x}{2}\right)} - 2\tan\left(\frac{\pi}{4}-\frac{x}{2}\right)\right] =$$

$$(1+\sin x)\left[\frac{x}{1+\cos\left(\frac{\pi}{2}-x\right)} - 2\cdot\frac{\sin\left(\frac{\pi}{2}-x\right)}{1+\cos\left(\frac{\pi}{2}-x\right)}\right] =$$

$$(1+\sin x)\left(\frac{x}{1+\sin x} - \frac{2\cos x}{1+\sin x}\right) = x - 2\cos x$$

第 2 章　加法定理及其推广

(4) $\dfrac{2(\sin 2\alpha + 2\cos^2\alpha - 1)}{\cos\alpha - \sin\alpha - \cos 3\alpha + \sin 3\alpha} =$

$\dfrac{2(\sin 2\alpha + \cos 2\alpha)}{\cos\alpha - \cos 3\alpha + \sin 3\alpha - \sin\alpha} =$

$\dfrac{2(\sin 2\alpha + \cos 2\alpha)}{2\sin 2\alpha \sin\alpha + 2\cos 2\alpha \sin\alpha} =$

$\csc\alpha$

14. (1) $\dfrac{2\sin A}{\cos A + \cos 3A} = \dfrac{2\sin A}{2\cos 2A \cos A} =$

$\dfrac{\sin(2A - A)}{\cos 2A \cos A} =$

$\dfrac{\sin 2A \cos A - \cos 2A \sin A}{\cos 2A \cos A} =$

$\tan 2A - \tan A$

(2) $\dfrac{\cos\theta}{1 - \sin\theta} + \dfrac{\cos\phi}{1 - \sin\phi} =$

$\dfrac{\cos^2\dfrac{\theta}{2} - \sin^2\dfrac{\theta}{2}}{\left(\cos\dfrac{\theta}{2} - \sin\dfrac{\theta}{2}\right)^2} + \dfrac{\cos^2\dfrac{\phi}{2} - \sin^2\dfrac{\phi}{2}}{\left(\cos\dfrac{\phi}{2} - \sin\dfrac{\phi}{2}\right)^2} =$

$\dfrac{\cos\dfrac{\theta}{2} + \sin\dfrac{\theta}{2}}{\cos\dfrac{\theta}{2} - \sin\dfrac{\theta}{2}} + \dfrac{\cos\dfrac{\phi}{2} + \sin\dfrac{\phi}{2}}{\cos\dfrac{\phi}{2} - \sin\dfrac{\phi}{2}} =$

$\dfrac{2\left(\cos\dfrac{\theta}{2}\cos\dfrac{\phi}{2} - \sin\dfrac{\theta}{2}\sin\dfrac{\phi}{2}\right)}{\left(\cos\dfrac{\theta}{2} - \sin\dfrac{\theta}{2}\right)\left(\cos\dfrac{\phi}{2} - \sin\dfrac{\phi}{2}\right)} =$

$\dfrac{2\cos\dfrac{\theta + \phi}{2}}{\cos\dfrac{\theta - \phi}{2} - \sin\dfrac{\theta + \phi}{2}} \cdot \dfrac{2\sin\dfrac{\theta - \phi}{2}}{2\sin\dfrac{\theta - \phi}{2}} =$

三角解题引导

$$\frac{2(\sin\theta - \sin\phi)}{\sin(\theta-\phi) + \cos\theta - \cos\phi}$$

(3) $\left(\cot\dfrac{\theta}{2} - \tan\dfrac{\theta}{2}\right)\left(1 + \tan\theta\tan\dfrac{\theta}{2}\right) =$

$2\cot\theta\left(1 + \dfrac{\sin\theta}{\cos\theta} \cdot \dfrac{1-\cos\theta}{\sin\theta}\right) =$

$2\cot\theta \cdot \dfrac{1}{\cos\theta} =$

$2\csc\theta$

(4) $\sin\theta\cos^5\theta - \cos\theta\sin^5\theta =$

$\sin\theta\cos\theta(\cos^4\theta - \sin^4\theta) =$

$\dfrac{1}{2}\sin 2\theta(\cos^2\theta + \sin^2\theta)(\cos^2\theta - \sin^2\theta) =$

$\dfrac{1}{2}\sin 2\theta\cos 2\theta =$

$\dfrac{1}{4}\sin 4\theta$

(5)
$\dfrac{\sin(2\alpha+\beta)}{\sin\alpha} - 2\cos(\alpha+\beta) =$

$\dfrac{\sin(\alpha+\beta)\cos\alpha + \cos(\alpha+\beta)\sin\alpha - 2\cos(\alpha+\beta)\sin\alpha}{\sin\alpha} =$

$\dfrac{\sin(\alpha+\beta)\cos\alpha - \cos(\alpha+\beta)\sin\alpha}{\sin\alpha} =$

$\dfrac{\sin[(\alpha+\beta) - \alpha]}{\sin\alpha} =$

$\dfrac{\sin\beta}{\sin\alpha}$

(6) $\sin^8\alpha - \cos^8\alpha + \cos 2\alpha =$

$(\sin^4\alpha + \cos^4\alpha)(\sin^2\alpha + \cos^2\alpha)$

第 2 章　加法定理及其推广

$(\sin^2\alpha - \cos^2\alpha) + \cos 2\alpha =$

$\left(1 - \dfrac{1}{2}\sin^2 2\alpha\right)(-\cos 2\alpha) + \cos 2\alpha =$

$\dfrac{1}{2}\sin^2 2\alpha \cos 2\alpha =$

$\dfrac{1}{4}\sin 2\alpha \sin 4\alpha$

(7) $\sin^4\alpha = (\sin^2\alpha)^2 = \left(\dfrac{1-\cos 2\alpha}{2}\right)^2 =$

$\dfrac{1}{4}(1 - 2\cos 2\alpha + \cos^2 2\alpha) =$

$\dfrac{1}{4} - \dfrac{1}{2}\cos 2\alpha + \dfrac{1}{4} \cdot \dfrac{1 + \cos 4\alpha}{2} =$

$\dfrac{3}{8} - \dfrac{1}{2}\cos 2\alpha + \dfrac{1}{8}\cos 4\alpha$

(8)

$\dfrac{1}{\sin(\alpha-\beta)\sin(\alpha-\gamma)} + \dfrac{1}{\sin(\beta-\gamma)\sin(\beta-\alpha)} + \dfrac{1}{\sin(\gamma-\alpha)\sin(\gamma-\beta)} =$

$-\dfrac{\sin(\beta-\gamma) + \sin(\gamma-\alpha) + \sin(\alpha-\beta)}{\sin(\alpha-\beta)\sin(\beta-\gamma)\sin(\gamma-\alpha)} =$

$-\dfrac{2\sin\dfrac{\beta-\alpha}{2}\cos\dfrac{\alpha+\beta-2\gamma}{2} + 2\sin\dfrac{\alpha-\beta}{2}\cos\dfrac{\alpha-\beta}{2}}{\sin(\alpha-\beta)\sin(\beta-\gamma)\sin(\gamma-\alpha)} =$

$-\dfrac{2\sin\dfrac{\alpha-\beta}{2}\left(\cos\dfrac{\alpha-\beta}{2} - \cos\dfrac{\alpha+\beta-2\gamma}{2}\right)}{\sin(\alpha-\beta)\sin(\beta-\gamma)\sin(\gamma-\alpha)} =$

$-\dfrac{2\sin\dfrac{\alpha-\beta}{2}\left(-2\sin\dfrac{\alpha-\gamma}{2}\sin\dfrac{\gamma-\beta}{2}\right)}{\sin(\alpha-\beta)\sin(\beta-\gamma)\sin(\gamma-\alpha)} =$

$$\frac{4\sin\frac{\alpha-\beta}{2}\sin\frac{\beta-\gamma}{2}}{2\sin\frac{\alpha-\beta}{2}\cos\frac{\alpha-\beta}{2} \cdot 2\sin\frac{\beta-\gamma}{2}\cos\frac{\beta-\gamma}{2}} \cdot$$

$$\frac{\sin\frac{\gamma-\alpha}{2}}{2\sin\frac{\gamma-\alpha}{2}\cos\frac{\gamma-\alpha}{2}} =$$

$$\frac{1}{2\cos\frac{\alpha-\beta}{2}\cos\frac{\beta-\gamma}{2}\cos\frac{\gamma-\alpha}{2}}$$

15. (1) 因 $A + B + C = \pi$, 所以
$$\tan(A + B) = \tan(\pi - C) = -\tan C$$
又
$$\tan(A + B) = \frac{\tan A + \tan B}{1 - \tan A \tan B}$$
所以
$$-\tan C = \frac{\tan A + \tan B}{1 - \tan A \tan B}$$
$$\tan A + \tan B = -\tan C + \tan A \tan B \tan C$$
$$\tan A + \tan B + \tan C = \tan A \tan B \tan C$$
(2) 由 $A + B + C = \pi$ 有
$$nA + nB + nC = n\pi$$
$$\tan(nA + nB) = \tan(n\pi - nC) = -\tan nC$$
又
$$\tan(nA + nB) = \frac{\tan nA + \tan nB}{1 - \tan nA \tan nB}$$
所以
$$-\tan nC = \frac{\tan nA + \tan nB}{1 - \tan nA \tan nB}$$

$$\tan nA + \tan nB + \tan nC = \tan nA \tan nB \tan nC$$

（3）根据题意,有

$$\cot(A+B) = \frac{\cot A \cot B - 1}{\cot A + \cot B}$$

$$\cot(A+B) = \cot(\pi - C) = -\cot C$$

所以

$$-\cot C = \frac{\cot A \cot B - 1}{\cot A + \cot B}$$

$$\cot A \cot B + \cot B \cot C + \cot C \cot A = 1$$

16.（1）由 $\alpha + \beta + \gamma = \dfrac{\pi}{2}$ 有

$$\tan \gamma = \tan\left[\frac{\pi}{2} - (\alpha + \beta)\right] = \cot(\alpha + \beta) =$$

$$\frac{1}{\tan(\alpha + \beta)} = \frac{1 - \tan \alpha \tan \beta}{\tan \alpha + \tan \beta}$$

所以

$$1 + \tan \alpha \tan \beta = \tan \gamma (\tan \alpha + \tan \beta)$$

即

$$\tan \alpha \tan \beta + \tan \beta \tan \gamma + \tan \gamma \tan \alpha = 1$$

（2）因为

$$\tan^2 \alpha + \tan^2 \beta \geqslant 2\tan \alpha \tan \beta$$
$$\tan^2 \beta + \tan^2 \gamma \geqslant 2\tan \beta \tan \gamma$$
$$\tan^2 \gamma + \tan^2 \alpha \geqslant 2\tan \gamma \tan \alpha$$

所以

$$2(\tan^2 \alpha + \tan^2 \beta + \tan^2 \gamma) \geqslant$$
$$2(\tan \alpha \tan \beta + \tan \beta \tan \gamma + \tan \gamma \tan \alpha)$$
$$\tan^2 \alpha + \tan^2 \beta + \tan^2 \gamma \geqslant$$
$$\tan \alpha \tan \beta + \tan \beta \tan \gamma + \tan \gamma \tan \alpha$$

而当 $\alpha + \beta + \gamma = \dfrac{\pi}{2}$ 时有(注意上题之结果)

$$\tan\alpha\tan\beta + \tan\beta\tan\gamma + \tan\gamma\tan\alpha = 1$$

所以
$$\tan^2\alpha + \tan^2\beta + \tan^2\gamma \geqslant 1$$

(3) 因为
$$\cot\gamma = \cot\left[\dfrac{\pi}{2} - (\alpha + \beta)\right] =$$

$$\tan(\alpha + \beta) = \dfrac{1}{\cot(\alpha+\beta)} =$$

$$\dfrac{\cot\alpha + \cot\beta}{\cot\alpha\cot\beta - 1}$$

所以
$$\cot\alpha + \cot\beta = \cot\alpha\cot\beta\cot\gamma - \cot\gamma$$
$$\cot\alpha + \cot\beta + \cot\gamma = \cot\alpha\cot\beta\cot\gamma$$

17. 根据题意,有
$$u = \tan y\tan z + \tan z\tan x + \tan x\tan y =$$
$$\dfrac{\cos x\sin y\sin z + \cos y\sin z\sin x + \cos z\sin x\sin y}{\cos x\cos y\cos z} =$$
$$\dfrac{\cos x\cos y\cos z - \cos(x + y + z)}{\cos x\cos y\cos z} =$$
$$1 - \dfrac{\cos\dfrac{k\pi}{2}}{\cos x\cos y\cos z}$$

当 k 为奇数时,$\cos\dfrac{k\pi}{2} = 0, u = 1$. 即当 k 为奇数时,不论 x, y, z 是怎样的数,函数 u 的值与 x, y, z 无关,总等于 1.

18. (1) 因为
$$\tan 20° + \tan 40° + \tan 120° = \tan 20°\tan 40°\tan 120°$$

第 2 章　加法定理及其推广

$$\tan 20° + \tan 40° - \sqrt{3} = \tan 20°\tan 40°(-\sqrt{3})$$

所以

$$\tan 20° + \tan 40° + \sqrt{3}\tan 20°\tan 40° = \sqrt{3}$$

（2）因为

$$2\alpha + (30° - \alpha) + (60° - \alpha) = 90°$$

所以

$$\tan 2\alpha\tan(30° - \alpha) + \tan 2\alpha\tan(60° - \alpha) + \tan(30° - \alpha)\tan(60° - \alpha) = 1$$

（3）因为

$$\tan 5\alpha = \tan(3\alpha + 2\alpha) = \frac{\tan 3\alpha + \tan 2\alpha}{1 - \tan 3\alpha\tan 2\alpha}$$

所以

$$\tan 3\alpha + \tan 2\alpha = \tan 5\alpha - \tan 5\alpha\tan 3\alpha\tan 2\alpha$$

$$\tan 5\alpha - \tan 3\alpha - \tan 2\alpha = \tan 5\alpha\tan 3\alpha\tan 2\alpha$$

19. 由已知条件，有

$$\sin \alpha = \sin[(\alpha + \beta) - \beta] = \sin(\alpha + \beta)\cos \beta - \cos(\alpha + \beta)\sin \beta = A\sin(\alpha + \beta)$$

所以

$$\sin(\alpha + \beta)(\cos \beta - A) = \cos(\alpha + \beta)\sin \beta$$

$$\tan(\alpha + \beta) = \frac{\sin \beta}{\cos \beta - A}$$

20. 由已知条件有

$$\frac{\sin(2\alpha + \beta)}{\sin \beta} = \frac{1}{m}$$

由合分比定理，有

$$\frac{1+m}{1-m} = \frac{\sin(2\alpha+\beta)+\sin\beta}{\sin(2\alpha+\beta)-\sin\beta} =$$

$$\frac{2\sin(\alpha+\beta)\cos\alpha}{2\cos(\alpha+\beta)\sin\alpha} =$$

$$\frac{\tan(\alpha+\beta)}{\tan\alpha}$$

所以

$$\tan(\alpha+\beta) = \frac{1+m}{1-m}\tan\alpha$$

21. 依题设有

$$\tan^2\theta = \frac{\sin(\theta-\alpha)\sin(\theta-\beta)}{\cos(\theta-\alpha)\cos(\theta-\beta)} =$$

$$\frac{\cos(\alpha-\beta)-\cos(2\theta-\alpha-\beta)}{\cos(\alpha-\beta)+\cos(2\theta-\alpha-\beta)}$$

故有

$$\cos 2\theta = \frac{1-\tan^2\theta}{1+\tan^2\theta} = \frac{\cos(2\theta-\alpha-\beta)}{\cos(\alpha-\beta)}$$

$$\cos 2\theta\cos(\alpha-\beta) = \cos(2\theta-\alpha-\beta) =$$

$$\cos 2\theta\cos(\alpha+\beta) + \sin 2\theta\sin(\alpha+\beta)$$

$$\cos 2\theta[\cos(\alpha-\beta) - \cos(\alpha+\beta)] = \sin 2\theta\sin(\alpha+\beta)$$

$$\cos 2\theta \cdot 2\sin\alpha\sin\beta = \sin 2\theta\sin(\alpha+\beta)$$

所以

$$\tan 2\theta = \frac{2\sin\alpha\sin\beta}{\sin(\alpha+\beta)}$$

22.（1）由已知条件，根据等比定理有

$$\frac{e^2-1}{1+2e\cos\alpha+e^2} = \frac{(e^2-1)+(1+2e\cos\beta+e^2)}{(1+2e\cos\alpha+e^2)+(e^2-1)} =$$

$$\frac{2e^2+2e\cos\beta}{2e^2+2e\cos\alpha} =$$

112

第 2 章 加法定理及其推广

$$\frac{e^2-1}{1+2e\cos\alpha+e^2} = \frac{\dfrac{e+\cos\beta}{e+\cos\alpha}}{(1+2e\cos\alpha+e^2)-(e^2-1)} = \frac{(e^2-1)-(1+2e\cos\beta+e^2)}{(1+2e\cos\alpha+e^2)-(e^2-1)} =$$

$$\frac{-2-2e\cos\beta}{2+2e\cos\alpha} =$$

$$-\frac{1+e\cos\beta}{1+e\cos\alpha}$$

所以

$$\frac{e+\cos\beta}{e+\cos\alpha} = -\frac{1+e\cos\beta}{1+e\cos\alpha}$$

$$\left(\frac{e+\cos\beta}{e+\cos\alpha}\right)^2 = \left(-\frac{1+e\cos\beta}{1+e\cos\alpha}\right)^2 =$$

$$\frac{(e+\cos\beta)^2 - (1+e\cos\beta)^2}{(e+\cos\alpha)^2 - (1+e\cos\alpha)^2} =$$

$$\frac{e^2+\cos^2\beta-1-e^2\cos^2\beta}{e^2+\cos^2\alpha-1-e^2\cos^2\alpha} =$$

$$\frac{\sin^2\beta}{\sin^2\alpha}$$

因此

$$\frac{e+\cos\beta}{e+\cos\alpha} = \pm\frac{\sin\beta}{\sin\alpha}$$

即

$$\frac{e^2-1}{1+2e\cos\alpha+e^2} = \frac{e+\cos\beta}{e+\cos\alpha} =$$

$$-\frac{1+e\cos\beta}{1+e\cos\alpha} = \pm\frac{\sin\beta}{\sin\alpha}$$

(2) 由 $\dfrac{e+\cos\beta}{e+\cos\alpha} = -\dfrac{1+e\cos\beta}{1+e\cos\alpha}$ 有

$$\frac{e+\cos\beta+1+e\cos\beta}{e+\cos\alpha-1-e\cos\alpha} = \frac{e+\cos\beta-1-e\cos\beta}{e+\cos\alpha+1+e\cos\alpha}$$

$$\frac{(e+1)(1+\cos\beta)}{(e-1)(1-\cos\alpha)} = \frac{(e-1)(1-\cos\beta)}{(e+1)(1+\cos\alpha)}$$

$$\frac{(1-\cos\alpha)(1-\cos\beta)}{(1+\cos\alpha)(1+\cos\beta)} = \left(\frac{e+1}{e-1}\right)^2$$

$$\tan^2\frac{\alpha}{2}\tan^2\frac{\beta}{2} = \left(\frac{e+1}{e-1}\right)^2$$

所以

$$\tan\frac{\alpha}{2}\tan\frac{\beta}{2} = \pm\frac{e+1}{e-1}$$

23. 依题设有

$$\frac{a}{b} = \frac{\sin\theta}{\sin\phi}, \frac{c}{d} = \frac{\cos\theta}{\cos\phi}$$

所以

$$\frac{ac \pm bd}{ad \pm bc} = \frac{\dfrac{c}{d} \pm \dfrac{b}{a}}{1 \pm \dfrac{b}{a} \cdot \dfrac{c}{d}} =$$

$$\frac{\dfrac{\cos\theta}{\cos\phi} \pm \dfrac{\sin\phi}{\sin\theta}}{1 \pm \dfrac{\sin\phi}{\sin\theta} \cdot \dfrac{\cos\theta}{\cos\phi}} =$$

$$\frac{\sin\theta\cos\theta \pm \sin\phi\cos\phi}{\sin\theta\cos\phi \pm \cos\theta\sin\phi} =$$

$$\frac{\dfrac{1}{2}(\sin 2\theta \pm \sin 2\phi)}{\sin(\theta \pm \phi)} =$$

$$\frac{\sin(\theta \pm \phi)\cos(\theta \mp \phi)}{\sin(\theta \pm \phi)} =$$

$$\cos(\theta \mp \phi)$$

24. 根据题意,有

第 2 章　加法定理及其推广

$$\tan\frac{x+\alpha}{2}\tan\frac{x-\alpha}{2} = \frac{\sin\frac{x+\alpha}{2}\sin\frac{x-\alpha}{2}}{\cos\frac{x+\alpha}{2}\cos\frac{x-\alpha}{2}}$$

$$= \frac{\cos\alpha - \cos x}{\cos\alpha + \cos x}$$

$$= \frac{\cos\alpha - \cos\alpha\cos\beta}{\cos\alpha + \cos\alpha\cos\beta} =$$

$$\frac{1 - \cos\beta}{1 + \cos\beta} =$$

$$\tan^2\frac{\beta}{2}$$

同理可得

$$\tan\frac{x+\beta}{2}\tan\frac{x-\beta}{2} = \tan^2\frac{\alpha}{2}$$

所以

$$\tan\frac{x+\alpha}{2}\tan\frac{x-\alpha}{2} + \tan\frac{x+\beta}{2}\tan\frac{x-\beta}{2} =$$

$$\tan^2\frac{\alpha}{2} + \tan^2\frac{\beta}{2}$$

25. 由已知条件有

$$1 + \cos^2\alpha = \sec^2\beta, 1 + \cos^2\beta = \sec^2\gamma$$

$$1 + \cos^2\gamma = \sec^2\alpha$$

设 $\cos^2\alpha = x, \cos^2\beta = y, \cos^2\gamma = z$，则有

$$\sec^2\alpha = \frac{1}{x}, \sec^2\beta = \frac{1}{y}, \sec^2\gamma = \frac{1}{z}$$

于是

$$1 + x = \frac{1}{y}, 1 + y = \frac{1}{z}, 1 + z = \frac{1}{x}$$

解这个方程组得

即
$$x = y = z = \frac{1}{2}(\sqrt{5} - 1)$$

$$\cos^2\alpha = \cos^2\beta = \cos^2\gamma = \frac{1}{2}(\sqrt{5} - 1)$$

所以
$$\sin^2\alpha = \sin^2\beta = \sin^2\gamma = $$
$$1 - \frac{1}{2}(\sqrt{5} - 1) = \frac{1}{2}(3 - \sqrt{5})$$

但
$$4\sin^2 18° = 4 \times \left(\frac{\sqrt{5} - 1}{4}\right)^2 = \frac{1}{2}(3 - \sqrt{5})$$

所以
$$\sin^2\alpha = \sin^2\beta = \sin^2\gamma = 4\sin^2 18°$$

26. 当 $A + B + C = \pi$ 时有(证明参看39题(2)小题)

$$\cos^2 A + \cos^2 B + \cos^2 C + 2\cos A\cos B\cos C = 1 \quad ①$$

将已知条件代入式①,得

$$\cos^2\alpha\sin^2\beta + \cos^2\beta\sin^2\gamma + \cos^2\gamma\sin^2\alpha +$$
$$2\cos\alpha\cos\beta\cos\gamma\sin\alpha\sin\beta\sin\gamma = 1 \quad ②$$

显然 $\cos\alpha\cos\beta\cos\gamma \neq 0$,将式 ② 两边同除以 $\cos^2\alpha\cos^2\beta\cos^2\gamma$,得

$$\tan^2\beta\sec^2\gamma + \tan^2\gamma\sec^2\alpha + \tan^2\alpha\sec^2\beta +$$
$$2\tan\alpha\tan\beta\tan\gamma =$$
$$\sec^2\alpha\sec^2\beta\sec^2\gamma$$
$$2\tan\alpha\tan\beta\tan\gamma =$$
$$(1 + \tan^2\alpha)(1 + \tan^2\beta)(1 + \tan^2\gamma) -$$
$$[\tan^2\beta(1 + \tan^2\gamma) + \tan^2\gamma(1 + \tan^2\alpha) +$$

第 2 章 加法定理及其推广

$$\tan^2\alpha(1+\tan^2\beta)] = 1+\tan^2\alpha\tan^2\beta\tan^2\gamma$$

所以
$$(\tan\alpha\tan\beta\tan\gamma - 1)^2 = 0$$
$$\tan\alpha\tan\beta\tan\gamma = 1$$

27.（1）由题设得
$$\sin A + \sin B = -\sin C, \cos A + \cos B = -\cos C$$
$$2\sin\frac{A+B}{2}\cos\frac{A-B}{2} = -\sin C$$
$$2\cos\frac{A+B}{2}\cos\frac{A-B}{2} = -\cos C$$

所以
$$\tan\frac{A+B}{2} = \tan C$$
$$C = k\pi + \frac{A+B}{2}$$
$$2C = 2k\pi + (A+B)$$
$$3C = 2k\pi + (A+B+C)(k\text{ 为整数})$$
$$\sin 3C = \sin(A+B+C), \cos 3C = \cos(A+B+C)$$

同理可证
$$\sin 3A = \sin 3B = \sin(A+B+C)$$
$$\cos 3A = \cos 3B = \cos(A+B+C)$$

所以
$$\sin 3A + \sin 3B + \sin 3C = 3\sin(A+B+C)$$
$$\cos 3A + \cos 3B + \cos 3C = 3\cos(A+B+C)$$

（2）由题设得
$$\sin A + \sin B = -\sin C, \cos A + \cos B = -\cos C$$

所以

三角解题引导

$$\sin^2 A + 2\sin A \sin B + \sin^2 B = \sin^2 C \quad ①$$
$$\cos^2 A + 2\cos A \cos B + \cos^2 B = \cos^2 C \quad ②$$

① + ②,得
$$2 + 2\cos(A - B) = 1$$
$$\cos(A - B) = -\frac{1}{2}$$

所以
$$A - B = 2k\pi \pm \frac{2\pi}{3}$$
$$A = 2k\pi + B \pm \frac{2\pi}{3} (k \text{ 为整数})$$

于是
$$\cos A = \cos\left(B \pm \frac{2\pi}{3}\right)$$
$$-\cos C = \cos A + \cos B =$$
$$\cos\left(B \pm \frac{2\pi}{3}\right) + \cos B =$$
$$2\cos\left(B \pm \frac{\pi}{3}\right)\cos\frac{\pi}{3} =$$
$$\cos\left(B \pm \frac{\pi}{3}\right)$$

即
$$\cos C = -\cos\left(B \pm \frac{\pi}{3}\right)$$

所以
$$\cos^2 A + \cos^2 B + \cos^2 C =$$
$$\cos^2\left(B \pm \frac{2\pi}{3}\right) + \cos^2 B + \cos^2\left(B \pm \frac{\pi}{3}\right) =$$
$$\frac{1}{2}\left[1 + \cos\left(2B \pm \frac{4\pi}{3}\right)\right] + \frac{1}{2}(1 + \cos 2B) +$$

$$\frac{1}{2}\left[1+\cos\left(2B\pm\frac{2\pi}{3}\right)\right]=$$

$$\frac{3}{2}+\frac{1}{2}\left[\cos\left(2B\pm\frac{4\pi}{3}\right)+\cos\left(2B\pm\frac{2\pi}{3}\right)+\cos 2B\right]=$$

$$\frac{3}{2}+\frac{1}{2}\left[2\cos(2B\pm\pi)\cos\frac{\pi}{3}+\cos 2B\right]=$$

$$\frac{3}{2}+\frac{1}{2}\left[-\cos 2B+\cos 2B\right]=$$

$$\frac{3}{2}$$

为一定值.

28. 由 $\sin^2 A+\sin^2 B+\sin^2 C=1$ 得

$\sin^2 A=1-\sin^2 B-\sin^2 C=$

$\quad\cos^2 B-\sin^2 C=$

$\quad\cos^2 B-\sin^2 C\cos^2 B+\sin^2 C\cos^2 B-\sin^2 C=$

$\quad\cos^2 B\cos^2 C-\sin^2 B\sin^2 C=$

$\quad(\cos B\cos C+\sin B\sin C)(\cos B\cos C-$

$\quad\sin B\sin C)=$

$\quad\cos(B-C)\cos(B+C)$

因 B,C 都是锐角,故知 $\cos(B-C)>0$,从而

$$\cos(B+C)>0, B+C<\frac{\pi}{2}, A+B+C<\pi$$

由 B,C 都是锐角还可知

$$\cos(B-C)\geqslant\cos(B+C)$$

$\sin^2 A=\cos(B-C)\cos(B+C)\geqslant\cos^2(B+C)$

$$\sin A\geqslant\cos(B+C)=\sin\left[\frac{\pi}{2}-(B+C)\right]$$

所以有

$$A \geqslant \frac{\pi}{2} - (B + C), A + B + C \geqslant \frac{\pi}{2}$$

即

$$\frac{\pi}{2} \leqslant A + B + C < \pi$$

29. 由已知条件得

$$a\tan\alpha - a\tan\frac{\alpha+\beta}{2} = b\tan\frac{\alpha+\beta}{2} - b\tan\beta$$

$$a\left(\tan\alpha - \tan\frac{\alpha+\beta}{2}\right) = b\left(\tan\frac{\alpha+\beta}{2} - \tan\beta\right)$$

$$a \cdot \frac{\sin\alpha\cos\frac{\alpha+\beta}{2} - \cos\alpha\sin\frac{\alpha+\beta}{2}}{\cos\alpha\cos\frac{\alpha+\beta}{2}} =$$

$$b \cdot \frac{\sin\frac{\alpha+\beta}{2}\cos\beta - \cos\frac{\alpha+\beta}{2}\sin\beta}{\cos\frac{\alpha+\beta}{2}\cos\beta}$$

$$\frac{a\sin\frac{\alpha-\beta}{2}}{\cos\alpha\cos\frac{\alpha+\beta}{2}} = \frac{b\sin\frac{\alpha-\beta}{2}}{\cos\frac{\alpha+\beta}{2}\cos\beta}$$

所以

$$a\cos\beta = b\cos\alpha$$

30. 由已知条件有

$$\frac{\sin^2 C}{\sin^2 A} = 1 - \frac{\tan(A-B)}{\tan A} =$$

$$1 - \frac{\sin(A-B)\cos A}{\cos(A-B)\sin A} =$$

$$\frac{\sin A\cos(A-B) - \cos A\sin(A-B)}{\cos(A-B)\sin A} =$$

第2章 加法定理及其推广

$$\frac{\sin B}{\cos(A-B)\sin A}$$

所以有

$$\sin^2 C = \frac{\sin A \sin B}{\cos(A-B)}$$

$$\cos^2 C = 1 - \sin^2 C = 1 - \frac{\sin A \sin B}{\cos(A-B)} =$$

$$\frac{\cos A \cos B}{\cos(A-B)}$$

$$\tan^2 C = \frac{\sin^2 C}{\cos^2 C} = \tan A \tan B$$

31. (1) 由 $e^x - e^{-x} = 2\tan\theta$ 有

$$(e^x - e^{-x})^2 = 4\tan^2\theta$$

$$(e^x + e^{-x})^2 = (e^x - e^{-x})^2 + 4 = 4\tan^2\theta + 4 = 4\sec^2\theta$$

因为

$$e > 0, 0 < \theta < \frac{\pi}{2}$$

所以

$$e^x + e^{-x} = 2\sec\theta$$

(2) 由 $e^x - e^{-x} = 2\tan\theta, e^x + e^{-x} = 2\sec\theta$ 有

$$e^x = \sec\theta + \tan\theta = \frac{1 + \sin\theta}{\cos\theta} =$$

$$\frac{1 - \cos\left(\frac{\pi}{2} + \theta\right)}{\sin\left(\frac{\pi}{2} + \theta\right)} = \tan\left(\frac{\pi}{4} + \frac{\theta}{2}\right)$$

所以

$$x = \ln\tan\left(\frac{\pi}{4} + \frac{\theta}{2}\right)$$

32. 根据题意,有

三角解题引导

$$\cos\alpha + \cos\beta - \cos(\alpha+\beta) = \frac{3}{2}$$

$$2\cos\frac{\alpha+\beta}{2}\cos\frac{\alpha-\beta}{2} - 2\cos^2\frac{\alpha+\beta}{2} + 1 = \frac{3}{2}$$

$$4\cos^2\frac{\alpha+\beta}{2} - 4\cos\frac{\alpha+\beta}{2}\cos\frac{\alpha-\beta}{2} + 1 = 0$$

$$\left(2\cos\frac{\alpha+\beta}{2} - \cos\frac{\alpha-\beta}{2}\right)^2 = \cos^2\frac{\alpha-\beta}{2} - 1 =$$

$$-\sin^2\frac{\alpha-\beta}{2}$$

要使上式成立,必须

$$\sin\frac{\alpha-\beta}{2} = 0$$

而

$$0 < \alpha < \pi, 0 < \beta < \pi$$

所以必须 $\alpha = \beta$. 这时有

$$\cos\alpha = \cos\beta = \frac{1}{2}$$

所以

$$\alpha = \beta = \frac{\pi}{3}$$

33. 令 $t = \tan\frac{\theta}{2}$,则

$$(x-a)\cos\theta + y\sin\theta = a$$

可变为

$$(x-a)\frac{1-t^2}{1+t^2} + y \cdot \frac{2t}{1+t^2} = a$$

$$xt^2 - 2yt - (x - 2a) = 0$$

解之,得

第2章 加法定理及其推广

$$t = \frac{y \pm \sqrt{x^2 + y^2 - 2ax}}{x}$$

即

$$\tan\frac{\theta}{2} = \frac{y \pm \sqrt{x^2 + y^2 - 2ax}}{x}$$

同理可得

$$\tan\frac{\theta_1}{2} = \frac{y \pm \sqrt{x^2 + y^2 - 2ax}}{x}$$

因为

$$\tan\frac{\theta}{2} - \tan\frac{\theta_1}{2} = 2l$$

所以

$$\pm 2 \cdot \sqrt{\frac{x^2 + y^2 - 2ax}{x}} = 2l$$

去分母,两边平方,即得

$$x^2 + y^2 - 2ax = l^2 x^2$$
$$y^2 = 2ax - (1 - l^2)x^2$$

34. 由 $\alpha + \beta + \gamma = \pi$ 有

$$\tan\alpha + \tan\beta + \tan\gamma = \tan\alpha\tan\beta\tan\gamma$$

又

$$\tan\alpha + \tan\gamma = 2\tan\beta$$

所以

$$3\tan\beta = \tan\alpha\tan\beta\tan\gamma$$

$$\tan\alpha\tan\gamma = 3, \tan\gamma = \frac{3}{\tan\alpha}$$

$$\cos 2\gamma = \frac{1 - \tan^2\gamma}{1 + \tan^2\gamma} = \frac{1 - \left(\dfrac{3}{\tan\alpha}\right)^2}{1 + \left(\dfrac{3}{\tan\alpha}\right)^2} = \frac{\tan^2\alpha - 9}{\tan^2\alpha + 9}$$

$$\frac{4+5\cos 2\gamma}{5+4\cos 2\gamma} = \frac{4 + 5 \cdot \dfrac{\tan^2\alpha - 9}{\tan^2\alpha + 9}}{5 + 4 \cdot \dfrac{\tan^2\alpha - 9}{\tan^2\alpha + 9}} =$$

$$\frac{4\tan^2\alpha + 36 + 5\tan^2\alpha - 45}{5\tan^2\alpha + 45 + 4\tan^2\alpha - 36} =$$

$$\frac{9(\tan^2\alpha - 1)}{9(\tan^2\alpha + 1)} = -\cos 2\alpha$$

又

$$\cos(\beta + \gamma - \alpha) = \cos(\pi - \alpha - \alpha) = -\cos 2\alpha$$

所以

$$\cos(\beta + \gamma - \alpha) = \frac{4 + 5\cos 2\gamma}{5 + 4\cos 2\gamma}$$

35. 由题设有

$$C = 3B = 9A, A = \frac{\pi}{13}$$

所以

$\cos B\cos C + \cos C\cos A + \cos A\cos B =$

$\cos 3A\cos 9A + \cos 9A\cos A + \cos A\cos 3A =$

$\dfrac{1}{2}(\cos 12A + \cos 6A + \cos 10A + \cos 8A +$

$\cos 4A + \cos 2A) =$

$\dfrac{1}{2\sin A} \cdot \sin A(\cos 2A + \cos 4A + \cos 6A +$

$\cos 8A + \cos 10A + \cos 12A) =$

$\dfrac{1}{4\sin A}(\sin 13A - \sin A)^{①} =$

---

① 此处参看第66题的解法过程.

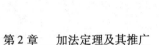

$$\frac{1}{4\sin A}(\sin \pi - \sin A) =$$

$$-\frac{1}{4}$$

36. 若 $a = 0$, 则 $b \neq 0$, 这时 ① 变为

$$b\cos x = 0$$

所以有

$$\cos x = 0, \sin x = \pm 1, \sin 2x = 0, \cos 2x = -1$$

代入 ②, 得 $-B = C$. 这时式 ③ 显然成立.

若 $a \neq 0$, 由 ① 得

$$\tan x = -\frac{b}{a}$$

$$\sin 2x = \frac{2\tan x}{1 + \tan^2 x} = \frac{-2ab}{a^2 + b^2}$$

$$\cos 2x = \frac{1 - \tan^2 x}{1 + \tan^2 x} = \frac{a^2 - b^2}{a^2 + b^2}$$

将 $\sin 2x, \cos 2x$ 之值代入 ②

$$A \cdot \frac{-2ab}{a^2 + b^2} + B \cdot \frac{a^2 - b^2}{a^2 + b^2} = C$$

化简得

$$2abA + (b^2 - a^2)B + (a^2 + b^2)C = 0$$

37. 设

$$\frac{\cos x}{a} = \frac{\cos(x + \alpha)}{b} = \frac{\cos(x + 2\alpha)}{c} =$$

$$\frac{\cos(x + 3\alpha)}{d} = \frac{1}{k}$$

则

$$a = k\cos x, b = k\cos(x + \alpha)$$
$$c = k\cos(x + 2\alpha), d = k\cos(x + 3\alpha)$$

三角解题引导

从而

$$\frac{a+c}{b} = \frac{k\cos x + k\cos(x+2\alpha)}{k\cos(x+\alpha)} =$$

$$\frac{2\cos(x+\alpha)\cos\alpha}{\cos(x+\alpha)} =$$

$$2\cos\alpha$$

$$\frac{b+d}{c} = \frac{k\cos(x+\alpha) + k\cos(x+3\alpha)}{k\cos(x+2\alpha)} =$$

$$\frac{2\cos(x+2\alpha)\cos\alpha}{\cos(x+2\alpha)} = 2\cos\alpha$$

所以

$$\frac{a+c}{b} = \frac{b+d}{c}$$

38. (1) $1 + \sin\alpha + \cos\alpha + \tan\alpha =$
$(1 + \cos\alpha) + \tan\alpha(1 + \cos\alpha) =$
$(1 + \cos\alpha)(1 + \tan\alpha) =$
$2\cos^2\frac{\alpha}{2}\left(\tan\frac{\pi}{4} + \tan\alpha\right) =$
$2\cos^2\frac{\alpha}{2} \cdot \frac{\sin\left(\frac{\pi}{4}+\alpha\right)}{\cos\frac{\pi}{4}\cos\alpha} =$
$2\sqrt{2}\cos^2\frac{\alpha}{2}\sin\left(\frac{\pi}{4}+\alpha\right)\sec\alpha$

(2) $(\cos x + \cos y)^2 + (\sin x + \sin y)^2 =$
$\cos^2 x + 2\cos x\cos y + \cos^2 y + \sin^2 x +$
$2\sin x\sin y + \sin^2 y =$
$2 + 2\cos(x-y) =$
$4\cos^2\frac{x-y}{2}$

(3) $\sin\alpha + \sin 2\alpha + \sin 3\alpha =$
$(\sin\alpha + \sin 3\alpha) + \sin 2\alpha =$
$2\sin 2\alpha\cos\alpha + \sin 2\alpha =$
$2\sin 2\alpha\left(\cos\alpha + \dfrac{1}{2}\right)$

$\cos\alpha + \cos 2\alpha + \cos 3\alpha =$
$(\cos\alpha + \cos 3\alpha) + \cos 2\alpha =$
$2\cos 2\alpha\cos\alpha + \cos 2\alpha =$
$2\cos 2\alpha\left(\cos\alpha + \dfrac{1}{2}\right)$

所以

$\sin\alpha + \sin 2\alpha + \sin 3\alpha + \cos\alpha + \cos 2\alpha + \cos 3\alpha =$
$2\left(\cos\alpha + \dfrac{1}{2}\right)(\sin 2\alpha + \cos 2\alpha) =$
$2\left(\cos\alpha + \cos\dfrac{\pi}{3}\right)\cdot\sqrt{2}\sin\left(2\alpha + \dfrac{\pi}{4}\right) =$
$4\sqrt{2}\cos\left(\dfrac{\alpha}{2} + \dfrac{\pi}{6}\right)\cos\left(\dfrac{\alpha}{2} - \dfrac{\pi}{6}\right)\sin\left(2\alpha + \dfrac{\pi}{4}\right)$

(4) $\cot^2 2x - \tan^2 2x - 8\cos 4x\cot 4x =$
$(\cot 2x + \tan 2x)(\cot 2x - \tan 2x) - 8\cos 4x\cot 4x =$
$4\csc 4x\cot 4x - 8\cos 4x\cot 4x =$
$4\cot 4x\csc 4x(1 - 2\sin 4x\cos 4x) =$
$4\cot 4x\csc 4x\left(\sin\dfrac{\pi}{2} - \sin 8x\right) =$
$8\cot 4x\csc 4x\cos\left(\dfrac{\pi}{4} + 4x\right)\sin\left(\dfrac{\pi}{4} - 4x\right)$

(5) 根据公式

$(a + b + c)^3 - a^3 - b^3 - c^3 = 3(a + b)(b + c)(c + a)$

三角解题引导

得

$(\sin\alpha + \sin 2\alpha + \sin 3\alpha)^3 - \sin^3\alpha - \sin^3 2\alpha - \sin^3 3\alpha =$

$3(\sin\alpha + \sin 2\alpha)(\sin 2\alpha + \sin 3\alpha)(\sin 3\alpha + \sin\alpha) =$

$3 \cdot 2\sin\dfrac{3\alpha}{2}\cos\dfrac{\alpha}{2} \cdot 2\sin\dfrac{5\alpha}{2}\cos\dfrac{\alpha}{2} \cdot 2\sin 2\alpha\cos\alpha =$

$24\sin\dfrac{3\alpha}{2}\sin 2\alpha\sin\dfrac{5\alpha}{2}\cos^2\dfrac{\alpha}{2}\cos\alpha$

39. (1) $\cos A + \cos B + \cos C =$

$\cos A + \cos B - \cos(A + B) =$

$2\cos\dfrac{A+B}{2}\cos\dfrac{A-B}{2} - 2\cos^2\dfrac{A+B}{2} + 1 =$

$1 + 2\cos\dfrac{A+B}{2}\left(\cos\dfrac{A-B}{2} - \cos\dfrac{A+B}{2}\right) =$

$1 + 2\sin\dfrac{C}{2}\left[-2\sin\dfrac{A}{2}\sin\left(-\dfrac{B}{2}\right)\right] =$

$1 + 4\sin\dfrac{A}{2}\sin\dfrac{B}{2}\sin\dfrac{C}{2}$

(2) $\cos^2 A + \cos^2 B + \cos^2 C =$

$\dfrac{1}{2}(1 + \cos 2A) +$

$\dfrac{1}{2}(1 + \cos 2B) + \dfrac{1}{2}(1 + \cos 2C) =$

$\dfrac{3}{2} + \dfrac{1}{2}(\cos 2A + \cos 2B + \cos 2C) =$

$\dfrac{3}{2} + \dfrac{1}{2}[\cos 2A + \cos 2B + \cos 2(A+B)] =$

$\dfrac{3}{2} + \dfrac{1}{2}[2\cos(A+B) \cdot$

$\cos(A-B) + 2\cos^2(A+B) - 1] =$

$1 + \cos(A+B)[\cos(A-B) + \cos(A+B)] =$

第 2 章 加法定理及其推广

$$1 - \cos C \cdot 2\cos A\cos B =$$
$$1 - 2\cos A\cos B\cos C$$

所以
$$\cos^2 A + \cos^2 B + \cos^2 C + 2\cos A\cos B\cos C = 1$$

（3）
$$\frac{\tan A}{\tan B} + \frac{\tan B}{\tan C} + \frac{\tan C}{\tan A} + \frac{\tan A}{\tan C} + \frac{\tan B}{\tan A} + \frac{\tan C}{\tan B} =$$

$$\frac{\tan A + \tan C}{\tan B} + \frac{\tan A + \tan B}{\tan C} + \frac{\tan B + \tan C}{\tan A} =$$

$$\frac{\tan A + \tan C}{-\tan(A+C)} + \frac{\tan A + \tan B}{-\tan(A+B)} + \frac{\tan B + \tan C}{-\tan(B+C)} =$$

$$\tan A\tan C - 1 + \tan A\tan B - 1 + \tan B\tan C - 1 =$$

$$\tan A\tan B + \tan B\tan C + \tan C\tan A - 3 =$$

$$\frac{\sin A\sin B}{\cos A\cos B} + \frac{\sin B\sin C}{\cos B\cos C} + \frac{\sin C\sin A}{\cos C\cos A} - 3 =$$

$$\frac{\sin A\sin B\cos C + \sin B\sin C\cos A + \sin C\sin A\cos B}{\cos A\cos B\cos C} - 3 =$$

$$\frac{\cos A\cos B\cos C - \cos(A+B+C)}{\cos A\cos B\cos C} - 3 =$$

$$\frac{\cos A\cos B\cos C - \cos \pi}{\cos A\cos B\cos C} - 3 =$$

$$\sec A\sec B\sec C - 2$$

（4）$\cot B + \dfrac{\cos C}{\sin B\cos A} = \dfrac{\cos B}{\sin B} + \dfrac{\cos C}{\sin B\cos A} =$

$$\frac{\cos A\cos B + \cos C}{\sin B\cos A} =$$

$$\frac{\cos A\cos B - \cos(A+B)}{\sin B\cos A} =$$

$$\frac{\sin A\sin B}{\sin B\cos A} = \tan A$$

(5) $\dfrac{\cos A}{\sin B \sin C} + \dfrac{\cos B}{\sin C \sin A} + \dfrac{\cos C}{\sin A \sin B} =$

$\dfrac{\sin A \cos A + \sin B \cos B + \sin C \cos C}{\sin A \sin B \sin C} =$

$\dfrac{\dfrac{1}{2}(\sin 2A + \sin 2B + \sin 2C)}{\sin A \sin B \sin C} =$

$\dfrac{\dfrac{1}{2} \cdot 4\sin A \sin B \sin C}{\sin A \sin B \sin C} =$

2

40. (1) $\sin A - \sin B + \sin C - \sin D =$

$\sin A - \sin B + \sin C + \sin(A + B + C) =$

$2\cos\dfrac{A + B}{2}\sin\dfrac{A - B}{2} +$

$2\sin\dfrac{A + B + 2C}{2}\cos\dfrac{A + B}{2} =$

$2\cos\dfrac{A + B}{2}\left(\sin\dfrac{A - B}{2} + \sin\dfrac{A + B + 2C}{2}\right) =$

$2\cos\dfrac{A + B}{2} \cdot 2\sin\dfrac{A + C}{2}\cos\dfrac{B + C}{2} =$

$4\cos\dfrac{A + B}{2}\cos\dfrac{B + C}{2}\sin\dfrac{A + C}{2}$

(2) $\cos^2 A + \cos^2 B - \cos^2 C - \cos^2 D =$

$\cos^2 A + \cos^2 B - \cos^2 C - \cos^2(A + B + C) =$

$\dfrac{1}{2}[\cos 2A + \cos 2B - \cos 2C -$

$\cos 2(A + B + C)] =$

$\cos(A + B)\cos(A - B) -$

$\cos(A + B + 2C)\cos(A + B) =$

$$\cos(A+B)[\cos(A-B) - \cos(A+B+2C)] =$$
$$\cos(A+B)[-2\sin(A+C)\sin(-B-C)] =$$
$$2\cos(A+B)\sin(B+C)\sin(C+A)$$

41. 由题设知
$$(A+B) + (C+D) = 2\pi$$

若 $A+B = \dfrac{\pi}{2}$,则
$$C+D = \dfrac{3\pi}{2}$$
$$\tan A \tan B = \tan C \tan D = 1$$
$$\tan A = \cot B, \tan B = \cot A$$
$$\tan C = \cot D, \tan D = \cot A$$

所以等式成立.

若 $A+B \ne \dfrac{\pi}{2}$,则
$$C+D \ne \dfrac{3\pi}{2}$$
$$\tan(A+B) + \tan(C+D) =$$
$$\tan(A+B) + \tan[2\pi - (A+B)] = 0$$

即
$$\dfrac{\tan A + \tan B}{1 - \tan A \tan B} + \dfrac{\tan C + \tan D}{1 - \tan C \tan D} = 0$$

所以
$$\tan A + \tan B + \tan C + \tan D =$$
$$\tan A \tan B \tan C + \tan B \tan C \tan D +$$
$$\tan C \tan D \tan A + \tan D \tan A \tan B$$

用 $\tan A \tan B \tan C \tan D$ 除等式两边,即得
$$\dfrac{\tan A + \tan B + \tan C + \tan D}{\tan A \tan B \tan C \tan D} =$$

$$\cot A + \cot B + \cot C + \cot D$$

42. 记

$$f(\beta) = a_1\cos(\alpha_1 + \beta) + a_2\cos(\alpha_2 + \beta) + \cdots + a_n\cos(\alpha_n + \beta)$$

由题设知 $f(0) = f(1) = 0$. 但由于

$$\cos(\alpha + \beta) = \cos\beta\cos\alpha + \sin\beta\cos\left(\alpha + \frac{\pi}{2}\right)$$

所以

$$f(\beta) = \cos\beta f(0) + \sin\beta f\left(\frac{\pi}{2}\right)$$

令 $\beta = 1$, 由 $f(1) = 0, \sin 1 \neq 0$, 得 $f\left(\frac{\pi}{2}\right) = 0$. 所以对于所有 β, 有 $f(\beta) = 0$.

43. 在

$$f(x_1) = A\cos x_1 + B\sin x_1 = 0$$
$$f(x_2) = A\cos x_2 + B\sin x_2 = 0$$

中,因为

$$\begin{vmatrix} \cos x_1 & \sin x_1 \\ \cos x_2 & \sin x_2 \end{vmatrix} = \sin(x_2 - x_1) \neq 0$$

所以

$$A = B = 0, f(x) \equiv 0$$

44. 因 $\cos\theta - \sin\theta = b$, 所以

$$1 - 2\sin\theta\cos\theta = b^2$$
$$\sin\theta\cos\theta = \frac{1 - b^2}{2}$$

又

$$\cos 3\theta + \sin 3\theta = a$$
$$4\cos^3\theta - 3\cos\theta + 3\sin\theta - 4\sin^3\theta = a$$

第 2 章　加法定理及其推广

$$4(\cos\theta - \sin\theta)(\cos^2\theta + \sin\theta\cos\theta + \sin^2\theta) - 3(\cos\theta - \sin\theta) = a$$

$$4b\left(1 + \frac{1-b^2}{2}\right) - 3b = a$$

所以

$$a = 3b - 2b^3$$

45. 由题设有

$$\cos(\alpha - 3\phi) = m\cos^3\phi \qquad ①$$
$$\sin(\alpha - 3\phi) = m\sin^3\phi \qquad ②$$

于是

$$\cos(\alpha - 3\phi)\cos 3\phi = m\cos^3\phi\cos 3\phi \qquad ③$$
$$\sin(\alpha - 3\phi)\sin 3\phi = m\sin^3\phi\sin 3\phi \qquad ④$$

③ - ④,得

$$\cos\alpha = m(\cos^3\phi\cos 3\phi - \sin^3\phi\sin 3\phi) = -3m(\cos^4\phi + \sin^4\phi) + 4m(\cos^6\phi + \sin^6\phi) \qquad ⑤$$

①,② 平方后相加,得

$$1 = m^2(\cos^6\phi + \sin^6\phi)$$

所以

$$\cos^6\phi + \sin^6\phi = \frac{1}{m^2} \qquad ⑥$$

$$\cos^4\phi - \sin^2\phi\cos^2\phi + \sin^4\phi = \frac{1}{m^2} \qquad ⑦$$

又

$$\sin^4\phi + \cos^4\phi = (\sin^2\phi + \cos^2\phi)^2 - 2\sin^2\phi\cos^2\phi = 1 - \frac{1}{2}\sin^2 2\phi = \frac{3}{4} + \frac{\cos 4\phi}{4} \qquad ⑧$$

三角解题引导

$$\sin^2\phi\cos^2\phi = \frac{1}{8}(1-\cos 4\phi) \qquad ⑨$$

将⑧,⑨代入⑦,得

$$\frac{3}{4} + \frac{\cos 4\phi}{4} - \frac{1}{8}(1-\cos 4\phi) = \frac{1}{m^2}$$

所以

$$\cos 4\phi = \frac{8}{3m^2} - \frac{5}{3} \qquad ⑩$$

将⑥,⑧,⑩代入⑤,并化简,得

$$\cos\alpha = \frac{2-m^2}{m}$$

46. 式①平方,得

$$a^2\cos^2\theta + 2ab\sin\theta\cos\theta + b^2\sin^2\theta = c^2 \qquad ③$$

式②乘以b,得

$$ab\cos^2\theta + 2ab\sin\theta\cos\theta + b^2\sin^2\theta = bc \qquad ④$$

③-④,得

$$(a^2-ab)\cos^2\theta = c^2-bc$$

所以

$$\cos^2\theta = \frac{c^2-bc}{a^2-ab}$$

$$\cos 2\theta = 2\cos^2\theta - 1 =$$

$$\frac{2c^2-2bc}{a^2-ab} - 1 = \frac{2c^2-2bc-a^2+ab}{a^2-ab}$$

由②得

$$a(1+\cos 2\theta) + 2a\sin 2\theta + b(1-\cos 2\theta) = 2c$$

所以

$$2a\sin 2\theta = 2c-a-b+(b-a)\cos 2\theta =$$

$$2c-a-b+(b-a)\cdot\frac{2c^2-2bc-a^2+ab}{a^2-ab} =$$

第2章　加法定理及其推广

$$\sin 2\theta = \frac{\frac{2ac-2ab+2bc-2c^2}{a}}{a} = \frac{ac-ab+bc-c^2}{a^2} = \frac{(a-c)(c-b)}{a^2}$$

由 $\sin^2 2\theta + \cos^2 2\theta = 1$ 有

$$\frac{(a-c)^2(c-b)^2}{a^4} + \frac{(2c^2-2bc-a^2+ab)^2}{a^2(a-b)^2} = 1$$

进一步化简可得

$$(a-b)^2(a-c)(c-b) = 4a^2 c(a+c-b)$$

47. 依①,②,θ 及 ϕ 均为方程

$$x\cos\alpha + y\sin\alpha = 2a$$

之 α 的两根,将这个方程变形

$$(x\cos\alpha - 2a)^2 = y^2\sin^2\alpha$$
$$x^2\cos^2\alpha - 4ax\cos\alpha + 4a^2 = y^2\sin^2\alpha$$
$$x^2\cos^2\alpha - 4ax\cos\alpha + 4a^2 = y^2 - y^2\cos^2\alpha$$
$$(x^2+y^2)\cos^2\alpha - 4ax\cos\alpha + 4a^2 - y^2 = 0$$

根据韦达定理有

$$\cos\theta + \cos\phi = \frac{4ax}{x^2+y^2}, \cos\theta\cos\phi = \frac{4a^2-y^2}{x^2+y^2}$$

将式③平方,得

$$4\sin^2\frac{\theta}{2}\sin^2\frac{\phi}{2} = 1$$
$$(1-\cos\theta)(1-\cos\phi) = 1$$
$$1 - (\cos\theta + \cos\phi) + \cos\theta\cos\phi = 1$$
$$\cos\theta\cos\phi = \cos\phi + \cos\phi$$

所以

$$\frac{4a^2-y^2}{x^2+y^2} = \frac{4ax}{x^2+y^2}$$
$$y^2 = 4a^2 - 4ax$$

三角解题引导

48. 由①得
$$\frac{\sin x}{\sin(y-z)} = a$$

由合分比定理
$$\frac{\sin x + \sin(y-z)}{\sin x - \sin(y-z)} = \frac{a+1}{a-1}$$

$$\frac{\tan\frac{x+y-z}{2}}{\tan\frac{x-y+z}{2}} = \frac{a+1}{a-1} \qquad ④$$

同理
$$\frac{\tan\frac{y+z-x}{2}}{\tan\frac{y-z+x}{2}} = \frac{b+1}{b-1} \qquad ⑤$$

$$\frac{\tan\frac{z+x-y}{2}}{\tan\frac{z-x+y}{2}} = \frac{c+1}{c-1}$$

②·③·④,得
$$\frac{(a+1)(b+1)(c+1)}{(a-1)(b-1)(c-1)} = 1$$

化简后可得
$$ab + bc + ca = -1$$

49. 根据题意有,有
$$2 + \sin x + \cos x - \frac{2}{2 - \sin x - \cos x} =$$

$$\frac{4 - (\sin x + \cos x)^2 - 2}{2 - (\sin x + \cos x)} =$$

$$\frac{2 - (1 + \sin 2x)}{2 - (\sin x + \cos x)} =$$

$$\frac{1-\sin 2x}{2-(\sin x+\cos x)}$$

因为
$$|\sin x+\cos x|<2, \sin 2x \leq 1$$

所以
$$2-(\sin x+\cos x)>0, 1-\sin 2x \geq 0$$
$$2+\sin x+\cos x-\frac{2}{2-\sin x-\cos x} \geq 0$$

故有
$$2+\sin x+\cos x \geq \frac{2}{2-\sin x-\cos x}$$

50. 设直角三角形的一锐角为 θ,则
$$x=z\sin\theta, y=z\cos\theta$$

令 $\dfrac{m}{\sqrt{m^2+n^2}}=\cos\alpha, \dfrac{n}{\sqrt{m^2+n^2}}=\sin\alpha$,则

$$\frac{mx+ny}{z\sqrt{m^2+n^2}}=\frac{x}{z}\cdot\frac{m}{\sqrt{m^2+n^2}}+\frac{y}{z}\cdot\frac{n}{\sqrt{m^2+n^2}}$$
$$\sin\theta\cos\alpha=\cos\theta\sin\alpha=$$
$$\sin(\theta+\alpha) \leq 1$$

所以
$$\frac{mx+ny}{\sqrt{m^2+n^2}} \leq z$$

51. 由 $0<\alpha<\beta<\dfrac{\pi}{2}$ 有
$$0<\frac{\beta-\alpha}{2}<\frac{\pi}{2}, 0<\frac{\beta+\alpha}{2}<\frac{\pi}{2}$$

所以
$$\sin\beta-\sin\alpha=2\sin\frac{\beta-\alpha}{2}\cos\frac{\beta+\alpha}{2}<$$

$$2\sin\frac{\beta-\alpha}{2} <$$

$$2 \cdot \frac{\beta-\alpha}{2} =$$

$$\beta - \alpha$$

$$\alpha - \sin\alpha < \beta - \sin\beta$$

52. (1) $\sin^6 x + \cos^6 x =$

$(\sin^2 x + \cos^2 x)(\sin^4 x - \sin^2 x\cos^2 x + \cos^4 x) =$

$(\sin^2 x + \cos^2 x)^2 - 3\sin^2 x\cos^2 x =$

$1 - \dfrac{3}{4}\sin^2 2x \geqslant$

$1 - \dfrac{3}{4} =$

$\dfrac{1}{4}$

(2) $\left(\dfrac{1}{\sin^4\alpha} - 1\right)\left(\dfrac{1}{\cos^4\alpha} - 1\right) =$

$(\csc^4\alpha - 1)(\sec^4\alpha - 1) =$

$(\csc^2\alpha + 1)(\csc^2\alpha - 1) \cdot$

$(\sec^2\alpha + 1)(\sec^2\alpha - 1) =$

$(\cot^2\alpha + 2)\cot^2\alpha(\tan^2\alpha + 2)\tan^2\alpha =$

$5 + 2(\cot^2\alpha + \tan^2\alpha) \geqslant$

$5 + 2 \cdot 2\cot\alpha \cdot \tan\alpha \geqslant$

9

(3) $(\cot^2 x - 1)(3\cot^2 x - 1)(\cot 3x\tan 2x - 1) =$

$\dfrac{\cos^2 x - \sin^2 x}{\sin^2 x} \cdot \dfrac{3\cos^2 x - \sin^2 x}{\sin^2 x} \cdot$

$\dfrac{\cos 3x\sin 2x - \sin 3x\cos 2x}{\sin 3x\cos 2x} =$

$$\frac{\cos 2x}{\sin^2 x} \cdot \frac{3 - 4\sin^2 x}{\sin^2 x} \cdot \frac{-\sin x}{\sin 3x \cos 2x} =$$

$$-\frac{1}{\sin^4 x} \leqslant -1$$

53.（1）由题设有

$$\sin^2(4x + 8°) + \cos^2(4x - 82°) = 2\sin^2(4x + 8°)$$

因为

$$13° \leqslant x \leqslant 28°$$

所以

$$60° \leqslant 4x + 8° \leqslant 120°$$

$$\frac{\sqrt{3}}{2} \leqslant \sin(4x + 8°) \leqslant 1$$

$$\frac{3}{4} \leqslant \sin^2(4x + 8°) \leqslant 1$$

$$\frac{3}{2} \leqslant 2\sin^2(4x + 8°) \leqslant 2$$

即

$$\frac{3}{2} \leqslant \sin^2(4x + 8°) + \cos^2(4x - 82°) \leqslant 2$$

（2）由题设有

$$\cot^2(4x + 8°) + \tan^2(4x - 82°) = 2\cot^2(4x + 8°)$$

因为

$$0 \leqslant \cot^2(4x + 8°) \leqslant \frac{1}{3}$$

所以

$$0 \leqslant 2\cot^2(4x + 8°) \leqslant \frac{2}{3}$$

$$0 \leqslant \cot^2(4x + 8°) + \tan^2(4x - 82°) \leqslant \frac{2}{3}$$

三角解题引导

54. 因

$$\sqrt{\tan\alpha\tan\beta+5},\ \sqrt{\tan\beta\tan\gamma+5},\ \sqrt{\tan\gamma\tan\alpha+5}$$

都是大于零的实数,故有

$$(\sqrt{\tan\alpha\tan\beta+5}-\sqrt{\tan\beta\tan\gamma+5})^2\geqslant 0$$

$$2\sqrt{\tan\alpha\tan\beta+5}\sqrt{\tan\beta\tan\gamma+5}\leqslant$$
$$\tan\alpha\tan\beta+\tan\beta\tan\gamma+10$$

同理

$$2\sqrt{\tan\beta\tan\gamma+5}\sqrt{\tan\gamma\tan\alpha+5}\leqslant$$
$$\tan\beta\tan\gamma+\tan\gamma\tan\alpha+10$$

$$2\sqrt{\tan\gamma\tan\alpha+5}\sqrt{\tan\alpha\tan\beta+5}\leqslant$$
$$\tan\gamma\tan\alpha+\tan\alpha\tan\beta+10$$

所以(在下列过程中注意利用 16 题(1)小题之结果)

$$(\sqrt{\tan\alpha\tan\beta+5}+\sqrt{\tan\beta\tan\gamma+5}+$$
$$\sqrt{\tan\gamma\tan\alpha+5})^2=$$
$$\tan\alpha\tan\beta+\tan\beta\tan\gamma+\tan\gamma\tan\alpha+15+$$
$$2\sqrt{\tan\alpha\tan\beta+5}\sqrt{\tan\beta\tan\gamma+5}+$$
$$2\sqrt{\tan\beta\tan\gamma+5}\sqrt{\tan\gamma\tan\alpha+5}+$$
$$2\sqrt{\tan\gamma\tan\alpha+5}\sqrt{\tan\alpha\tan\beta+5}\leqslant$$
$$3(\tan\alpha\tan\beta+\tan\beta\tan\gamma+\tan\gamma\tan\alpha)+45=$$
$$3+45=48$$

$$\sqrt{\tan\alpha\tan\beta+5}+\sqrt{\tan\beta\tan\gamma+5}+$$
$$\sqrt{\tan\gamma\tan\alpha+5}\leqslant 4\sqrt{3}$$

55.(1) 利用 39 题之(1),我们有

$$\cos A+\cos B+\cos C=1+4\sin\frac{A}{2}\sin\frac{B}{2}\sin\frac{C}{2}$$

因 A,B,C 是三角形的内角,所以 $\sin\frac{A}{2},\sin\frac{B}{2},\sin\frac{C}{2}$ 都是正数,故有

$$\cos A + \cos B + \cos C > 1$$

又

$$\cos A + \cos B + \cos C =$$
$$2\cos\frac{A+B}{2}\cos\frac{A-B}{2} + \cos C =$$
$$2\sin\frac{C}{2}\cos\frac{A-B}{2} + \cos C$$

如果 C 为定值,则当 $A = B$ 时, $\cos A + \cos B + \cos C$ 有最大值. 同理,若 A 或 B 为定值,则当 $B = C$ 或 $C = A$ 时, $\cos A + \cos B + \cos C$ 有最大值 $3\cos 60° = \frac{3}{2}$,因此有

$$1 < \cos A + \cos B + \cos C \leqslant \frac{3}{2}$$

注 由

$$\cos A + \cos B + \cos C = 1 + 4\sin\frac{A}{2}\sin\frac{B}{2}\sin\frac{C}{2}$$

得

$$\sin\frac{A}{2}\sin\frac{B}{2}\sin\frac{C}{2} =$$
$$\frac{1}{4}(\cos A + \cos B + \cos C - 1) \leqslant$$
$$\frac{1}{4}\left(\frac{3}{2} - 1\right) =$$
$$\frac{1}{8}$$

（2）$\sin A + \sin B + \sin C = 2\sin\dfrac{A+B}{2}\cos\dfrac{A-B}{2} + \sin(A+B)$. 当 $A = B$ 时，$\cos\dfrac{A-B}{2} = 1$，且 $\sin\dfrac{A+B}{2}$ 和 $\sin(A+B)$ 都是正值，故有

$\sin A + \sin B + \sin C \leqslant$

$2\sin\dfrac{A+B}{2} + \sin(A+B) =$

$2\sin\dfrac{A+B}{2}\left(1 + \cos\dfrac{A+B}{2}\right) =$

$2\sqrt{1 - \cos^2\dfrac{A+B}{2}}\left(1 + \cos\dfrac{A+B}{2}\right) =$

$\dfrac{2}{\sqrt{3}}\sqrt{3\left(1 - \cos\dfrac{A+B}{2}\right)\left(1 + \cos\dfrac{A+B}{2}\right)^3}$

因为

$3\left(1 - \cos\dfrac{A+B}{2}\right) + \left(1 + \cos\dfrac{A+B}{2}\right) +$

$\left(1 + \cos\dfrac{A+B}{2}\right) + \left(1 + \cos\dfrac{A+B}{2}\right) = 6$

所以在 $3\left(1 - \cos\dfrac{A+B}{2}\right) = 1 + \cos\dfrac{A+B}{2}$ 时，即 $A + B = 120$ 时，$\sin A + \sin B + \sin C$ 取最大值.

又因为 $A = B$，故当 $A = B = C = 60°$ 时，$\sin A + \sin B + \sin C$ 取最大值 $\dfrac{3\sqrt{3}}{2}$，即

$\sin A + \sin B + \sin C \leqslant \dfrac{3\sqrt{3}}{2}$

注　① 本题也可用第 52(1) 题的方法证得；

② 由 $\sin A + \sin B + \sin C = 4\cos\dfrac{A}{2}\cos\dfrac{B}{2}\cos\dfrac{C}{2}$ 得

$$\cos\frac{A}{2}\cos\frac{B}{2}\cos\frac{C}{2} = \frac{1}{4}(\sin A + \sin B + \sin C) \leqslant$$

$$\frac{1}{4} \times \frac{3\sqrt{3}}{2} =$$

$$\frac{3\sqrt{3}}{8}$$

(3) **证法一** 由题设有

$$\cos A\cos B\cos C =$$

$$\frac{1}{2}[\cos(A+B) + \cos(A-B)]\cos C =$$

$$\frac{1}{2}[-\cos^2 C + \cos(A-B)\cos C] =$$

$$-\frac{1}{2}\left[\cos C - \frac{1}{2}\cos(A-B)\right]^2 + \frac{1}{8}\cos^2(A-B)$$

因为

$$-\left[\cos C - \frac{1}{2}\cos(A-B)\right]^2 \leqslant 0, \cos^2(A-B) \leqslant 1$$

所以

$$\cos A\cos B\cos C \leqslant \frac{1}{8}$$

证法二 设 $t = \cos A\cos B\cos C$,则

$$t = \frac{1}{2}[-\cos^2 C + \cos(A-B)\cos C]$$

$$\cos^2 C - \cos(A-B)\cos C + 2t = 0$$

但 $\cos C$ 是实数,故有

$$\cos^2(A-B) - 8t \geqslant 0$$

所以

$$t \leqslant \frac{1}{8}\cos^2(A-B) \leqslant \frac{1}{8}$$

即
$$\cos A\cos B\cos C \leq \frac{1}{8}$$

(4) 由题设有

$\sin^2 A + \sin^2 B + \sin^2 C =$

$\frac{1}{2}(1 - \cos 2A) + \frac{1}{2}(1 - \cos 2B) +$

$\frac{1}{2}(1 - \cos 2C) =$

$\frac{1}{2}[3 - (\cos 2A + \cos 2B + \cos 2C)] =$

$\frac{1}{2}[3 + (1 + 4\cos A\cos B\cos C)] =$

$2(1 + \cos A\cos B\cos C)$

当 △ABC 为锐角三角形时,$\cos A, \cos B, \cos C$ 都是正数,$\cos A\cos B\cos C > 0$,故 $\sin^2 A + \sin^2 B + \sin^2 C > 2$;

当 △ABC 为直角三角形时,$\cos A, \cos B, \cos C$ 中,有且仅有一个为零,所以 $\cos A\cos B\cos C = 0$,故 $\sin^2 A + \sin^2 B + \sin^2 C = 2$;

当 △ABC 为钝角三角形时,$\cos A, \cos B, \cos C$ 必有一个为负,而其余两个为正,所以 $\cos A\cos B\cos C < 0$,$\sin^2 A + \sin^2 B + \sin^2 C < 2$.

(5) $\csc \frac{A}{2} + \csc \frac{B}{2} + \csc \frac{C}{2} \geq$

$3\sqrt[3]{\csc \frac{A}{2} \csc \frac{B}{2} \csc \frac{C}{2}} =$

$3\sqrt[3]{\dfrac{1}{\sin \frac{A}{2} \sin \frac{B}{2} \sin \frac{C}{2}}} \geq$

第 2 章　加法定理及其推广

$$3\sqrt[3]{8} = 6$$

（6）对于任意的正数 a,b,c 有不等式

$$(a+b+c)\left(\frac{1}{a}+\frac{1}{b}+\frac{1}{c}\right) \geq 9$$

故有

$$\left(\tan\frac{A}{2}\tan\frac{B}{2} + \tan\frac{B}{2}\tan\frac{C}{2} + \tan\frac{C}{2}\tan\frac{A}{2}\right)$$

$$\left(\cot\frac{A}{2}\cot\frac{B}{2} + \cot\frac{B}{2}\cot\frac{C}{2} + \cot\frac{C}{2}\cot\frac{A}{2}\right) \geq 9$$

但

$$\tan\frac{A}{2}\tan\frac{B}{2} + \tan\frac{B}{2}\tan\frac{C}{2} + \tan\frac{C}{2}\tan\frac{A}{2} = 1$$

所以

$$\cot\frac{A}{2}\cot\frac{B}{2} + \cot\frac{B}{2}\cot\frac{C}{2} + \cot\frac{C}{2}\cot\frac{A}{2} \geq 9$$

又

$$\cot^2\frac{A}{2} + \cot^2\frac{B}{2} + \cot^2\frac{C}{2} \geq$$

$$\cot\frac{A}{2}\cot\frac{B}{2} + \cot\frac{B}{2}\cot\frac{C}{2} + \cot\frac{C}{2}\cot\frac{A}{2}$$

故有

$$\cot^2\frac{A}{2} + \cot^2\frac{B}{2} + \cot^2\frac{C}{2} \geq 9$$

（7）$\dfrac{\sin A + \sin B + \sin C}{\sin A \sin B \sin C} =$

$$\frac{4\cos\dfrac{A}{2}\cos\dfrac{B}{2}\cos\dfrac{C}{2}}{8\sin\dfrac{A}{2}\cos\dfrac{A}{2}\sin\dfrac{B}{2}\cos\dfrac{B}{2}\sin\dfrac{C}{2}\cos\dfrac{C}{2}} =$$

$$\frac{1}{2\sin\frac{A}{2}\sin\frac{B}{2}\sin\frac{C}{2}} \geqslant$$

$$\frac{1}{2 \times \frac{1}{8}} = 4$$

(8) 由题设有

$$\sin\frac{A}{2}\cos\frac{B}{2}\cos\frac{C}{2} =$$

$$\frac{1}{2}\left(\sin\frac{A+B}{2} + \sin\frac{A-B}{2}\right)\cos\frac{C}{2} =$$

$$\frac{1}{2}\left(\cos^2\frac{C}{2} + \sin\frac{A-B}{2}\sin\frac{A+B}{2}\right) =$$

$$\frac{1}{4}(1 + \cos C + \cos B - \cos A)$$

同理

$$\sin\frac{B}{2}\cos\frac{C}{2}\cos\frac{A}{2} = \frac{1}{4}(1 + \cos A + \cos C - \cos B)$$

$$\sin\frac{C}{2}\cos\frac{A}{2}\cos\frac{B}{2} = \frac{1}{4}(1 + \cos B + \cos A - \cos C)$$

所以

$$\sin\frac{A}{2}\cos\frac{B}{2}\cos\frac{C}{2} + \sin\frac{B}{2}\cos\frac{C}{2}\cos\frac{A}{2} +$$

$$\sin\frac{C}{2}\cos\frac{A}{2}\cos\frac{B}{2} =$$

$$\frac{3}{4} + \frac{1}{4}(\cos A + \cos B + \cos C) \leqslant$$

$$\frac{3}{4} + \frac{1}{4} \times \frac{3}{2} = \frac{9}{8}$$

56. (1) 由 A,B,C 都是锐角知 $\tan A > 0, \tan B >$

第 2 章　加法定理及其推广

$0, \tan C > 0$. 所以
$$\tan A + \tan B + \tan C \geqslant 3\sqrt[3]{\tan A \tan B \tan C}$$
但
$$\tan A + \tan B + \tan C = \tan A \tan B \tan C$$
于是有
$$\tan A \tan B \tan C \geqslant 3\sqrt[3]{\tan A \tan B \tan C}$$
$$(\tan A \tan B \tan C)^{\frac{2}{3}} \geqslant 3$$
$$\tan A \tan B \tan C \geqslant 3\sqrt{3}$$

（2）因 A, B, C 都是锐角，故 $\tan A, \tan B, \tan C$, $\cot A, \cot B, \cot C$ 都是正数，所以
$$\tan A(\cot B + \cot C) + \tan B(\cot C + \cot A) + \tan C(\cot A + \cot B) \geqslant$$
$$3\sqrt[3]{\tan A \tan B \tan C (\cot B + \cot C)(\cot C + \cot A)(\cot A + \cot B)} \geqslant$$
$$3\sqrt[3]{\tan A \tan B \tan C \cdot 2\sqrt{\cot B \cot C} \cdot 2\sqrt{\cot C \cot A} \cdot 2\sqrt{\cot A \cot B}} = 6$$

（3）由题设有
$$\sin A + \tan A = \frac{2\tan\dfrac{A}{2}}{1 + \tan^2\dfrac{A}{2}} + \frac{2\tan\dfrac{A}{2}}{1 - \tan^2\dfrac{A}{2}} = \frac{4\tan\dfrac{A}{2}}{1 - \tan^4\dfrac{A}{2}}$$

因为 $0 < A < \dfrac{\pi}{2}$，所以
$$0 < \frac{A}{2} < \frac{\pi}{4}, 0 < \tan\frac{A}{2} < 1, \frac{1}{1 - \tan^4\dfrac{A}{2}} > 1$$
$$\sin A + \tan A > 4\tan\frac{A}{2} > 4 \cdot \frac{A}{2} = 2A$$

同理
$$\sin B + \tan B > 2B, \sin C + \tan C > 2C$$
所以
$\sin A + \sin B + \sin C + \tan A + \tan B + \tan C =$
$(\sin A + \tan A) + (\sin B + \tan B) + (\sin C + \tan C) >$
$2(A + B + C) = 2\pi$

(4) 由第(1)题知
$$\tan A \tan B \tan C \geqslant 3\sqrt{3}$$
所以
$$\tan^n A + \tan^n B + \tan^n C \geqslant 3\sqrt[3]{\tan^n A \tan^n B \tan^n C} \geqslant$$
$$3\sqrt[3]{(3\sqrt{3})^n} \geqslant$$
$$3(3\sqrt{3})^{\frac{n}{3}} = 3(\sqrt{3})^n$$
因为
$$\sqrt{3} > 1 + \frac{1}{2}, (1+a)^n \geqslant 1 + na(a > 0)$$
所以
$$(\sqrt{3})^n > \left(1 + \frac{1}{2}\right)^n \geqslant 1 + \frac{n}{2}$$
于是
$$\tan^n A + \tan^n B + \tan^n C > 3\left(1 + \frac{n}{2}\right) = 3 + \frac{3n}{2}$$

57. **证法一** 由题设有
$$\sin 2\alpha - \sin 2\beta = 2\cos(\alpha + \beta)\sin(\alpha - \beta) =$$
$$2\cos\gamma\sin(\beta - \alpha)$$
因为 γ 和 $\beta - \alpha$ 都是锐角,所以
$$\sin 2\alpha - \sin 2\beta > 0$$
$$\sin 2\alpha > \sin 2\beta$$

同理可得
$$\sin 2\beta > \sin 2\gamma$$
所以
$$\sin 2\alpha > \sin 2\beta > \sin 2\gamma$$

证法二　由题设有
$$\gamma = \pi - (\alpha + \beta) < \frac{\pi}{2}$$
所以
$$\alpha + \beta > \frac{\pi}{2}, 2\alpha + 2\beta > \pi, \pi - 2\beta < 2\alpha < 2\beta$$
$$\sin 2\alpha > \sin 2\beta$$
又由 $\alpha + \beta > \frac{\pi}{2}$ 及 $\alpha < \beta$ 得
$$2\beta > \frac{\pi}{2}$$
所以
$$\frac{\pi}{2} < 2\beta < 2\gamma < \pi$$
但正弦函数在 $\left[\frac{\pi}{2}, \pi\right]$ 是单调递减的,故有
$$\sin 2\beta > \sin 2\gamma$$
所以
$$\sin 2\alpha > \sin 2\beta > \sin 2\gamma$$

58. 因 A,B,C 是三角形的内角,$\tan A, \tan B, \tan C$ 必须都是正数,故 A,B,C 都是锐角,于是 $0 < B < \frac{\pi}{2}$.

由 $\lg \tan A + \lg \tan C = 2\lg \tan B$ 有
$$\tan^2 B = \tan A \tan C = \tan A[-\tan(A+B)] = -\frac{\tan A(\tan A + \tan B)}{1 - \tan A \tan B}$$

$$\tan^2 B(1-\tan A\tan B) = -\tan^2 A - \tan A\tan B$$
$$\tan^2 A + \tan B(1-\tan^2 B)\tan A + \tan^2 B = 0$$

因 $\tan A$ 为实数,故
$$[\tan B(1-\tan^2 B)]^2 - 4\tan^2 B \geqslant 0$$
$$\tan^4 B - 2\tan^2 B - 3 \geqslant 0$$
$$(\tan^2 B - 3)(\tan^2 B + 1) \geqslant 0$$

但
$$\tan^2 B + 1 > 0$$

所以
$$\tan^2 B - 3 \geqslant 0$$

由于 B 是锐角,所以
$$\tan B \geqslant \sqrt{3}, B \geqslant \frac{\pi}{3}$$
$$\frac{\pi}{3} \leqslant B < \frac{\pi}{2}$$

59. 方程
$$mx^2 + (2m-3)x + (m-2) = 0$$
有实根,所以它的判别式的值
$$(2m-3)^2 - 4m(m-2) \geqslant 0$$
解之,得
$$m \leqslant \frac{9}{4}$$
又
$$\tan\alpha + \tan\beta = -\frac{2m-3}{m}, \tan\alpha\tan\beta = \frac{m-2}{m}$$
所以
$$\tan(\alpha+\beta) = \frac{-\dfrac{2m-3}{m}}{1-\dfrac{m-2}{m}} = -m + \frac{3}{2} \geqslant$$

第 2 章　加法定理及其推广

$$-\frac{9}{4}+\frac{3}{2}=-\frac{3}{4}$$

60. 由 $y = \dfrac{x^2 - 2x\cos\alpha + 1}{x^2 - 2x\cos\beta + 1}$ 得

$$(1-y)x^2 - 2(\cos\alpha - y\cos\beta)x + (1-y) = 0$$

因为 x 是实数,所以

$$4(\cos\alpha - y\cos\beta)^2 - 4(1-y)^2 \geqslant 0$$

$$\sin^2\beta y^2 - 2(1 - \cos\alpha\cos\beta)y + \sin^2\alpha \leqslant 0$$

这里二次三项式里 y^2 的系数 $\sin^2\beta > 0$,它的两根为

$$y = \frac{1}{2\sin^2\beta}[2(1-\cos\alpha\cos\beta) \pm$$

$$\sqrt{4(1-\cos\alpha\cos\beta)^2 - 4\sin^2\alpha\sin^2\beta}] =$$

$$\frac{1}{\sin^2\beta}\left[1 - \cos\alpha\cos\beta \pm 2\sin\frac{\alpha+\beta}{2}\sin\frac{\alpha-\beta}{2}\right] =$$

$$\frac{1}{\sin^2\beta}[1 - \cos\alpha\cos\beta \pm (\cos\beta - \cos\alpha)]$$

即

$$y_1 = \frac{1}{\sin^2\beta}[1 - \cos\alpha\cos\beta + \cos\beta - \cos\alpha] =$$

$$\frac{1}{\sin^2\beta}(1+\cos\beta)(1-\cos\alpha) =$$

$$\frac{1}{4\sin^2\frac{\beta}{2}\cos^2\frac{\beta}{2}} \cdot 2\cos^2\frac{\beta}{2} \cdot 2\sin^2\frac{\alpha}{2} =$$

$$\frac{\sin^2\frac{\alpha}{2}}{\sin^2\frac{\beta}{2}}$$

$$y_2 = \frac{1}{\sin^2\beta}[1 - \cos\alpha\cos\beta - \cos\beta + \cos\alpha] =$$

$$\frac{1}{\sin^2\beta}(1+\cos\alpha)(1-\cos\beta) =$$

$$\frac{1}{4\sin^2\frac{\beta}{2}\cos^2\frac{\beta}{2}} \cdot 2\cos^2\frac{\alpha}{2} \cdot 2\sin^2\frac{\beta}{2} =$$

$$\frac{\cos^2\frac{\alpha}{2}}{\cos^2\frac{\beta}{2}}$$

所以,y 的值在 $\dfrac{\sin^2\frac{\alpha}{2}}{\sin^2\frac{\beta}{2}}$ 与 $\dfrac{\cos^2\frac{\alpha}{2}}{\cos^2\frac{\beta}{2}}$ 之间.

注 $\sqrt{(1-\cos\alpha\cos\beta)^2-\sin^2\alpha\sin^2\beta} =$

$$\sqrt{(1-\cos\alpha\cos\beta+\sin\alpha\sin\beta)} \cdot$$

$$\sqrt{1-\cos\alpha\cos\beta-\sin\alpha\sin\beta} =$$

$$\sqrt{[1-\cos(\alpha+\beta)][1-\cos(\alpha-\beta)]} =$$

$$\sqrt{2\sin^2\frac{\alpha+\beta}{2} \cdot 2\sin^2\frac{\alpha-\beta}{2}} =$$

$$\pm 2\sin\frac{\alpha+\beta}{2}\sin\frac{\alpha-\beta}{2}$$

61. 由题设知 $\tan\dfrac{\theta}{2} \neq 1$,且 $m \neq -1$. 依合分比定理有

$$\frac{1+\tan\frac{\theta}{2}}{1-\tan\frac{\theta}{2}} = \tan\theta + m$$

$$m = \frac{1 + \tan\frac{\theta}{2}}{1 - \tan\frac{\theta}{2}} - \tan\theta =$$

$$\frac{1 + \tan\frac{\theta}{2}}{1 - \tan\frac{\theta}{2}} - \frac{2\tan\frac{\theta}{2}}{1 - \tan^2\frac{\theta}{2}} =$$

$$\frac{1 + \tan^2\frac{\theta}{2}}{1 - \tan^2\frac{\theta}{2}} = \sec\theta$$

但因 $|\sec\theta| \geqslant 1$,故有 $m \geqslant 1$ 或 $m < -1$.

62. 原方程可变为

$$1 - 2\sin^2 x + \sin x = q$$
$$2\sin^2 x - \sin x + (q - 1) = 0$$

这个方程的判别式的值

$$\Delta = (-1)^2 - 8(q - 1) = -8q + 9$$

要使 x 取实数值,必须 $\Delta \geqslant 0$ 且 $|\sin x| \leqslant 1$,
所以

$$\begin{cases} -8q + 9 \geqslant 0 \\ -1 \leqslant \dfrac{1 + \sqrt{-8q + 9}}{4} \leqslant 1 \end{cases} \quad ①$$

或

$$\begin{cases} -8q + 9 \geqslant 0 \\ -1 \leqslant \dfrac{1 - \sqrt{-8q + 9}}{4} \leqslant 1 \end{cases} \quad ②$$

解不等式组①,得

$$0 \leqslant q \leqslant \frac{9}{8}$$

三角解题引导

解不等式组②,得
$$-2 \leqslant q \leqslant \frac{9}{8}$$
而
$$\{q \mid 0 \leqslant q \leqslant \frac{9}{8}\} \cup \{q \mid -2 \leqslant q \leqslant \frac{9}{8}\} =$$
$$\{q \mid -2 \leqslant q \leqslant \frac{9}{8}\}$$
故 q 的取值范围是
$$-2 \leqslant q \leqslant \frac{9}{8}$$
此时方程 $\cos 2x + \sin x = q$ 有实数解.

63. 由题设有
$$\sin^6 x + \cos^6 x + a\sin x\cos x =$$
$$(\sin^2 x + \cos^2 x)(\sin^4 x - \sin^2 x\cos^2 x + \cos^4 x) + a\sin x\cos x =$$
$$(\sin^2 x + \cos^2 x)^2 - 3\sin^2 x\cos^2 x + a\sin x\cos x =$$
$$-3(\sin x\cos x)^2 + a\sin x\cos x + 1$$
设 $t = \sin x\cos x$,则上式化为
$$f(t) = -3t^2 + at + 1$$
因为 $t = \frac{1}{2}\sin 2x$,而 $|\sin 2x| \leqslant 1$,所以 $-\frac{1}{2} \leqslant t \leqslant \frac{1}{2}$,
故只需确定 a 的值,使
$$\begin{cases} -\frac{1}{2} \leqslant t \leqslant \frac{1}{2} & \text{①} \\ -3t^2 + at + 1 \geqslant 0 & \text{②} \end{cases}$$
解②,得
$$\frac{a - \sqrt{a^2 + 12}}{6} \leqslant t \leqslant \frac{a + \sqrt{a^2 + 12}}{6}$$

注意①,得

$$\begin{cases} \dfrac{a+\sqrt{a^2+12}}{6}=\dfrac{1}{2}, 即\ a=-\dfrac{1}{2} \\ \dfrac{a-\sqrt{a^2+12}}{6}=-\dfrac{1}{2}, 即\ a=\dfrac{1}{2} \end{cases}$$

64.(1)由题设有

$$y=\sin^{10}x+10\sin^2x\cos^2x+\cos^{10}x=$$

$$\left(\dfrac{1-\cos2x}{2}\right)^5+\dfrac{5}{2}\sin^22x+$$

$$\left(\dfrac{1+\cos2x}{2}\right)^5=$$

$$\dfrac{10\cos^42x-60\cos^22x+82}{32}=$$

$$\dfrac{5}{16}(\cos^22x-3)^2-\dfrac{1}{4}$$

当 $\cos^22x=0$,即 $x=k\pi\pm\dfrac{\pi}{4}$ 时,$y_{极大}=2\dfrac{9}{16}$;

当 $\cos^22x=1$,即 $x=k\cdot\dfrac{\pi}{4}$ 时,$y_{极小}=1$.

(2)由题设有

$$y=\sin\left(\dfrac{\pi}{6}+3x\right)\cos\left(x+\dfrac{2\pi}{9}\right)=$$

$$\sin\left(3x+\dfrac{2\pi}{3}-\dfrac{\pi}{2}\right)\cos\left(x+\dfrac{2\pi}{9}\right)=$$

$$-\cos3\left(x+\dfrac{2\pi}{9}\right)\cos\left(x+\dfrac{2\pi}{9}\right)=$$

$$-\dfrac{1}{2}\left[\cos4\left(x+\dfrac{2\pi}{9}\right)+\cos2\left(x+\dfrac{2\pi}{9}\right)\right]=$$

$$-\dfrac{1}{2}\left[2\cos^22\left(x+\dfrac{2\pi}{9}\right)+\right.$$

$$\cos 2\left(x + \frac{2x}{9}\right) - 1] =$$

$$-\left[\cos 2\left(x + \frac{2\pi}{9}\right) + \frac{1}{4}\right]^2 + \frac{9}{16}$$

当 $\cos 2\left(x + \frac{2\pi}{9}\right) = -\frac{1}{4}$,即 $x = \left(k - \frac{2}{9}\right)\pi \pm \frac{1}{2}\arccos\left(-\frac{1}{4}\right)$ 时,$y_{极大} = \frac{9}{16}$;

当 $\cos 2\left(x + \frac{2\pi}{9}\right) = 1$,即 $x = \left(k - \frac{2}{9}\right)\pi$ 时,$y_{极小} = -1$.

(3) 设 $\cos^2 x = u$, $\sin^2 x = v$,则

$$y = \cos^p x \sin^q x = u^{\frac{p}{2}} v^{\frac{q}{2}}$$

而 $u + v = \cos^2 x + \sin^2 x = 1$,即 u 与 v 的和为常数,

所以当 $\frac{2u}{p} = \frac{2v}{q}$ 时,y 有极大值.

由 $u + v = 1$ 及 $\frac{2u}{p} = \frac{2v}{q}$ 求得

$$u = \frac{p}{p+q}, v = \frac{q}{p+q}$$

就是

$$\cos^2 x = \frac{p}{p+q}, \sin^2 x = \frac{q}{p+q}$$

所以,当 $x = \arccos\sqrt{\frac{p}{p+q}}$ 时,$y_{极大} = \sqrt{\frac{p^p q^q}{(p+q)^{p+q}}}$.

(4) 设 $\tan^p x = u$, $\cot^q x = v$,则

$$y = \tan^p x + \cot^q x = u + v$$

而 $u^{\frac{1}{p}} \cdot v^{\frac{1}{q}} = \tan x \cdot \cot x = 1$,所以当 $pu = qv$ 时,$u + v$ 有极小值.

由 $u^{\frac{1}{p}} \cdot v^{\frac{1}{q}} = 1$ 及 $pu = qv$ 求得

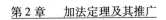

$$u = \left(\frac{q}{p}\right)^{\frac{p}{p+q}}, v = \left(\frac{p}{q}\right)^{\frac{q}{p+q}}$$

就是

$$\tan x = \left(\frac{q}{p}\right)^{\frac{1}{p+q}}, \cot x = \left(\frac{p}{q}\right)^{\frac{1}{p+q}}$$

所以,当 $x = \arctan\left(\frac{q}{p}\right)^{\frac{1}{p+q}}$ 时, $y_{极小} = \frac{p+q}{pq}(p^p q^q)^{\frac{1}{p+q}}$.

65. 因为

$$\sin\theta + \sin 2\theta + \cdots + \sin n\theta =$$

$$\frac{1}{2\sin\frac{\theta}{2}}\left(2\sin\frac{\theta}{2}\sin\theta + 2\sin\frac{\theta}{2}\sin 2\theta + \cdots + 2\sin\frac{\theta}{2}\sin n\theta\right) =$$

$$\frac{1}{2\sin\frac{\theta}{2}}\left(\cos\frac{\theta}{2} - \cos\frac{3\theta}{2} + \cos\frac{3\theta}{2} - \cos\frac{5\theta}{2} + \cdots + \cos\frac{2n-1}{2}\theta - \cos\frac{2n+1}{2}\theta\right) =$$

$$\frac{1}{2\sin\frac{\theta}{2}}\left(\cos\frac{\theta}{2} - \cos\frac{2n+1}{2}\theta\right) =$$

$$\frac{\sin\frac{n\theta}{2}\sin\frac{n+1}{2}\theta}{\sin\frac{\theta}{2}}$$

所以

$$\sin\theta + \sin 2\theta + \cdots + \sin n\theta + \frac{\sin(n+1)\theta}{2} =$$

$$\frac{1}{2}[\sin\theta + \sin 2\theta + \cdots + \sin n\theta + \sin\theta +$$

$\sin 2\theta + \cdots + \sin n\theta + \sin(n+1)\theta] =$

$\dfrac{1}{2}\left(\dfrac{\sin\dfrac{n\theta}{2}\sin\dfrac{n+1}{2}\theta}{\sin\dfrac{\theta}{2}} + \dfrac{\sin\dfrac{n+1}{2}\theta\sin\dfrac{n+2}{2}\theta}{\sin\dfrac{\theta}{2}}\right) =$

$\dfrac{\sin\dfrac{n+1}{2}\theta}{2\sin\dfrac{\theta}{2}}\left(\sin\dfrac{n\theta}{2} + \sin\dfrac{n+2}{2}\theta\right) =$

$\dfrac{\sin\dfrac{n+1}{2}\theta}{2\sin\dfrac{\theta}{2}} \cdot 2\sin\dfrac{n+1}{2}\theta \cdot \cos\dfrac{\theta}{2} =$

$\sin^2\dfrac{n+1}{2}\theta \cdot \cot\dfrac{\theta}{2}$

但 $0 < \theta < \pi$, $\cot\dfrac{\theta}{2} > 0$, 因此有

$$\sin\theta + \sin 2\theta + \cdots + \sin n\theta + \dfrac{\sin(n+1)\theta}{2} > 0$$

而在 $\theta = 0$ 及 $\theta = \pi$ 时, 显然有

$$\sin\theta + \sin 2\theta + \cdots + \sin n\theta + \dfrac{\sin(n+1)\theta}{2} = 0$$

66. $\sin^2\theta + \sin^2 2\theta + \cdots + \sin^2 n\theta =$

$\dfrac{1}{2}[(1 - \cos 2\theta) + (1 - \cos 4\theta) + \cdots +$

$(1 - \cos 2n\theta)] =$

$\dfrac{n}{2} - \dfrac{1}{2}(\cos 2\theta + \cos 4\theta + \cdots + \cos 2n\theta) =$

$\dfrac{n}{2} - \dfrac{1}{4\sin\theta}(2\sin\theta\cos 2\theta +$

$2\sin\theta\cos 4\theta + \cdots + 2\sin\theta\cos 2n\theta) =$

$$\frac{n}{2} - \frac{1}{4\sin\theta}[\sin 3\theta - \sin\theta + \sin 5\theta - \sin 3\theta + \cdots + \sin(2n+1)\theta - \sin(2n-1)\theta] =$$

$$\frac{n}{2} - \frac{1}{4\sin\theta}[\sin(2n+1)\theta - \sin\theta] =$$

$$\frac{n}{2} - \frac{\cos(n+1)\theta\sin n\theta}{2\sin\theta}$$

67. 因为

$$\frac{1}{1 + \tan n\alpha + \tan 2n\alpha} =$$

$$\frac{\cos n\alpha\cos 2n\alpha}{\cos n\alpha\cos 2n\alpha + \sin n\alpha\sin 2n\alpha} =$$

$$\frac{\cos n\alpha\cos 2n\alpha}{\cos n\alpha} =$$

$$\cos 2n\alpha$$

所以

$$\frac{1}{1 + \tan\alpha\tan 2\alpha} + \frac{1}{1 + \tan 2\alpha\tan 4\alpha} + \cdots +$$

$$\frac{1}{1 + \tan n\alpha\tan 2n\alpha} =$$

$$\cos 2\alpha + \cos 4\alpha + \cdots + \cos 2n\alpha =$$

$$\frac{\cos(n+1)\alpha\sin n\alpha}{\sin\alpha}$$

68. 因为

$$\cot\alpha - \tan\alpha = 2\cot 2\alpha$$

所以

$$\tan\alpha = \cot\alpha - 2\cot 2\alpha \qquad ①$$

$$\frac{1}{2}\tan\frac{\alpha}{2} = \frac{1}{2}\cot\frac{\alpha}{2} - \cot\alpha \qquad ②$$

$$\vdots$$

$$\frac{1}{2^{n-1}}\tan\frac{\alpha}{2^{n-1}} = \frac{1}{2^{n-1}}\cot\frac{\alpha}{2^{n-1}} - \frac{1}{2^{n-2}}\cot\frac{\alpha}{2^{n-2}} \quad \text{ⓝ}$$

把这 n 个式子两边分别相加,得

$$\tan\alpha + \frac{1}{2}\tan\frac{\alpha}{2} + \cdots + \frac{1}{2^{n-1}}\tan\frac{\alpha}{2^{n-1}} =$$

$$\frac{1}{2^{n-1}}\cot\frac{\alpha}{2^{n-1}} - 2\cot 2\alpha$$

69. 因为

$$(2\cos\theta + 1)(2\cos\theta - 1) = 4\cos^2\theta - 1 =$$

$$4 \cdot \frac{1 + \cos 2\theta}{2} - 1 = 2\cos 2\theta + 1 \quad \text{①}$$

$$(2\cos 2\theta + 1)(2\cos 2\theta - 1) = 2\cos 2^2\theta + 1 \quad \text{②}$$

$$(2\cos 2^2\theta + 1)(2\cos 2^2\theta - 1) = 2\cos 2^3\theta + 1 \quad \text{③}$$

$$\vdots$$

$$(2\cos 2^{n-1}\theta + 1)(2\cos 2^{n-1}\theta - 1) = 2\cos 2^n\theta + 1$$

$$\text{ⓝ}$$

把这 n 个式子两边分别相乘,得

$$(2\cos\theta + 1)(2\cos\theta - 1)(2\cos 2\theta - 1) \cdot$$

$$(2\cos 2^2\theta - 1)\cdots(2\cos 2^{n-1}\theta - 1) = 2\cos 2^n\theta + 1$$

所以

$$(2\cos\theta - 1)(2\cos 2\theta - 1)(2\cos 2^2\theta - 1)\cdot\cdots\cdot$$

$$(2\cos 2^{n-1}\theta - 1) = \frac{2\cos 2^n\theta + 1}{2\cos\theta + 1}$$

70. 因为

$$\cos\alpha - \cos\beta =$$

$$\left(2\cos^2\frac{\alpha}{2} - 1\right) - \left(2\cos^2\frac{\beta}{2} - 1\right) =$$

$$2\left(\cos\frac{\alpha}{2} + \cos\frac{\beta}{2}\right)\left(\cos\frac{\alpha}{2} - \cos\frac{\beta}{2}\right)$$

第2章 加法定理及其推广

所以

$$\cos\frac{\alpha}{2} + \cos\frac{\beta}{2} = \frac{1}{2} \cdot \frac{\cos\alpha - \cos\beta}{\cos\frac{\alpha}{2} - \cos\frac{\beta}{2}} \cdot$$

$$\left(\cos\frac{\alpha}{2} + \cos\frac{\beta}{2}\right) \cdot \left(\cos\frac{\alpha}{4} + \cos\frac{\beta}{4}\right) \cdot \cdots \cdot$$

$$\left(\cos\frac{\alpha}{2^n} + \cos\frac{\beta}{2^n}\right) =$$

$$\frac{1}{2} \cdot \frac{\cos\alpha - \cos\beta}{\cos\frac{\alpha}{2} - \cos\frac{\beta}{2}} \cdot \frac{1}{2} \cdot \frac{\cos\frac{\alpha}{2} - \cos\frac{\beta}{2}}{\cos\frac{\alpha}{4} - \cos\frac{\beta}{4}} \cdot \cdots \cdot$$

$$\frac{1}{2} \cdot \frac{\cos\frac{\alpha}{2^{n-1}} - \cos\frac{\beta}{2^{n-1}}}{\cos\frac{\alpha}{2^n} - \cos\frac{\beta}{2^n}} =$$

$$\frac{1}{2^n} \cdot \frac{\cos\alpha - \cos\beta}{\cos\frac{\alpha}{2^n} - \cos\frac{\beta}{2^n}}$$

71. 因为

$$\tan 1° - \tan 0° = \frac{\sin 1°}{\cos 0°\cos 1°} \qquad ①$$

$$\tan 2° - \tan 1° = \frac{\sin 1°}{\cos 1°\cos 2°} \qquad ②$$

$$\vdots$$

$$\tan(n+1)° - \tan n° = \frac{\sin 1°}{\cos n°\cos(n+1)°}$$

把这 n 个等式两边分别相加,得

$$\tan(n+1)° = \sin 1°\left[\frac{1}{\cos 0°\cos 1°} + \right.$$

$$\frac{1}{\cos 1°\cos 2°} + \cdots + \frac{1}{\cos n°\cos(n+1)°}]$$

所以

$$\frac{1}{\cos 0°\cos 1°} + \frac{1}{\cos 1°\cos 2°} + \cdots + \frac{1}{\cos n°\cos(n+1)°} = \frac{\tan(n+1)°}{\sin 1°}$$

72. 因为

$$\sin x = 2\sin\frac{x}{2}\cos\frac{x}{2} \qquad ①$$

$$\sin\frac{x}{2} = 2\sin\frac{x}{2^2}\cos\frac{x}{2^2} \qquad ②$$

$$\sin\frac{x}{2^2} = 2\sin\frac{x}{2^3}\cos\frac{x}{2^3} \qquad ③$$

$$\vdots$$

$$\sin\frac{x}{2^{n-1}} = 2\sin\frac{x}{2^n}\cos\frac{x}{2^n} \qquad ⓝ$$

把这 n 个等式两边分别相乘,得

$$\sin x = 2^n\cos\frac{x}{2}\cos\frac{x}{2^2}\cos\frac{x}{2^3}\cdots\cos\frac{x}{2^n}\sin\frac{x}{2^n}$$

所以

$$\cos\frac{x}{2}\cos\frac{x}{2^2}\cos\frac{x}{2^3}\cdots\cos\frac{x}{2^n} = \frac{\sin x}{2^n\sin\frac{x}{2^n}}$$

73. 因为

$$\sec A + \csc A = \frac{1}{\cos A} + \frac{1}{\sin A} = \frac{\sin A + \cos A}{\cos A\sin A}$$

且 A 为锐角,所以

$$\sin A + \cos A > 1$$

$$\sec A + \csc A > \frac{1}{\cos A \sin A} = \sec A \csc A$$

同理

$$\sec \frac{A}{2} + \csc \frac{A}{2} > \sec \frac{A}{2} \csc \frac{A}{2}$$

$$\vdots$$

$$\sec \frac{A}{n} + \csc \frac{A}{n} > \sec \frac{A}{n} \csc \frac{A}{n}$$

所以

$$\sec A + \sec \frac{A}{2} + \cdots + \sec \frac{A}{n} + \csc A + \csc \frac{A}{2} + \cdots + \csc \frac{A}{n} =$$

$$(\sec A + \csc A) + (\sec \frac{A}{2} + \csc \frac{A}{2}) + \cdots +$$

$$\left(\sec \frac{A}{n} + \csc \frac{A}{n}\right) >$$

$$\sec A \csc A + \sec \frac{A}{2} \csc \frac{A}{2} + \cdots + \sec \frac{A}{n} \csc \frac{A}{n}$$

74. 令 $x = \gamma \cos \theta, y = \gamma \sin \theta$,则

$$z = x^2 + y^2 - xy = \gamma^2 - \gamma^2 \sin \theta \cos \theta = \gamma^2 \left(1 - \frac{1}{2} \sin 2\theta\right)$$

由题设知

$$1 \leqslant \gamma^2 \leqslant 2$$

$$|\sin 2\theta| \leqslant 1, \frac{1}{2} \leqslant 1 - \frac{1}{2}\sin 2\theta \leqslant \frac{3}{2}$$

所以

$$\frac{1}{2} \leqslant z \leqslant 3$$

即 z 有最大值 3,最小值 $\frac{1}{2}$.

75. 因
$$a^2 + b^2 = 1, x^2 + y^2 = 1$$
所以
$$|a| \leq 1, |b| \leq 1, |x| \leq 1, |y| \leq 1$$
故可设
$$a = \sin\alpha, b = \cos\alpha, x = \sin\beta, y = \cos\beta$$
于是
$$|ax + by| = |\sin\alpha\sin\beta + \cos\alpha\cos\beta| = |\cos(\alpha - \beta)| \leq 1$$

76. 因
$$a_1^2 + b_1^2 = 1, a_2^2 + b_2^2 = 1$$
所以
$$|a_1| \leq 1, |b_1| \leq 1, |a_2| \leq 1, |b_2| \leq 1$$
故可设
$$a_1 = \sin\alpha, b_1 = \cos\alpha, a_2 = \sin\beta, b_2 = \cos\beta$$
由 $a_1 a_2 + b_1 b_2 = 0$ 得
$$\sin\alpha\sin\beta + \cos\alpha\cos\beta = 0$$
$$\cos(\alpha - \beta) = 0$$
$$\alpha - \beta = k\pi + \frac{\pi}{2}$$
$$\alpha = k\pi + \frac{\pi}{2} + \beta (k \text{ 为整数})$$
所以
$$\sin\alpha = \sin\left(k\pi + \frac{\pi}{2} + \beta\right) = (-1)^k \cos\beta$$
$$\cos\alpha = \cos\left(k\pi + \frac{\pi}{2} + \beta\right) = (-1)^{k+1} \sin\beta$$

第 2 章 加法定理及其推广

因此
$$a_1^2 + a_2^2 = \sin^2\alpha + \sin^2\beta = [(-1)^k\cos\beta]^2 + \sin^2\beta = 1$$
$$b_1^2 + b_2^2 = \cos^2\alpha + \cos^2\beta = [(-1)^{k+1}\sin\beta]^2 + \cos^2\beta = 1$$
$$a_1b_1 + a_2b_2 = \sin\alpha\cos\alpha + \sin\beta\cos\beta =$$
$$(-1)^k\cos\beta \cdot (-1)^{k+1}\sin\beta + \sin\beta\cos\beta = 0$$

77. 因 $x + y + z = \dfrac{\pi}{4}$,所以
$$\left(x + \frac{\pi}{4}\right) + \left(y + \frac{\pi}{4}\right) + \left(z + \frac{\pi}{4}\right) = \pi$$
$$\tan\left(x + \frac{\pi}{4}\right) + \tan\left(y + \frac{\pi}{4}\right) + \tan\left(z + \frac{\pi}{4}\right) =$$
$$\tan\left(x + \frac{\pi}{4}\right)\tan\left(y + \frac{\pi}{4}\right)\tan\left(z + \frac{\pi}{4}\right)$$

即
$$\frac{1+\tan x}{1-\tan x} + \frac{1+\tan y}{1-\tan y} + \frac{1+\tan z}{1-\tan z} =$$
$$\frac{1+\tan x}{1-\tan x} \cdot \frac{1+\tan y}{1-\tan y} \cdot \frac{1+\tan z}{1-\tan z}$$

78. 设 $x = \tan\alpha, y = \tan\beta, z = \tan\gamma$,由题设有
$$\tan\alpha\tan\beta + \tan\beta\tan\gamma + \tan\gamma\tan\alpha = 1$$

所以
$$\alpha + \beta + \gamma = k\pi + \frac{\pi}{2}(k \text{ 为整数})$$
$$2\alpha + 2\beta + 2\gamma = 2k\pi + \pi$$
$$\tan 2\alpha + \tan 2\beta + \tan 2\gamma = \tan 2\alpha \cdot \tan 2\beta \cdot \tan 2\gamma$$
$$\frac{2\tan\alpha}{1-\tan^2\alpha} + \frac{2\tan\beta}{1-\tan^2\beta} + \frac{2\tan\gamma}{1-\tan^2\gamma} =$$
$$\frac{2\tan\alpha}{1-\tan^2\alpha} \cdot \frac{2\tan\beta}{1-\tan^2\beta} \cdot \frac{2\tan\gamma}{1-\tan^2\gamma}$$

三角解题引导

即
$$\frac{2x}{1-x^2} + \frac{2y}{1-y^2} + \frac{2z}{1-z^2} = \frac{2x}{1-x^2} \cdot \frac{2y}{1-y^2} \cdot \frac{2z}{1-z^2}$$

去分母,即得
$$x(1-y^2)(1-z^2) + y(1-z^2)(1-x^2) + z(1-x^2)(1-y^2) = 4xyz$$

79. 因 $|x| > 1$,且 $x > 0$,故令 $x = \sec\phi$(ϕ 为锐解),则
$$\sqrt{x^2-1} = \tan\phi$$

原方程化为
$$\sec\phi + \frac{\sec\phi}{\tan\phi} = \frac{35}{12}$$

$$\frac{\sin\phi + \cos\phi}{\sin\phi\cos\phi} = \frac{35}{12}$$

$$\frac{4(1+\sin 2\phi)}{\sin^2 2\phi} = \frac{1\,225}{144}$$

$$1\,225\sin^2 2\phi - 576\sin 2\phi - 576 = 0$$

解这个方程,得
$$\sin 2\phi = \frac{24}{25}$$

所以
$$\cos 2\phi = \pm\frac{7}{25}, \cos\phi = \sqrt{\frac{1\pm\frac{7}{25}}{2}}$$

$$\cos\phi = \frac{4}{5} \text{ 或 } \cos\phi = \frac{3}{5}$$

$$\sec\phi = \frac{5}{4} \text{ 或 } \sec\phi = \frac{5}{3}$$

即

$$x = \frac{5}{4} \text{ 或 } x = \frac{5}{3}$$

80. 题中的 x, y 必须满足
$$0 \leq x \leq 1, 0 \leq y \leq 1$$

故设
$$x = \sin^2\alpha \left(0 \leq \alpha \leq \frac{\pi}{2}\right)$$
$$y = \sin^2\beta \left(0 \leq \beta \leq \frac{\pi}{2}\right)$$

则原方程组可化为
$$\begin{cases} \sin\alpha\cos\beta + \cos\alpha\sin\beta = 1 \\ \sin\alpha\sin\beta + \cos\alpha\cos\beta = 1 \end{cases}$$
$$\begin{cases} \sin(\alpha + \beta) = 1 \\ \cos(\alpha - \beta) = 1 \end{cases}$$

所以
$$\begin{cases} \alpha + \beta = \frac{\pi}{2} \\ \alpha - \beta = 0 \end{cases}$$
$$\alpha = \beta = \frac{\pi}{4}$$

故
$$\begin{cases} x = \frac{1}{2} \\ y = \frac{1}{2} \end{cases}$$

81. 依已知条件,可设 $x = \sin^2\alpha, y = \cos^2\alpha$,于是有

$$\left(x + \frac{1}{x}\right)\left(y + \frac{1}{y}\right) =$$
$$\left(\sin^2\alpha + \frac{1}{\sin^2\alpha}\right)\left(\cos^2\alpha + \frac{1}{\cos^2\alpha}\right) =$$

<u>三角解题引导</u>

$$\sin^2\alpha\cos^2\alpha + \frac{\cos^2\alpha}{\sin^2\alpha} + \frac{\sin^2\alpha}{\cos^2\alpha} + \frac{1}{\sin^2\alpha\cos^2\alpha} =$$

$$\frac{(\sin^2\alpha\cos^2\alpha)^2 + \cos^4\alpha + \sin^4\alpha + 1}{\sin^2\alpha\cos^2\alpha} =$$

$$\frac{(\sin^2\alpha\cos^2\alpha)^2 + (\sin^2\alpha + \cos^2\alpha)^2 - 2\sin^2\alpha\cos^2\alpha + 1}{\sin^2\alpha\cos^2\alpha} =$$

$$\frac{(1 - \sin^2\alpha\cos^2\alpha)^2 + 1}{\sin^2\alpha\cos^2\alpha}$$

因为
$$\sin^2\alpha\cos^2\alpha = \frac{1}{4}\sin^2 2\alpha \leqslant \frac{1}{4}$$

所以
$$\left(x + \frac{1}{x}\right)\left(y + \frac{1}{y}\right) \geqslant \frac{\left(1 - \frac{1}{4}\right)^2 + 1}{\frac{1}{4}} = \frac{25}{4}$$

168

第 3 章 解三角形

§1 概述

三角形的三个角与三条边叫三角形的六个元素.

若已知三角形的两角和一边,或两边和其中一边的对角,或两边和夹角,或三边而求其他的三角形元素,这就是解三角形.

解三角形常根据:

三角形的内角和等于 π(即 $A+B+C=\pi$).

正弦定理

$$\frac{a}{\sin A}=\frac{b}{\sin B}=\frac{c}{\sin C}=2R$$

余弦定理

$$a^2=b^2+c^2-2bc\cos A$$
$$b^2=c^2+a^2-2ca\cos B$$
$$c^2=a^2+b^2-2ab\cos C$$

射影定理

三角解题引导

$$a = b\cos C + c\cos B$$
$$b = c\cos A + a\cos C$$
$$c = a\cos B + b\cos A$$

正切定理

$$\frac{a+b}{a-b} = \frac{\tan\frac{A+B}{2}}{\tan\frac{A-B}{2}}$$

$$\frac{b+c}{b-c} = \frac{\tan\frac{B+C}{2}}{\tan\frac{B-C}{2}}$$

$$\frac{c+a}{c-a} = \frac{\tan\frac{C+A}{2}}{\tan\frac{C-A}{2}}$$

半角定理

$$\sin\frac{A}{2} = \sqrt{\frac{(s-b)(s-c)}{bc}}$$

$$\sin\frac{B}{2} = \sqrt{\frac{(s-c)(s-a)}{ca}}$$

$$\sin\frac{C}{2} = \sqrt{\frac{(s-a)(s-b)}{ab}}$$

$$\cos\frac{A}{2} = \sqrt{\frac{s(s-a)}{bc}}$$

$$\cos\frac{B}{2} = \sqrt{\frac{s(s-b)}{ca}}$$

$$\cos\frac{C}{2} = \sqrt{\frac{s(s-c)}{ab}}$$

$$\tan\frac{A}{2} = \sqrt{\frac{(s-b)(s-c)}{s(s-a)}} = \frac{r}{s-a}$$

$$\tan\frac{B}{2} = \sqrt{\frac{(s-c)(s-a)}{s(s-b)}} = \frac{r}{s-b}$$

$$\tan\frac{C}{2} = \sqrt{\frac{(s-a)(s-b)}{s(s-c)}} = \frac{r}{s-c}$$

面积公式

$$\Delta = \frac{1}{2}bc\sin A = \frac{1}{2}ca\sin B = \frac{1}{2}ab\sin C$$

$$\Delta = \sqrt{s(s-a)(s-b)(s-c)}$$

$$\Delta = \frac{a^2\sin B\sin C}{2\sin(B+C)} = \frac{b^2\sin C\sin A}{2\sin(C+A)} = \frac{c^2\sin A\sin B}{2\sin(A+B)}$$

$$\Delta = rs$$

$$\Delta = \frac{abc}{4R}$$

外接圆、内切圆、旁切圆的半径

$$R = \frac{a}{2\sin A} = \frac{b}{2\sin B} = \frac{c}{2\sin C} = \frac{abc}{4\Delta}$$

$$r = \sqrt{\frac{(s-a)(s-b)(s-c)}{s}} = (s-a)\tan\frac{A}{2} = (s-b)\tan\frac{B}{2} = (s-c)\tan\frac{C}{2} = \frac{\Delta}{s}$$

$$r_a = s\tan\frac{A}{2} = \frac{\Delta}{s-a}$$

$$r_b = s\tan\frac{B}{2} = \frac{\Delta}{s-b}$$

$$r_c = s\tan\frac{C}{2} = \frac{\Delta}{s-c}$$

解任意三角形的问题,常分为下列四种类型,分别使用各种定理.

1. 已知两角和一边,用正弦定理.

2. 已知两边和其中一边的对角,也用正弦定理. 但需按下表加以区别对待:

	$A \geqslant 90°$		$A < 90°$
$a > b$	一解		一解
$a = b$	无解		一解
$a < b$	无解	$a > b\sin A$	两解
		$a = b\sin A$	一解
		$a < b\sin A$	无解

3. 已知两边及其夹角,用余弦定理或正切定理.

4. 已知三边,用余弦定理或半角定理.

本章所涉及问题,有时在条件和结论中,边、角关系同时出现,于是形成了很多变量(或未知数). 为了简化它们,常以正弦定理或余弦定理,将其全部转化为角或边的关系. 例如,若三角形三边 a, b, c 成等差数列,则 $\sin A, \sin B, \sin C$ 成等差数列,于是便将边转化为角的关系了.

本章例题,除常见类型外,还引进了判断三角形的形状,极值问题,用三角法证几何题等.

§2 例 题

1. 在 $\triangle ABC$ 中,求证

$$\frac{b^2-c^2}{a^2}\sin 2A+\frac{c^2-a^2}{b^2}\sin 2B+\frac{a^2-b^2}{c^2}\sin 2C=0$$

分析 本题由于边角因素过多,因此宜将左边统一为角 A,B,C 的三角函数或将左边统一为边 a,b,c 之间的关系进行论证.

证法一 依正弦定理有

$$\frac{b^2-c^2}{a^2}\sin 2A=\frac{4R^2(\sin^2 B-\sin^2 C)}{4R^2\sin^2 A}\cdot\sin 2A=$$

$$\frac{\sin^2 B-\sin^2 C}{\sin^2 A}\cdot 2\sin A\cos A=$$

$$\frac{\sin(B+C)\sin(B-C)}{\sin A}\cdot$$

$$2\cos A=2\sin(B-C)\cos A=$$

$$-2\sin(B-C)\cos(B+C)=$$

$$\sin 2C-\sin 2B$$

同理

$$\frac{c^2-a^2}{b^2}\sin 2B=\sin 2A-\sin 2C$$

$$\frac{a^2-b^2}{c^2}\sin 2C=\sin 2B-\sin 2A$$

所以

$$\frac{b^2-c^2}{a^2}\sin 2A+\frac{c^2-a^2}{b^2}\sin 2B+\frac{a^2-b^2}{c^2}\sin 2C=$$

$$(\sin 2C-\sin 2B)+(\sin 2A-\sin 2C)+(\sin 2B-\sin 2A)=0$$

证法二 依正弦定理和余弦定理有

$$\frac{b^2-c^2}{a^2}\sin 2A=\frac{b^2-c^2}{a^2}\cdot 2\sin A\cos A=$$

$$\frac{b^2-c^2}{a^2}\cdot 2\cdot\frac{a}{2R}\cdot\frac{b^2+c^2-a^2}{2bc}=$$

$$\frac{b^4-c^4-a^2b^2+a^2c^2}{2Rabc}$$

同理

$$\frac{c^2-a^2}{b^2}\sin 2B=\frac{c^4-a^4-b^2c^2+a^2b^2}{2Rabc}$$

$$\frac{a^2-b^2}{c^2}\sin 2C=\frac{a^4-b^4-a^2c^2+b^2c^2}{2Rabc}$$

所以

$$\frac{b^2-c^2}{a^2}\sin 2A+\frac{c^2-a^2}{b^2}\sin 2B+\frac{a^2-b^2}{c^2}\sin 2C=$$

$$\frac{b^4-c^4-a^2b^2+a^2c^2}{2Rabc}+\frac{c^4-a^4-b^2c^2+a^2b^2}{2Rabc}+$$

$$\frac{a^4-b^4-a^2c^2+b^2c^2}{2Rabc}=0$$

2. 求证 $a^2-2ab\cos(60°+C)=c^2-2bc\cos(60°+A)$.

分析 为证本题,首先应考虑采用一种便于论证的等价形式,为此本题应化为

$$2ab\cos(60°+C)-2bc\cos(60°+A)=a^2-c^2$$

或

$$a^2+b^2-2ab\cos(60°+C)=$$
$$b^2+c^2-2bc\cos(60°+A)$$

证法一 因

$2ab\cos(60°+C)-2bc\cos(60°+A)=$
$2b[a(\cos 60°\cos C-\sin 60°\sin C)-$
$c(\cos 60°\cos A-\sin 60°\sin A)]=$
$b[(a\cos C-c\cos A)+\sqrt{3}(c\sin A-a\sin C)]=$

$b(a\cos C - c\cos A) =$
$ab\cos C - bc\cos A =$
$\frac{1}{2}(a^2 + b^2 - c^2) - \frac{1}{2}(b^2 + c^2 - a^2) = a^2 - c^2$

所以

$a^2 - 2ab\cos(60° + C) = c^2 - 2bc\cos(60° + A)$

证法二 如图 3.1,分别以 AB, AC 为边向外作等边三角形 ABD 和 ACE. 在 $\triangle ABE$ 中,有

$BE^2 = b^2 + c^2 - 2bc\cos(60° + A)$

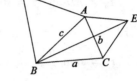

图 3.1

在 $\triangle BCE$ 中,有

$BE^2 = a^2 + b^2 - 2ab\cos(60° + C)$

所以

$a^2 + b^2 - 2ab\cos(60° + C) = b^2 + c^2 - 2bc\cos(60° + A)$

即

$a^2 - 2ab\cos(60° + C) = c^2 - 2bc\cos(60° + A)$

3. $\triangle ABC$ 中,求证 $\frac{r_a}{bc} + \frac{r_b}{ca} + \frac{r_c}{ab} = \frac{1}{r} - \frac{1}{2R}$,其中 R, r 分别为外接圆及内切圆的半径,r_a, r_b, r_c 分别为 $\angle A$, $\angle B$, $\angle C$ 内的旁切圆的半径.

分析 为简化因素,先用三角形的元素表示 r_a, r_b, r_c 后,再用面积公式进行证明.

证 如图 3.2,设 $\odot I_1$ 是 $\triangle ABC$ 的 $\angle A$ 内的旁切圆,其半径为 r_a, D, E, F 是切点,则

$AD + AE = AB + BD + AC + CE =$

$$AB + BF + AC + CF$$
$$2AD = AB + BC + CA$$

所以
$$AD = \frac{1}{2}(a+b+c) = s$$

在 $Rt\triangle AI_1D$ 中,有
$$r_a = AD\tan\frac{A}{2} = s\tan\frac{A}{2}$$

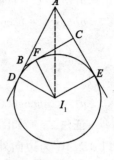

图 3.2

同理
$$r_b = s\tan\frac{B}{2}, r_c = s\tan\frac{C}{2}$$

所以
$$\frac{r_a}{bc} + \frac{r_b}{ca} + \frac{r_c}{ab} =$$
$$\frac{s}{abc}\left(a\tan\frac{A}{2} + b\tan\frac{B}{2} + c\tan\frac{C}{2}\right) =$$
$$\frac{4Rs}{abc}\left(\sin^2\frac{A}{2} + \sin^2\frac{B}{2} + \sin^2\frac{C}{2}\right) =$$
$$\frac{4Rs}{abc}\left(1 - 2\sin\frac{A}{2}\sin\frac{B}{2}\sin\frac{C}{2}\right)$$

又
$$\Delta = \frac{abc}{4R}, \Delta = rs$$
$$r = 4R\sin\frac{A}{2}\sin\frac{B}{2}\sin\frac{C}{2}$$

所以
$$\frac{4Rs}{abc} = \frac{1}{r}$$
$$\sin\frac{A}{2}\sin\frac{B}{2}\sin\frac{C}{2} = \frac{r}{4R}$$

第3章 解三角形

$$\frac{r_a}{bc} + \frac{r_b}{ca} + \frac{r_c}{ab} = \frac{1}{r}\left(1 - 2\cdot\frac{r}{4R}\right) = \frac{1}{r} - \frac{1}{2R}$$

4. 在 $\triangle ABC$ 中,已知 $\angle B - \angle C = 90°$,求证

$$\frac{2}{a^2} = \frac{1}{(b+c)^2} + \frac{1}{(b-c)^2}$$

分析 从结论逆推,可得

$$\frac{2}{a^2} = \frac{2(b^2+c^2)}{(b^2-c^2)^2}$$

$$\frac{a^2(b^2+c^2)}{(b^2-c^2)^2} = 1$$

$$\left(\frac{ab}{b^2-c^2}\right)^2 + \left(\frac{ac}{b^2-c^2}\right)^2 = 1$$

于是,只要证明 $\dfrac{ab}{b^2-c^2}$ 和 $\dfrac{ac}{b^2-c^2}$ 分别是某个角的正弦和余弦,问题就比较明显了.

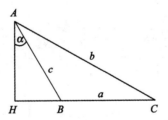

图 3.3

证 由 $\angle B - \angle C = 90°$ 知 $\angle ABC$ 是钝角. 如图 3.3,作 $AH \perp BC$,交 CB 的延长线于 H,令 $BH = x$,$\angle BAH = \alpha$,则

$$\alpha = \angle C$$

$$x = c\sin C$$

根据正弦定理有

三角解题引导

$$b\sin C = c\sin B$$

因为 $\angle B - \angle C = 90°$，所以 $\angle B = 90° + \angle C$，$\sin B = \cos C$. 于是

$$b\sin C = c\cos C$$

$$\cos C = \frac{b\sin C}{c}$$

又

$$CH = a + x = b\cos C$$

将 $x = c\sin C, \cos C = \dfrac{b\sin C}{c}$ 代入 $a + x = b\cos C$，得

$$a + c\sin C = \frac{b^2 \sin C}{c}$$

解之，得

$$\sin C = \frac{ac}{b^2 - c^2}$$

从而

$$\cos C = \frac{b}{c}\sin C = \frac{b}{c} \cdot \frac{ac}{b^2 - c^2} = \frac{ab}{b^2 - c^2}$$

由 $\sin^2 C + \cos^2 C = 1$ 有

$$\left(\frac{ac}{b^2 - c^2}\right)^2 + \left(\frac{ab}{b^2 - c^2}\right)^2 = 1$$

即

$$\frac{2}{a^2} = \frac{1}{(b+c)^2} + \frac{1}{(b-c)^2}$$

5. 在 $\triangle ABC$ 中，如果 $\dfrac{1}{a}, \dfrac{1}{b}, \dfrac{1}{c}$ 成等差数列，那么 $\dfrac{1}{\sin^2 \dfrac{A}{2}}, \dfrac{1}{\sin^2 \dfrac{B}{2}}, \dfrac{1}{\sin^2 \dfrac{C}{2}}$ 也成等差数列.

分析 利用半角定理进行证明.
证 由已知条件有

$$\frac{1}{a} + \frac{1}{c} = \frac{2}{b}$$

$$\frac{a+c}{ac} = \frac{2}{b}$$

$$2ac = b(a+c)$$

所以

$$\frac{1}{\sin^2\frac{A}{2}} + \frac{1}{\sin^2\frac{C}{2}} =$$

$$\frac{bc}{(s-b)(s-c)} + \frac{ab}{(s-a)(s-b)} =$$

$$\frac{bc(s-a) + ab(s-c)}{(s-a)(s-b)(s-c)} =$$

$$\frac{b(cs - ac + as - ac)}{(s-a)(s-b)(s-c)} =$$

$$\frac{b[s(a+c) - b(a+c)]}{(s-a)(s-b)(s-c)} =$$

$$\frac{b(a+c)(s-b)}{(s-a)(s-b)(s-c)} =$$

$$\frac{2ac}{(s-a)(s-c)} =$$

$$\frac{2}{\sin^2\frac{B}{2}}$$

即 $\frac{1}{\sin^2\frac{A}{2}}, \frac{1}{\sin^2\frac{B}{2}}, \frac{1}{\sin^2\frac{C}{2}}$ 成等差数列.

6. $\triangle ABC$ 中, a,b,c 成等差数列, $A - C = 120°$, 求 $\sin A$ 及 $\sin C$ 的值.

分析 依 a,b,c 成等差数列,则 $\sin A, \sin B, \sin C$ 必成等差数列,即 $a+c=2b$,则 $\sin A + \sin C = 2\sin B$. 于是先求出 $\sin B$ 的值,即 $\sin A + \sin C$ 的值,再求出 $\sin A - \sin C$ 的值.

解 因为 $a+c=2b$,根据正弦定理有
$$\sin A + \sin C = 2\sin B$$
$$2\sin\frac{A+C}{2}\cos\frac{A-C}{2} = 2\sin B$$
$$2\cos\frac{B}{2}\cos 60° = 4\sin\frac{B}{2}\cos\frac{B}{2}$$

所以有
$$\sin\frac{B}{2} = \frac{1}{4}, \cos\frac{B}{2} = \frac{\sqrt{15}}{4}$$
$$\sin B = 2\sin\frac{B}{2}\cos\frac{B}{2} = \frac{\sqrt{15}}{8}$$
$$\sin A + \sin C = 2\sin B = \frac{\sqrt{15}}{4}$$

又
$$\sin A - \sin C = 2\cos\frac{A+C}{2}\sin\frac{A-C}{2} =$$
$$2\sin\frac{B}{2}\sin 60° = \frac{\sqrt{3}}{4}$$

所以
$$\sin A = \frac{\sqrt{15}+\sqrt{3}}{8}, \sin C = \frac{\sqrt{15}-\sqrt{3}}{8}$$

7. $\triangle ABC$ 中,a,b,c 成等差数列,最大角为 A,求证:$\dfrac{\cos A + \cos C}{1+\cos A\cos C} = \dfrac{4}{5}$.

分析 依余弦定理,用 a,b,c 表出 $\cos A, \cos C$,再

第3章 解三角形

依已知条件,将所得式子化简.

证 由题设知 $a > b > c, A > B > C, 2b = a + c$.
依余弦定理有

$$\cos A = \frac{b^2 + c^2 - a^2}{2bc} = \frac{b^2 + (c+a)(c-a)}{2bc} = \frac{b^2 + 2b(c-a)}{2bc} = \frac{b + 2(c-a)}{2c} = \frac{\frac{1}{2}(c+a) + 2(c-a)}{2c} = \frac{5c - 3a}{4c}$$

$$\cos C = \frac{a^2 + b^2 - c^2}{2ab} = \frac{b^2 + (a+c)(a-c)}{2ab} = \frac{b^2 + 2b(a-c)}{2ab} = \frac{b + 2(a-c)}{2a} = \frac{\frac{1}{2}(a+c) + 2(a-c)}{2a} = \frac{5a - 3c}{4a}$$

所以

$$\frac{\cos A + \cos C}{1 + \cos A \cos C} = \frac{\frac{5c-3a}{4c} + \frac{5a-3c}{4a}}{1 + \frac{5c-3a}{4c} \cdot \frac{5a-3c}{4a}} = \frac{4(10ac - 3a^2 - 3c^2)}{5(10ac - 3a^2 - 3c^2)} = \frac{4}{5}$$

8. $\triangle ABC$ 中,已知

$$a^2 - a - 2b - 2c = 0 \qquad ①$$
$$a + 2b - 2c + 3 = 0 \qquad ②$$

三角解题引导

求最大角.

分析 在 $\triangle ABC$ 中,要求最大角,必先确定最大边. 因此必须由所给二式用一边表示其他两边,才容易比较大小. 用哪一边来表示其他两边呢? 由于 a 是二次式,因此用 a 表示 b,c,较为容易.

解 ①+②,得
$$a^2 - 4c + 3 = 0$$
所以
$$c = \frac{1}{4}(a^2 + 3) \qquad ③$$

③代入①,得
$$b = \frac{1}{4}(a^2 - 2a - 3) = \frac{1}{4}(a - 3)(a + 1) \qquad ④$$

因为 a,b,c 为三角形的边,所以
$$a + 1 > 0$$
从而
$$a > 3$$
又
$$b - c = \frac{1}{4}(a^2 - 2a - 3) - \frac{1}{4}(a^2 + 3) = -\frac{a}{2} - \frac{3}{2} < 0$$
$$c - a = \frac{1}{4}(a^2 + 3) - a = \frac{1}{4}(a^2 - 4a + 3) = \frac{1}{4}(a - 3)(a - 1) > 0$$
所以
$$c > b, c > a$$
即 c 为最大边,C 为最大角. 则

第3章 解三角形

$$\cos C = \frac{a^2 + b^2 - c^2}{2ab} =$$

$$\frac{a^2 + \frac{1}{16}(a-3)^2(a+1)^2 - \frac{1}{16}(a^2+3)^2}{2 \cdot a \cdot \frac{1}{4}(a-3)(a+1)} =$$

$$\frac{16a^2 + (a-3)^2(a+1)^2 - (a^2+3)^2}{8a(a-3)(a+1)} =$$

$$\frac{-4a^3 + 8a^2 + 12a}{8a(a-3)(a+1)} =$$

$$\frac{-4a(a-3)(a+1)}{8a(a-3)(a+1)} = -\frac{1}{2}$$

$$C = 120°$$

9. 三角形中有一个角是 $60°$,夹这个角的两边的比是 $8:5$,内切圆的面积是 12π,求三角形的面积.

解 设 $C = 60°$,两条夹边 $a = 8x, b = 5x$,那么

$$c = \sqrt{a^2 + b^2 - 2ab\cos C} =$$

$$\sqrt{(8x)^2 + (5x)^2 - 2 \cdot 8x \cdot 5x \cos 60°} = 7x$$

$$s = \frac{1}{2}(a + b + c) = \frac{1}{2}(8x + 5x + 7x) = 10x$$

又

$$r = \sqrt{12} = 2\sqrt{3}$$

根据面积公式 $\Delta = \frac{1}{2}ab\sin C$ 及 $\Delta = rs$ 有

$$\frac{1}{2} \cdot 8x \cdot 5x \cdot \sin 60° = 2\sqrt{3} \cdot 10x$$

$$x = 2$$

面积 $\Delta = 40\sqrt{3}$.

10. 圆内接四边形的边长为 a, b, c, d,其面积为 S,

三角解题引导

求证
$$S = \sqrt{(p-a)(p-b)(p-c)(p-d)}$$
(其中 $p = \frac{1}{2}(a+b+c+d)$).

分析 直接求出 a,b,c,d 和 S 之间的关系,比较困难. 但根据圆内接四边形的性质知 $B + D = 180°$, 如图 3.4 联结 AC, 运用面积公式及余弦定理, 可用 a,b,c,d,S 表示 $\sin B$ 和 $\cos B$, 消去 B, 就得出 a,b,c,d,S 之间的关系式, 再经化简, 得出圆内接四边形的面积公式.

证 联结 AC, 设 $\triangle ABC$ 和 $\triangle ADC$ 的面积分别为 Δ_1 和 Δ_2, 则

$$\Delta_1 = \frac{1}{2}ab\sin B$$

$$\Delta_2 = \frac{1}{2}cd\sin D$$

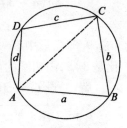

图 3.4

因为 $B + D = 180°$, 所以
$$\sin B = \sin D, \cos D = -\cos B$$
而 $S = \Delta_1 + \Delta_2$, 故有
$$S = \frac{1}{2}(ab + cd)\sin B$$

$$\sin B = \frac{2S}{ab + cd}$$

又
$$AC^2 = a^2 + b^2 - 2ab\cos B$$
$$AC^2 = c^2 + d^2 - 2cd\cos D = c^2 + d^2 + 2cd\cos B$$
所以
$$a^2 + b^2 - 2ab\cos B = c^2 + d^2 + 2cd\cos B$$

$$\cos B = \frac{a^2 + b^2 - (c^2 + d^2)}{2(ab + cd)}$$

由 $\sin^2 B + \cos^2 B = 1$ 有

$$\left(\frac{2S}{ab+cd}\right)^2 + \left(\frac{a^2+b^2-(c^2+d^2)}{2(ab+cd)}\right)^2 = 1$$

$$\frac{4S^2}{(ab+cd)^2} = 1 - \left(\frac{a^2+b^2-(c^2+d^2)}{2(ab+cd)}\right)^2$$

$$4S^2 = (ab+cd)^2 - \left(\frac{a^2+b^2-(c^2+d^2)}{2}\right)^2 =$$

$$\left(ab+cd+\frac{a^2+b^2-(c^2+d^2)}{2}\right) \cdot$$

$$\left(ab+cd-\frac{a^2+b^2-(c^2+d^2)}{2}\right) =$$

$$\frac{1}{4}[(a+b)^2-(c-d)^2][-(a-b)^2+(c+d)^2] =$$

$$\frac{1}{4}[(a+b+c-d)(a+b-c+d) \cdot$$

$$(c+d+a-b)(c+d-a+b)]$$

因为

$$p = \frac{1}{2}(a+b+c+d)$$

$$b+c+d-a = a+b+c+d-2a = 2(p-a)$$
$$a+c+d-b = a+b+c+d-2b = 2(p-b)$$
$$a+b+d-c = a+b+c+d-2c = 2(p-c)$$
$$a+b+c-d = a+b+c+d-2d = 2(p-d)$$

所以

$$4S^2 = \frac{1}{4} \cdot 2(p-a) \cdot 2(p-b) \cdot$$
$$2(p-c) \cdot 2(p-d)$$
$$S^2 = (p-a)(p-b)(p-c)(p-d)$$

$$S = \sqrt{(p-a)(p-b)(p-c)(p-d)}$$

11. 在 $\triangle ABC$ 中,已知 $a(1-2\cos A)+b(1-2\cos B)+c(1-2\cos C)=0$,求证:这个三角形是等边三角形.

分析 要证这三角形是等边三角形,即证 $A=B=C$ 或 $a=b=c$.

若证 $A=B=C$,则应将边转化为角(可用正弦定理);若证 $a=b=c$,则应将角转化为边(可用余弦定理).

本题采取将边转化为角的方法来证明,较为方便.

证 由正弦定理,原式可化为

$$\sin A(1-2\cos A)+\sin B(1-2\cos B)+\sin C(1-2\cos C)=0$$

即

$$\sin A+\sin B+\sin C=\sin 2A+\sin 2B+\sin 2C$$

而

$$\sin A+\sin B+\sin C=4\cos\frac{A}{2}\cos\frac{B}{2}\cos\frac{C}{2}$$

$$\sin 2A+\sin 2B+\sin 2C=4\sin A\sin B\sin C$$

所以

$$4\cos\frac{A}{2}\cos\frac{B}{2}\cos\frac{C}{2}=4\sin A\sin B\sin C$$

$$\sin\frac{A}{2}\sin\frac{B}{2}\sin\frac{C}{2}=\frac{1}{8}$$

据第 2 章第 55(1) 题知上式当且仅当 $A=B=C$ 时成立,由此可知,$\triangle ABC$ 是等边三角形.

12. $\triangle ABC$ 中,已知 $a^2+b^2-ab=c^2=2\sqrt{3}\Delta$,问此三角形是怎样的一个三角形?

分析　依已知条件,运用余弦定理,求出 C,再用面积公式,从而可得 a,b 之间的关系.

解　由 $a^2+b^2-ab=c^2$ 得
$$a^2+b^2-c^2=ab$$
$$\cos C=\frac{a^2+b^2-c^2}{2ab}=\frac{1}{2}$$
$$C=60°$$

于是
$$\Delta=\frac{1}{2}ab\sin C=\frac{\sqrt{3}}{4}ab$$

又
$$a^2+b^2-ab=2\sqrt{3}\Delta$$

所以
$$a^2+b^2-ab=2\sqrt{3}\cdot\frac{\sqrt{3}}{4}ab$$
$$2a^2-5ab+2b^2=0$$
$$a=2b \text{ 或 } b=2a$$

若 $a=2b$,则由 $a^2+b^2-ab=c^2$ 得 $a^2=b^2+c^2$,$A=90°$;

若 $b=2a$,则由 $a^2+b^2-ab=c^2$ 得 $b^2=a^2+c^2$,$B=90°$.

因此 $\triangle ABC$ 是一个直角三角形,其中 $C=60°$.

13. 试证三角形的三边 a,b,c 满足不等式
$$2abc<a^2(b+c-a)+b^2(c+a-b)+c^2(a+b-c)\leqslant 3abc$$

分析　在这个不等式中,每一项都有一个因式是三角形两边之和与第三边的差,故本题应注意运用"三角形两边之和大于第三边". 再利用

$$(a+b-c)(b+c-a)(c+a-b) =$$
$$a^2(b+c-a) + b^2(c+a-b) +$$
$$c^2(a+b-c) - 2abc > 0$$

证出左边的不等式.

又经过变形
$$a^2(b+c-a) + b^2(c+a-b) + c^2(a+b-c) =$$
$$a(b^2+c^2-a^2) + b(c^2+a^2-b^2) +$$
$$c(a^2+b^2-c^2)$$

运用余弦定理,从而可证得右边的不等式.

证 因 a,b,c 是三角形的三边. 所以
$$b+c-a > 0, c+a-b > 0, a+b-c > 0$$
$$(b+c-a)(c+a-b)(a+b-c) > 0$$
$$(b+c-a)[a^2-(b-c)^2] > 0$$
$$a^2(b+c-a) - (b+c)(b-c)^2 + a(b-c)^2 > 0$$
$$a^2(b+c-a) - (b^2-c^2)(b-c) +$$
$$a(b^2-2bc+c^2) > 0$$
$$a^2(b+c-a) + b^2(c+a-b) +$$
$$c^2(a+b-c) - 2abc > 0$$

即
$$a^2(b+c-a) + b^2(c+a-b) + c^2(a+b-c) > 2abc$$

又由余弦定理有
$$2abc\cos A = a(b^2+c^2-a^2) = ab^2 + ac^2 - a^3$$
$$2abc\cos B = b(a^2+c^2-b^2) = a^2b + bc^2 - b^3$$
$$2abc\cos C = c(a^2+b^2-c^2) = a^2c + b^2c - c^3$$

把这三个式子相加并整理,得
$$a^2(b+c-a) + b^2(c+a-b) + c^2(a+b-c) =$$
$$2abc(\cos A + \cos B + \cos C)$$

而(参见第2章习题55(1)小题)
$$\cos A + \cos B + \cos C \leqslant \frac{3}{2}$$
所以
$$a^2(b+c-a) + b^2(c+a-b) + c^2(a+b-c) \leqslant 3abc$$
于是
$$2abc < a^2(b+c-a) + b^2(c+a-b) + c^2(a+b-c) \leqslant 3abc$$

14. 设 O 为 $\triangle ABC$ 内一点,O 到顶点 A,B,C 的距离分别为 x,y,z,到 BC,CA,AB 的距离分别为 p,q,r,求证
$$xyz \geqslant (q+r)(r+p)(p+q)$$
又在什么条件下,等式成立.

分析 从结论逆推,由于
$$xyz \geqslant (q+r)(r+p)(p+q)$$
与
$$\left(\frac{q}{x} + \frac{r}{x}\right)\left(\frac{r}{y} + \frac{p}{y}\right)\left(\frac{p}{z} + \frac{q}{z}\right) \leqslant 1$$
等价,而上式中各比都可分别用 $\alpha,\beta,\gamma,\delta,\theta,\phi$ 的正弦表示,于是问题转化为上述各种的三角函数间的关系.

证 如图 3.5,有

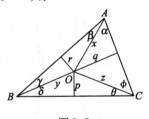

图 3.5

$$(\sin\alpha + \sin\beta)(\sin\gamma + \sin\delta)(\sin\theta + \sin\phi) =$$

$$2\sin\frac{\alpha+\beta}{2}\cos\frac{\alpha-\beta}{2} \cdot 2\sin\frac{\gamma+\delta}{2}\cos\frac{\gamma-\delta}{2} \cdot$$

$$2\sin\frac{\theta+\phi}{2}\cos\frac{\theta-\phi}{2} =$$

$$8\sin\frac{A}{2}\sin\frac{B}{2}\sin\frac{C}{2}\cos\frac{\alpha-\beta}{2}\cos\frac{\gamma-\delta}{2}\cos\frac{\theta-\phi}{2}$$

但

$$\sin\frac{A}{2}\sin\frac{B}{2}\sin\frac{C}{2} \leqslant \frac{1}{8}$$

$$\cos\frac{\alpha-\beta}{2}\cos\frac{\gamma-\delta}{2}\cos\frac{\theta-\phi}{2} \leqslant 1$$

所以

$$(\sin\alpha+\sin\beta)(\sin\gamma+\sin\delta)(\sin\theta+\sin\phi) \leqslant 1$$

由于

$$\sin\alpha=\frac{q}{x}, \sin\beta=\frac{r}{x}, \sin\gamma=\frac{r}{y}$$

$$\sin\delta=\frac{p}{y}, \sin\theta=\frac{p}{z}, \sin\phi=\frac{q}{z}$$

所以

$$\left(\frac{q}{x}+\frac{r}{x}\right)\left(\frac{r}{y}+\frac{p}{y}\right)\left(\frac{p}{z}+\frac{q}{z}\right) \leqslant 1$$

即

$$xyz \geqslant (q+r)(r+p)(p+q)$$

又当 $A=B=C$ 时,$\sin\frac{A}{2}\sin\frac{B}{2}\sin\frac{C}{2}=\frac{1}{8}$,且 $\alpha=\beta, \gamma=\delta, \theta=\phi$ 时,有

$$\cos\frac{\alpha-\beta}{2}\cos\frac{\gamma-\delta}{2}\cos\frac{\theta-\phi}{2}=1$$

故当此三角形是等边三角形且 O 是内心时,有

$$xyz = (q+r)(r+p)(p+q)$$

15. 如图 3.6, B,C 为线段 AD 的三等分点, P 为以 BC 为直径的半圆上的任意一点, 联结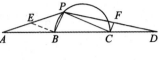

图 3.6

PA, PB, PC, PD, 求证: $\tan\angle APB \cdot \tan\angle CPD$ 为定值.

分析 因 $\angle BPC = 90°$, 故可考虑作 $BE \parallel CP$, $CF \parallel BP$, 在 $\mathrm{Rt}\triangle PEB$ 和 $\mathrm{Rt}\triangle PFC$ 中, 分别求出 $\tan\angle APB$ 和 $\tan\angle CPD$, 再计算它们的积.

考虑到 $AB = BC = CD$, 本题也可利用面积公式来进行证明.

证法一 作 $BE \parallel CP$, 交 AP 于 E, 作 $CF \parallel BP$, 交 PD 于 F, 则 $\angle PBE = 90°, \angle PCF = 90°$. 又 B 是 AC 的中点, C 是 BD 的中点, 所以

$$BE = \frac{1}{2}PC, CF = \frac{1}{2}PB$$

$$\tan\angle APB = \frac{BE}{PB} = \frac{PC}{2PB}, \tan\angle CPD = \frac{CF}{PC} = \frac{PB}{2PC}$$

$$\tan\angle APB \cdot \tan\angle CPD = \frac{PC}{2PB} \cdot \frac{PB}{2PC} = \frac{1}{4}$$

即

$$\tan\angle APB \cdot \tan\angle CPD$$

为定值.

证法二 由题设有

$$S_{\triangle APB} = \frac{1}{2}PA \cdot PB \cdot \sin\angle APB$$

$$S_{\triangle APC} = \frac{1}{2}PA \cdot PC \cdot \sin\angle APC =$$

$$\frac{1}{2}PA \cdot PC \cdot \sin(90° + \angle APB) =$$

$$\frac{1}{2}PA \cdot PC \cdot \cos\angle APB$$

$$S_{\triangle APC} = 2S_{\triangle APB}$$

所以

$$\frac{1}{2}PA \cdot PC \cdot \cos\angle APB = PA \cdot PB \cdot \sin\angle APB$$

$$\tan\angle APB = \frac{PC}{2PB}$$

同理

$$\tan\angle CPD = \frac{PB}{2PC}$$

所以

$$\tan\angle APB \cdot \tan\angle CPD = \frac{PC}{2PB} \cdot \frac{PB}{2PC} = \frac{1}{4}$$

为定值.

注 按同样的证明方法可证:若 $A_1, A_2, \cdots, A_{n-1}$ 是线段 A_0A_n 的 n 等分点,P 是以线段 A_1A_{n-1} 为直径的圆上的任意一点,那么 $\tan\angle A_0PA_1 \cdot \tan\angle A_{n-1}PA_n$ 为定值,这个定值等于 $\dfrac{1}{(n-1)^2}$.

16. 设有一边长为 1 的正方形,试在这个正方形的内接正三角形中,找出一个面积最大和一个面积最小的,并求出这两个面积.

分析 所求内接正三角形的面积与边长有关,而边长又与该边和正方形的边的夹角有关. 不妨如图3.7 就 α 而言,$\triangle EFG$ 的面积是 α 的函数,运用求三角函数极值的方法,可求出面积的最大值和最小值.

解 如图 3.7,正三角形 EFG 的三个顶点,必落在正方形 $ABCD$ 的三边上,故不妨设其中两顶点 F, G

落在正方形的一组对边 AB, CD 上.

作 $GH \perp AB$ 于 H,令 $\angle GFH = \alpha$,则
$$FG = \frac{GH}{\sin \alpha} = \frac{1}{\sin \alpha}$$
故当 $\alpha = 90°$ 时,FG 取最小值 1,此时,$\triangle EFG$ 的面积 $\Delta = \frac{\sqrt{3}}{4}$ 是最小值.

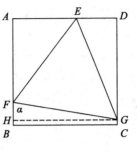
图 3.7

当 $\alpha = 90°$ 时,F 与 H 重合,$FG \parallel BC$,E 是 AD 的中点. 以 AD 的中点 E 为圆心,1 为半径画弧,分别交 AB, DC 于 F, G,联结 EF, FG, GE,所得 $\triangle EFG$ 是该正方形的面积最小的一个内接正三角形.

又在 $\text{Rt}\triangle FGH$ 和 $\text{Rt}\triangle EGD$ 中,$FG = GE$,$GH \geq DG$,故
$$\angle GFH \geq \angle GED$$
而
$$\angle GFH + \angle AFE = \angle GED + \angle AEF = 120°$$
于是
$$\angle AFE \leq \angle AEF$$
$$\angle A = 90°$$
所以
$$\angle AFE \leq 45°, \angle AEF \geq 45°$$
$$\alpha = \angle GFH \geq 75°$$
故当 $\alpha = 75°$ 时,FG 取最大值 $\frac{1}{\sin 75°} = \sqrt{6} - \sqrt{2}$,从而 $\triangle EFG$ 的面积有最大值

$$\Delta_{最大} = \frac{\sqrt{3}}{4}(\sqrt{6}-\sqrt{2})^2 = 2\sqrt{3}-3$$

此时,$\angle AFE = \angle AEF = 45°$,$AE = AF$,因此 AG 是 EF 的中垂线,即点 G 在对角线 AC 上,故点 G 与点 C 重合.

17. 如图 3.8 所示,半圆 O 的直径为 2,A 为直径延长线上的一点,且 $OA = 2$,B 为半圆周上的任意一点,以 AB 为一边作等边 $\triangle ABC$,问点 B 在什么位置时,四边形 $OACB$ 的面积最大?并求出这个面积的最大值.

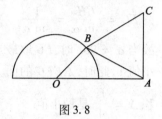

图 3.8

分析 四边形 $OACB$ 的面积 $y = S_{\triangle ABC} + S_{\triangle AOB}$,而 $S_{\triangle ABC}$ 与边长 AB 有关,$\triangle AOB$ 中,$OB = 1$,$OA = 2$,它的面积也与 AB 有关. 若设 $AB = x$,则 y 是 x 的函数. 运用求函数极值的方法,可求出 y 的最大值. 但用 x 表示 $\triangle AOB$ 的面积时,所得的式子是根式,从而 y 是 x 的无理函数. 欲求其极值,比较麻烦.

若考虑到点 B 在半圆周上,取 $\angle AOB = x$ 作自变量,则 $\triangle AOB$ 和 $\triangle ABC$ 的面积都可用 x 的三角函数表示,从而转化为求三角函数的极值,问题就比较简单.

解 设 $\angle AOB = x$,四边形 $OACB$ 的面积为 y,则

$$S_{\triangle AOB} = \frac{1}{2} \cdot OA \cdot OB \cdot \sin x = \sin x$$

$$AB^2 = OA^2 + OB^2 - 2 \cdot OA \cdot OB \cdot \cos x = 5 - 4\cos x$$

$$S_{\triangle ABC} = \frac{\sqrt{3}}{4}AB^2 = \frac{5\sqrt{3}}{4} - \sqrt{3}\cos x$$

$$y = S_{\triangle AOB} + S_{\triangle ABC} = \sin x + \frac{5\sqrt{3}}{4} - \sqrt{3}\cos x =$$

$$2\sin\left(x - \frac{\pi}{3}\right) + \frac{5\sqrt{3}}{4}$$

所以,当 $x - \frac{\pi}{3} = \frac{\pi}{2}$,即 $x = \frac{5\pi}{6}$ 时,四边形 $OACB$ 的面积有最大值

$$y_{最大} = 2 + \frac{5\sqrt{3}}{4} = \frac{8 + 5\sqrt{3}}{4}$$

18. 证明:分别以任意三角形的三边为边向形外作等边三角形,联结它们的中心,构成一个等边三角形.

分析 如图 3.9, $\triangle GHM$ 的各边,例如 GH,在 $\triangle BGH$ 中,由于 G,H 分别是 $\triangle ABD,\triangle BCE$ 的中心,故 $BG,BH,\angle GBH$ 都可用 $\triangle ABC$ 的元素表出. 运用余弦定理,GH 可用 $\triangle ABC$ 的元素表出. 同理,HM,MG 也都可以用 $\triangle ABC$ 的元素表出,从而可以证明 $GH = HM = MG$.

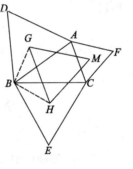

图 3.9

证 由题设有

$$BG = \frac{c}{\sqrt{3}}, BH = \frac{a}{\sqrt{3}}$$

$$\angle GBH = 60° + B$$

$$GH^2 = BG^2 + BH^2 - 2 \cdot BG \cdot BH \cdot \cos\angle GBH =$$

$$\left(\frac{c}{\sqrt{3}}\right)^2 + \left(\frac{a}{\sqrt{3}}\right)^2 - 2 \cdot \frac{c}{\sqrt{3}} \cdot \frac{a}{\sqrt{3}} \cdot \cos(60° + B) =$$

三角解题引导

$$\frac{c^2}{3} + \frac{a^2}{3} - \frac{2ca}{3}(\cos 60° \cos B - \sin 60° \sin B) =$$

$$\frac{c^2}{3} + \frac{a^2}{3} - \frac{2ca}{3}\left(\frac{1}{2} \cdot \frac{a^2 + c^2 - b^2}{2ac} - \frac{\sqrt{3}}{2} \cdot \frac{2\Delta}{ac}\right) =$$

$$\frac{c^2 + a^2}{3} - \frac{a^2 + c^2 - b^2}{6} + \frac{2\sqrt{3}}{3}\Delta =$$

$$\frac{1}{6}(a^2 + b^2 + c^2) + \frac{2\sqrt{3}}{3}\Delta$$

同理可证

$$HM^2 = MG^2 = \frac{1}{6}(a^2 + b^2 + c^2) + \frac{2\sqrt{3}}{3}\Delta$$

所以

$$GH = HM = MG$$

即 △GHM 是等边三角形.

§3 习 题

1. 在 △ABC 中,求证:

(1) $\dfrac{a^2\sin(B-C)}{\sin A} + \dfrac{b^2\sin(C-A)}{\sin B} + \dfrac{c^2\sin(A-B)}{\sin C} = 0$;

(2) $(a-b)\cot\dfrac{C}{2} + (b-c)\cot\dfrac{A}{2} + (c-a)\cot\dfrac{B}{2} = 0$;

(3) $a^2 = b^2\cos 2C + 2bc\cos(B-C) + c^2\cos 2B$;

(4) $(b^2 + c^2 - a^2)\tan A = (c^2 + a^2 - b^2)\tan B =$

$(a^2 + b^2 - c^2)\tan C$；

(5) $\cot A - \cot B = \dfrac{b^2 - a^2}{2\Delta}$；

(6) $s^2 = bc\cos^2 \dfrac{A}{2} + ca\cos^2 \dfrac{B}{2} + ab\cos^2 \dfrac{C}{2}$，其中 $s = \dfrac{1}{2}(a + b + c)$；

(7) $\dfrac{\cos \dfrac{B}{2}\sin\left(\dfrac{B}{2} + C\right)}{\cos \dfrac{C}{2}\sin\left(\dfrac{C}{2} + B\right)} = \dfrac{a + c}{a + b}$；

(8) $(\sin A + \sin B + \sin C)(\cot A + \cot B + \cot C) = \dfrac{1}{2}(a^2 + b^2 + c^2)\left(\dfrac{1}{ab} + \dfrac{1}{bc} + \dfrac{1}{ca}\right)$

2. 在 $\triangle ABC$ 中，若 $B = 2C$，求证：

(1) $a - b + c = 2(b - c)\cos C$；

(2) $b^2 - c^2 = ac$；

(3) $\triangle ABC$ 中，已知 $C = 60°$，求证

$$\dfrac{1}{a + c} + \dfrac{1}{b + c} = \dfrac{3}{a + b + c}$$

4. $\triangle ABC$ 中，已知 $A:B:C = 4:2:1$，求证

$$\dfrac{1}{a} + \dfrac{1}{b} = \dfrac{1}{c}$$

5. 在两个三角形 ABC 和 $A'B'C'$ 中，$\angle B = \angle B'$，$\angle A + \angle A' = 180°$，求证：$aa' = bb' + cc'$.

6. 在 $\triangle ABC$ 中，求证 $\cot A, \cot B, \cot C$ 成等差数列的充要条件是 a^2, b^2, c^2 成等差数列.

7. $\triangle ABC$ 中，有：

(1) a, b, c 成等差数列时，求证

三角解题引导

$$\tan\frac{A}{2}\tan\frac{C}{2}=\frac{1}{3}$$

(2) a,b,c 成等比数列时,求证

$$\cos(A-C)+\cos B+\cos 2B=1$$

8. △ABC 的外接圆和内切圆的半径分别是 R 和 r,求证:

(1) $\dfrac{1}{bc}+\dfrac{1}{ca}+\dfrac{1}{ab}=\dfrac{1}{2Rr}$;

(2) $r=4R\sin\dfrac{A}{2}\sin\dfrac{B}{2}\sin\dfrac{C}{2}$;

(3) $\cos A+\cos B+\cos C=1+\dfrac{r}{R}$;

(4) $a\cot A+b\cot B+c\cot C=2(R+r)$.

9. △ABC 中,a,b,c 成等差数列,求证:$ac=6Rr$.

10. 设三角形的三边成等差数列,最大角为 θ,最小角为 ϕ,求证

$$\cos\theta+\cos\phi=4(1-\cos\theta)(1-\cos\phi)$$

11. △ABC 的面积用 Δ 表示,求证:

(1) $\Delta=\dfrac{1}{4}(a^2\sin 2B+b^2\sin 2A)$;

(2) $\Delta=\dfrac{(a^2-b^2)\sin A\sin B}{2\sin(A-B)}$;

(3) $\Delta=Rr(\sin A+\sin B+\sin C)$;

(4) $\Delta=s^2\tan\dfrac{A}{2}\tan\dfrac{B}{2}\tan\dfrac{C}{2}$,其中 $s=\dfrac{1}{2}(a+b+c)$;

(5) $\Delta=\sqrt{\dfrac{1}{2}Rh_ah_bh_c}$,其中 h_a,h_b,h_c 分别是 a,b,c 边上的高.

12. $\triangle ABC$ 中,r 为内切圆半径,s 为半周长,r_a,r_b,r_c 分别为 A,B,C 内的旁切圆的半径,求证:

(1) $\Delta = \sqrt{rr_ar_br_c}$;

(2) $s^2 = r_ar_b + r_br_c + r_cr_a$.

13. $\triangle ABC$ 中,求证:$ab + bc + ca \geq 4\sqrt{3}\Delta$.

14. $\triangle ABC$ 中,已知 $\sin B\sin C = \cos^2\dfrac{A}{2}$,求证:此三角形是等腰三角形.

15. $\triangle ABC$ 中,已知 $a + b = \tan\dfrac{C}{2}(a\tan A + b\tan B)$,求证:此三角形是等腰三角形.

16. $\triangle ABC$ 中,已知 $\tan^2\dfrac{A}{2} = \dfrac{b-c}{b+c}$,求证:此三角形是直角三角形.

17. $\triangle ABC$ 中,已知 $\dfrac{\cos A + 2\cos C}{\cos A + 2\cos B} = \dfrac{\sin B}{\sin C}$,求证:此三角形为等腰三角形或直角三角形.

18. $\triangle ABC$ 中,AD 是 BC 边上的中线,若 $\angle B + \angle CAD = 90°$,求证:$\triangle ABC$ 是等腰三角形或直角三角形.

19. $\triangle ABC$ 中,已知 $\lg a - \lg c = \lg\sin B = -\lg\sqrt{2}$,且 B 为锐角,试判断此三角形是何种三角形.

20. 如果三角形两边的和为一定值,夹角为 $60°$,试证当周长取最小值或面积取最大值时,此三角形是等边三角形.

21. 三角形的高为 h_a,h_b,h_c,内切圆半径为 r,且 $h_a + h_b + h_c = 9r$,求证:此三角形为等边三角形.

22. $\triangle ABC$ 中,已知 $\dfrac{2}{b} = \dfrac{1}{a} + \dfrac{1}{c}$,求证 B 为锐角.

23. 在 $\triangle ABC$ 中,BC 边上的高 $AD = 3$,$BD = m$,$DC = n$,且 $\dfrac{1}{\log_m 3} + \dfrac{1}{\log_n 3} < 2$,求证: $\angle BAC$ 必为锐角.

24. $\triangle ABC$ 中,已知 $\cos 3A + \cos 3B + \cos 3C = 1$,求证:此三角形必有一角为 $120°$.

25. $\triangle ABC$ 的三个角满足 $\dfrac{\sin A + \sin B + \sin C}{\cos A + \cos B + \cos C} = \sqrt{3}$,证明:此三角形必有一角为 $60°$.

26. 设 A,B,C 为三角形的三个内角,且方程
$$(\sin B - \sin A)x^2 + (\sin A - \sin C)x + (\sin C - \sin B) = 0$$
的两根相等,求证: $B \leqslant 60°$.

27. 圆内接四边形 $ABCD$ 中,$AB = a$,$BC = b$,$CD = c$,$DA = d$,且 $a\sin A = b\sin B = c\sin C = d\sin D$,问此四边形是具有怎样特点的四边形?

28. 在直角三角形中,斜边是斜边上的高的 4 倍,求两个锐角.

29. $\triangle ABC$ 中,已知 $a = (m+n)(m-3n)$,$b = 4mn$,$C = \dfrac{2\pi}{3}$,$m > 3n > 0$,求 c.

30. $\triangle ABC$ 中,已知 $B = 60°$,$b = 4$,$\Delta = \sqrt{3}$,求 a,c.

31. $\triangle ABC$ 中,最大角 A 为最小角 C 的 2 倍,且三边之长为三个连续整数,求 a,b,c.

32. 三角形的一角为 $60°$,面积为 $10\sqrt{3}$,周长为 20,求各边的长.

第3章 解三角形

33. 三角形的最长边与次长边之和为 12，而面积的数值等于这两边夹角正弦值的 $17\frac{1}{2}$ 倍，一个内角是 $120°$，求这个三角形各边的长.

34. $\triangle ABC$ 中，已知 $\tan B = 1, \tan C = 2, b = 100$，求 a 及面积.

35. 在 $\triangle ABC$ 中，底 $BC = 14$ cm，高 $AH = 12$ cm，内切圆半径 $r = 4$ cm，求 AB, AC 的长.

36. 在 $\triangle ABC$ 中，$\angle A = 45°$，BC 边上的高 AD 将 BC 分成 2 cm 和 3 cm 两部分，求这个三角形的面积.

37. $\triangle ABC$ 的内角按 A, B, C 的顺序从小到大成等差数列，且 $\tan A, \tan B, \tan C$ 为方程
$$x^3 - (3 + 2k)x^2 + (5 + 4k)x - (3 + 2k) = 0$$
的三个根，又这三角形的面积为 $2(3 - \sqrt{3})$，求这三角形的三条边和三个角.

38. 设 $\triangle ABC$ 的三内角成等差数列，三条边 a, b, c 之倒数也成等差数列，试求 A, B, C.

39. 三角形的三边成等差数列，其面积与同周等边三角形面积的比为 $3:5$，试求三边之比和最大角的度数.

40. $\triangle ABC$ 中，已知 $(b + c):(c + a):(a + b) = 4:5:6$，求证：

（1）$\sin A : \sin B : \sin C = 7:5:3$；

（2）这个三角形的最大角为 $\dfrac{2\pi}{3}$.

41. 已知 $\triangle ABC$ 的三条中线 m_a, m_b, m_c，计算它的面积.

42. $\triangle ABC$ 中，$AB = c, AC = b, \angle BAC = \alpha, M$ 为

BC 的中点，G 为它的重心，求证：G 到 BC 的距离为

$$\frac{bc\sin\alpha}{\sqrt[3]{(b-c)^2+4bc\sin^2\dfrac{\alpha}{2}}}$$

43. 平行四边形一锐角是 $60°$，对角线平方之比为 $\dfrac{19}{7}$，求两邻边之比．

44. $ABCD$ 为圆内接四边形，AB 为直径，若 $AD=a$，$CD=b$，$BC=c$，试证：AB 为方程

$$x^3-(a^2+b^2+c^2)x-2abc=0$$

的根．

45. 设圆内接四边形 $ABCD$ 的四条边分别为 a,b,c,d，对角线 $BD=x$，$AC=y$，求证

$$x=\sqrt{\frac{(ac+bd)(ab+cd)}{ad+bc}}$$

$$y=\sqrt{\frac{(ac+bd)(ad+bc)}{ab+cd}}$$

46. $\odot O_1$ 和 $\odot O_2$ 互相外切，半径分别为 $a,b(a>b)$，两外公切线相交于 A，求证

$$\sin A=\frac{4(a-b)\sqrt{ab}}{(a+b)^2}$$

47. 从自定圆 O 外一点 P 引任意割线，求证

$$\tan\frac{\angle AOP}{2}\cdot\tan\frac{\angle BOP}{2}$$

为定值．

48. 设 P 为单位圆周上任意一点，$A_1,A_2,\cdots,A_n$ 为圆内接正 n 边形的顶点，求证：$PA_1^2+PA_2^2+\cdots+PA_n^2$ 是常数．

49. 设 O 为 $\triangle ABC$ 内一点,联结 OA, OB, OC,设 $\angle OAC = \angle OCB = \angle OBA = \gamma$,求证
$$\cot \gamma = \cot A + \cot B + \cot C$$

50. 等腰三角形的底边为 a,腰为 b,顶角为 $20°$,求证:$a^3 + b^3 = 3ab^2$.

51. $\triangle ABC$ 的外接圆的直径 AE 交 BC 于 D,求证
$$\frac{AD}{DE} = \tan B \cdot \tan C$$

52. A, B, C 是直线 l 上的三点,P 是这直线外一点,已知 $AB = BC = a, \angle APB = 90°, \angle BPC = 45°, \angle PBA = \theta$,求:

(1)$\sin \theta, \cos \theta$ 和 $\tan \theta$;

(2)线段 PB 的长;

(3)点 P 到直线 l 的距离.

53. 已知 $\triangle ABC$ 的内切圆半径为 r, AD 为 BC 边上的高,求证
$$AD = \frac{2r\cos \dfrac{B}{2} \cos \dfrac{C}{2}}{\sin \dfrac{A}{2}}$$

54. 梯形外切于一个圆,两腰与较大的底分别成锐角 α 和 β,若已知梯形的面积为 Q,求圆的面积.

55. 直角三角形的斜边 AB 上两点 M, N 分 AB 成 $AM = MN = NB$,设 $\angle ACM = \alpha, \angle MCN = \beta, \angle NCB = \gamma$,求证:$3\sin \alpha \sin \gamma = \sin \beta$.

56. $\triangle ABC$ 中,$AB > AC, AD$ 是中线,设 $\angle BAD = \alpha, \angle CAD = \beta, \angle ADC = \gamma$,求证:$\cot \alpha - \cot \beta = 2\cot \gamma$.

57. 已知 $\angle XOZ = 120°, OY$ 平分 $\angle XOZ$,直线 l 分别交 OX, OY, OZ 于 A, B, C,求证:$\dfrac{1}{OB} = \dfrac{1}{OA} + \dfrac{1}{OC}$.

58. 在平面上任取三点,其坐标均为整数,证明:此三点不能组成正三角形.

59. 设 $\triangle ABC$ 之周长等于其内切圆直径与外接圆直径之和,求证

$$\cos 2A + \cos 2B + \cos 2C = 2(\cos A + \cos B + \cos C)$$

60. 在等腰 $\triangle ABC$ 中,顶角 $A = 100°$,角 B 的平分线交 AC 于 D,求证:$AD + BD = BC$.

61. 等腰三角形的腰长为 $\sqrt{3}$ cm,由顶点作到底边的线段,将顶角分成两部分,它们的差为 $60°$,这线段的长为 1 cm,求顶角的度数.

62. 已知 $\angle XOY = 60°, M$ 是 $\angle XOY$ 内一点,它到两边的距离分别是 2 和 11,求 OM 的长.

63. 在正方形 $ABCD$ 的边 CD 上任取一点 M,作 $\angle ABM$ 的平分线交 AD 于 N,求证:$BM = CM + AN$.

64. 在正方形 $ABCD$ 的内部取一点 E,使 $\angle EAD = \angle EDA = 15°$,试证:$\triangle EBC$ 为正三角形.

65. 三角形有一内角是 $60°$,此角所对的边长是 1,求证:其余两边之和不大于 2.

66. 证明:顶点在单位圆上的锐角三角形的三个内角的余弦的和小于该三角形的周长之半.

67. 在锐角 $\triangle ABC$ 中,$C = 2B$,求证:$\sqrt{2} < \dfrac{AB}{AC} < \sqrt{3}$.

68. 设 a, b, c 为三角形的三条边,求证:对于任何 $x, b^2 x^2 + (b^2 + c^2 - a^2)x + c^2 > 0$.

69. 设 a,b,c 为任一三角形三边之长，α,β,γ 分别为 a,b,c 所对的角的大小，试证

$$\frac{\pi}{3} \leqslant \frac{\alpha a + \beta b + \gamma c}{a+b+c} < \frac{\pi}{2}$$

70. 已知 $\triangle ABC$ 的三边分别为 a,b,c，且 $\odot O$ 为三角形的内切圆，分别切 BC,CA,AB 于 A_1,B_1,C_1，而 a_1,b_1,c_1 分别为 $\triangle A_1 B_1 C_1$ 的三边，求证

$$\frac{a^2}{a_1^2} + \frac{b^2}{b_1^2} + \frac{c^2}{c_1^2} \geqslant 12$$

71. 设 $\triangle ABC$ 和 $\triangle A_1 B_1 C_1$ 的边长和面积分别为 a,b,c,a_1,b_1,c_1 及 Δ,Δ_1，求证

$$a^2 a_1^2 + b^2 b_1^2 + c^2 c_1^2 \geqslant 16 \Delta \Delta_1$$

72. 设 $\triangle ABC$ 的三边为 a,b,c，外接圆半径为 R，求证

$$\frac{1}{a} + \frac{1}{b} + \frac{1}{c} \geqslant \frac{\sqrt{3}}{R}$$

73. 设 $\triangle ABC$ 的三边为 a,b,c，且 $a>b>c$，在此三角形的两边上分别取 P,Q 两点，使线段 PQ 把 $\triangle ABC$ 分成面积相等的两部分，求使 PQ 长度为最短的点 P,Q 的位置。

74. 在一个圆锥内，以它的底面作底面，再作一个圆锥，小圆锥的高和母线所成的角等于 α，大圆锥的高和母线所成的角等于 β，两个圆锥的高的差为 h，求证：这两个圆锥侧面所夹的部分的体积是

$$\frac{\pi h^3 \sin^2\alpha \sin^2\beta}{3\sin^2(\alpha-\beta)}$$

75. 设一球的半径为 R，求外切于这个球的一切圆锥中全面积最小的圆锥。

76. 在锐角 θ 的一边上,由到顶点的距离为 a 的一点 A,向另一边作垂线,其垂足为 A_1,由点 A_1 向另一边作垂线,其垂足为 A_2,再由 A_2 向另一边作垂线,垂足为 $A_3,\cdots$,这样无限地作下去,求折线 $AA_1A_2A_3\cdots$ 的长.

77. 在 $\triangle ABC$ 中,$AB = 4, AC = 3, BC = 5$,$\odot O_1$ 是内切圆,然后作 $\odot O_2$ 切 AB, AC 及 $\odot O_1$,再作 $\odot O_3$,切 AB, AC 及 $\odot O_2, \cdots$,这样无限地作下去,求所有这些圆面积之和.

§4 习题解答

1.(1) 由题设有

$$\frac{a^2 \sin(B-C)}{\sin A} = \frac{4R^2 \sin^2 A \sin(B-C)}{\sin A} =$$

$$4R^2 \sin(B+C)\sin(B-C) = 2R^2(\cos 2C - \cos 2B)$$

同理

$$\frac{b^2 \sin(C-A)}{\sin B} = 2R^2(\cos 2A - \cos 2C)$$

$$\frac{c^2 \sin(A-B)}{\sin C} = 2R^2(\cos 2B - \cos 2A)$$

所以

$$\frac{a^2 \sin(B-C)}{\sin A} + \frac{b^2 \sin(C-A)}{\sin B} + \frac{c^2 \sin(A-B)}{\sin C} =$$

$$2R^2(\cos 2C - \cos 2B) + 2R^2(\cos 2A - \cos 2C) + 2R^2(\cos 2B - \cos 2A) = 0$$

(2) 由题设有

第3章 解三角形

$$(a-b)\cot\frac{C}{2} = 2R(\sin A - \sin B)\cot\frac{C}{2} =$$

$$2R \cdot 2\cos\frac{A+B}{2}\sin\frac{A-B}{2}\cot\frac{C}{2} =$$

$$2R \cdot 2\sin\frac{C}{2}\sin\frac{A-B}{2}\cot\frac{C}{2} =$$

$$2R \cdot 2\sin\frac{A-B}{2}\cos\frac{C}{2} =$$

$$2R \cdot 2\sin\frac{A-B}{2}\sin\frac{A+B}{2} =$$

$$2R(\cos B - \cos A)$$

同理

$$(b-c)\cot\frac{A}{2} = 2R(\cos C - \cos B)$$

$$(c-a)\cot\frac{B}{2} = 2R(\cos A - \cos C)$$

所以

$$(a-b)\cot\frac{C}{2} + (b-c)\cot\frac{A}{2} + (c-a)\cot\frac{B}{2} =$$

$$2R(\cos B - \cos A) + 2R(\cos C - \cos B) +$$

$$2R(\cos A - \cos C) = 0$$

(3) 由题设有

$$b^2\cos 2C + 2bc\cos(B-C) + c^2\cos 2B =$$

$$b^2(\cos^2 C - \sin^2 C) + 2bc(\cos B\cos C +$$

$$\sin B\sin C) + c^2(\cos^2 B - \sin^2 B) =$$

$$(b\cos C + c\cos B)^2 - (b\sin C - c\sin B)^2$$

根据射影定理和正弦定理有

$$a = b\cos C + c\cos B, b\sin C = c\sin B$$

所以

$$b^2\cos 2C + 2bc\cos(B-C) + c^2\cos 2B = a^2$$

(4) 由题设有
$$(b^2 + c^2 - a^2)\tan A = 2bc\cos A\tan A =$$
$$2bc\sin A = 4\Delta$$

同理
$$(c^2 + a^2 - b^2)\tan B = 4\Delta$$
$$(a^2 + b^2 - c^2)\tan C = 4\Delta$$

所以
$$(b^2 + c^2 - a^2)\tan A = (c^2 + a^2 - b^2)\tan B =$$
$$(a^2 + b^2 - c^2)\tan C$$

(5) $\dfrac{b^2 - a^2}{2\Delta} = \dfrac{4R^2(\sin^2 B - \sin^2 A)}{ab\sin C} =$

$\dfrac{4R^2\sin(B+A)\sin(B-A)}{4R^2\sin A\sin B\sin(A+B)} =$

$\dfrac{\sin(B-A)}{\sin A\sin B} = \dfrac{\sin B\cos A - \cos B\sin A}{\sin A\sin B} =$

$\cot A - \cot B$

(6) $bc\cos^2\dfrac{A}{2} + ca\cos^2\dfrac{B}{2} + ab\cos^2\dfrac{C}{2} =$

$\dfrac{1}{2}bc(1+\cos A) + \dfrac{1}{2}ca(1+\cos B) +$

$\dfrac{1}{2}ab(1+\cos C) =$

$\dfrac{1}{2}(ab + bc + ca + bc\cos A + ca\cos B +$

$ab\cos C) =$

$\dfrac{1}{2}[ab + bc + ca + \dfrac{1}{2}(b^2 + c^2 - a^2) +$

$\dfrac{1}{2}(c^2 + a^2 - b^2) + \dfrac{1}{2}(a^2 + b^2 - c^2)] =$

$$\frac{1}{4}(a^2+b^2+c^2+2ab+2bc+2ca)=$$

$$\frac{1}{4}(a+b+c)^2=s^2$$

(7) $\cos\dfrac{B}{2}\sin\left(\dfrac{B}{2}+C\right)=\dfrac{1}{2}[\sin(B+C)+\sin C]=$

$\dfrac{1}{2}(\sin A+\sin C)=\dfrac{1}{4R}(a+c)$

$\cos\dfrac{C}{2}\sin\left(\dfrac{C}{2}+B\right)=\dfrac{1}{4R}(a+b)$

所以

$$\frac{\cos\dfrac{B}{2}\sin\left(\dfrac{B}{2}+C\right)}{\cos\dfrac{C}{2}\sin\left(\dfrac{C}{2}+B\right)}=\frac{a+c}{a+b}$$

(8) $(\sin A+\sin B+\sin C)(\cot A+\cot B+\cot C)=$

$\dfrac{1}{2R}(a+b+c)\left(\dfrac{\cos A}{\sin A}+\dfrac{\cos B}{\sin B}+\dfrac{\cos C}{\sin C}\right)=$

$(a+b+c)\left(\dfrac{\dfrac{b^2+c^2-a^2}{2bc}}{2R\sin A}+\right.$

$\left.\dfrac{\dfrac{c^2+a^2-b^2}{2ca}}{2R\sin B}+\dfrac{\dfrac{a^2+b^2-c^2}{2ab}}{2R\sin C}\right)=$

$(a+b+c)\dfrac{a^2+b^2+c^2}{2abc}=$

$\dfrac{1}{2}(a^2+b^2+c^2)\left(\dfrac{1}{ab}+\dfrac{1}{bc}+\dfrac{1}{ca}\right)$

2.(1) 依题设 $B=2C$ 有
$$B-C=C$$

所以

$a - b + c = 2R(\sin A - \sin B + \sin C) =$
$2R[\sin A - \sin B + \sin(A + B)] =$
$2R\left(2\sin\dfrac{A-B}{2}\cos\dfrac{A+B}{2} + 2\sin\dfrac{A+B}{2}\cos\dfrac{A+B}{2}\right) =$
$4R\cos\dfrac{A+B}{2}\left(\sin\dfrac{A-B}{2} + \sin\dfrac{A+B}{2}\right) =$
$8R\sin\dfrac{C}{2}\sin\dfrac{A}{2}\cos\dfrac{B}{2} =$
$8R\sin\dfrac{B-C}{2}\cos\dfrac{B+C}{2}\cos C =$
$4R(\sin B - \sin C)\cos C =$
$2(2R\sin B - 2R\sin C)\cos C =$
$2(b - c)\cos C$

(2) $b^2 - c^2 = 4R^2(\sin^2 B - \sin^2 C) =$
$\qquad 4R^2\sin(B + C)\sin(B - C) =$
$\qquad 4R^2\sin A\sin C = 2R\sin A \cdot 2R\sin C = ac$

3. 由 $C = 60°$ 得
$a^2 + b^2 - c^2 = 2ab\cos 60° = ab$
$(a + b)^2 - c^2 = 3ab$
$(a + b + c)(a + b - c) = 3ab$
$(a + b + c)(a + b - c) + 3c(a + b + c) =$
$3ab + 3c(a + b + c)$
$(a + b + c)[(a + c) + (b + c)] =$
$3(a + c)(b + c)$
$\dfrac{1}{a+c} + \dfrac{1}{b+c} = \dfrac{3}{a+b+c}$

4. 令 $C = \alpha$,则
$$B = 2\alpha, A = 4\alpha$$

第3章 解三角形

$$a = 2R\sin A = 2R\sin 4\alpha$$
$$b = 2R\sin B = 2R\sin 2\alpha$$
$$c = 2R\sin C = 2R\sin \alpha$$

又由 $\alpha + 2\alpha + 4\alpha = 180°$ 得
$$4\alpha = 180° - 3\alpha$$
$$\sin 4\alpha = \sin(180° - 3\alpha) = \sin 3\alpha$$

所以
$$\frac{1}{a} + \frac{1}{b} = \frac{a+b}{ab} = \frac{2R(\sin A + \sin B)}{4R^2\sin A\sin B} =$$
$$\frac{\sin 4\alpha + \sin 2\alpha}{2R\sin 4\alpha\sin 2\alpha} = \frac{2\sin 3\alpha\cos \alpha}{2R\sin 4\alpha \cdot 2\sin \alpha\cos \alpha} =$$
$$\frac{1}{2R\sin\alpha} = \frac{1}{c}$$

5. 依题设有
$$C' = 180° - A' - B' = A - B$$

设 $\triangle ABC$ 和 $\triangle A'B'C'$ 的外接圆半径分别为 R 和 R',则

$$bb' + cc' = 4RR'(\sin B\sin B' + \sin C\sin C') =$$
$$4RR'[\sin^2 B + \sin(A+B)\sin(A-B)] =$$
$$4RR'(\sin^2 B + \sin^2 A - \sin^2 B) =$$
$$4RR'\sin^2 A =$$
$$2R\sin A \cdot 2R'\sin A' = aa'$$

6. 必要性:

若 $\cot A, \cot B, \cot C$ 成等差数列,则有
$$\cot A + \cot C = 2\cot B$$
$$\frac{\sin(A+C)}{\sin A\sin C} = \frac{2\cos B}{\sin B}$$
$$\frac{\sin^2 B}{\sin A\sin C} = 2\cos B$$

依正弦定理和余弦定理,得

$$\frac{b^2}{ac} = \frac{a^2+c^2-b^2}{ac}$$

$$b^2 = a^2+c^2-b^2$$

$$a^2+c^2 = 2b^2$$

即 a^2, b^2, c^2 成等差数列.

因必要性的证明各步都是可逆的,倒推过去,就是对充分性的证明.

7.(1) 依题设有

$$2b = a+c$$

$$2\sin B = \sin A + \sin C$$

$$2\sin(A+C) = 2\sin\frac{A+C}{2}\cos\frac{A-C}{2}$$

$$4\sin\frac{A+C}{2}\cos\frac{A+C}{2} = 2\sin\frac{A+C}{2}\cos\frac{A-C}{2}$$

但 $\sin\frac{A+C}{2} \neq 0$,于是有

$$2\cos\frac{A+C}{2} = \cos\frac{A-C}{2}$$

$$2\cos\frac{A}{2}\cos\frac{C}{2} - 2\sin\frac{A}{2}\sin\frac{C}{2} =$$

$$\cos\frac{A}{2}\cos\frac{C}{2} + \sin\frac{A}{2}\sin\frac{C}{2}$$

$$\cos\frac{A}{2}\cos\frac{C}{2} = 3\sin\frac{A}{2}\sin\frac{C}{2}$$

所以

$$\tan\frac{A}{2}\tan\frac{C}{2} = \frac{1}{3}$$

(2) 由 $b^2 = ac$,故有

第3章 解三角形

$$\sin^2 B = \sin A \sin C$$

于是

$$\cos(A-C) + \cos B + \cos 2B =$$
$$\cos(A-C) - \cos(A+C) + 2\cos^2 B - 1 =$$
$$2\sin A \sin C + 2\cos^2 B - 1 =$$
$$2\sin^2 B + 2\cos^2 B - 1 = 1$$

8. (1) $\dfrac{1}{bc} + \dfrac{1}{ca} + \dfrac{1}{ab} = \dfrac{a+b+c}{abc} = \dfrac{2s}{abc} =$

$$\dfrac{2 \cdot \dfrac{\Delta}{r}}{4R\Delta} = \dfrac{1}{2Rr}$$

(2) $4R\sin\dfrac{A}{2}\sin\dfrac{B}{2}\sin\dfrac{C}{2} =$

$$4R\sqrt{\dfrac{(s-b)(s-c)}{bc}} \cdot \sqrt{\dfrac{(s-c)(s-a)}{ca}} \cdot$$

$$\sqrt{\dfrac{(s-a)(s-b)}{ab}} =$$

$$\dfrac{4R(s-a)(s-b)(s-c)}{abc} =$$

$$\dfrac{(s-a)(s-b)(s-c)}{\Delta}\left(\Delta = \dfrac{abc}{4R}\right) =$$

$$\dfrac{(s-a)(s-b)(s-c)}{rs}(\Delta = rs) =$$

$$\dfrac{1}{r} \cdot r^2 \left(r = \sqrt{\dfrac{(s-a)(s-b)(s-c)}{s}}\right) = r$$

(3) $\cos A + \cos B + \cos C =$

$$1 + 4\sin\dfrac{A}{2}\sin\dfrac{B}{2}\sin\dfrac{C}{2} = 1 + \dfrac{r}{R}$$

(4) $a\cot A + b\cot B + c\cot C =$

213

三角解题引导

$$2R\sin A\cot A + 2R\sin B\cot B + 2R\sin C\cot C =$$
$$2R(\cos A + \cos B + \cos C) =$$
$$2R\left(1 + \frac{r}{R}\right) = 2(R + r)$$

9. 由 $a + c = 2b$ 得

$$s = \frac{1}{2}(a + b + c) = \frac{3}{2}b$$

$$\Delta = rs, \Delta = \frac{abc}{4R}$$

$$r = \frac{\Delta}{s} = \frac{2\Delta}{3b}, R = \frac{abc}{4\Delta}$$

所以

$$6Rr = 6 \cdot \frac{abc}{4\Delta} \cdot \frac{2\Delta}{3b} = ac$$

10. 依题设有

$$\sin\theta + \sin\varphi = 2\sin(\theta + \varphi)$$

$$2\sin\frac{\theta + \varphi}{2}\cos\frac{\theta - \varphi}{2} = 2 \cdot 2\sin\frac{\theta + \varphi}{2}\cos\frac{\theta + \varphi}{2}$$

但 $\sin\frac{\theta + \varphi}{2} \neq 0$,所以有

$$\cos\frac{\theta - \varphi}{2} = 2\cos\frac{\theta + \varphi}{2}$$

又

$$\cos\theta + \cos\varphi = 2\cos\frac{\theta + \varphi}{2}\cos\frac{\theta - \varphi}{2} = 4\cos^2\frac{\theta + \varphi}{2}$$

$$4(1 - \cos\theta)(1 - \cos\varphi) =$$

$$4 \cdot 2\sin^2\frac{\theta}{2} \cdot 2\sin^2\frac{\varphi}{2} =$$

$$4\left(2\sin\frac{\theta}{2}\sin\frac{\varphi}{2}\right)^2 =$$

$$4\left(\cos\frac{\theta-\varphi}{2}-\cos\frac{\theta+\varphi}{2}\right)^2 =$$

$$4\cos^2\frac{\theta+\varphi}{2}$$

所以

$$\cos\theta+\cos\varphi = 4(1-\cos\theta)(1-\cos\varphi)$$

11. (1) $\frac{1}{4}(a^2\sin 2B + b^2\sin 2A) =$

$$\frac{1}{4}(a^2 \cdot 2\sin B\cos B + b^2 \cdot 2\sin A\cos A) =$$

$$\frac{1}{4}\left(a^2 \cdot 2 \cdot \frac{b}{2R}\cos B + b^2 \cdot 2 \cdot \frac{a}{2R}\cos A\right) =$$

$$\frac{ab}{4R}(a\cos B + b\cos A) =$$

$$\frac{abc}{4R} = \Delta$$

(2) $\frac{(a^2-b^2)\sin A\sin B}{2\sin(A-B)} =$

$$\frac{4R^2(\sin^2 A - \sin^2 B)\sin A\sin B}{2\sin(A-B)} =$$

$$\frac{4R^2\sin(A+B)\sin(A-B)\sin A\sin B}{2\sin(A-B)} =$$

$$\frac{1}{2} \cdot 4R^2\sin A\sin B\sin C =$$

$$\frac{1}{2} \cdot 2R\sin A \cdot 2R\sin B \cdot \sin C =$$

$$\frac{1}{2}ab\sin C = \Delta$$

(3) $Rr(\sin A + \sin B + \sin C) =$

$$\frac{1}{2}r(2R\sin A + 2R\sin B + 2R\sin C) =$$

$$\frac{1}{2}r(a+b+c) = rs = \Delta$$

(4) $s^2 \tan\dfrac{A}{2}\tan\dfrac{B}{2}\tan\dfrac{C}{2} =$

$s^2 \sqrt{\dfrac{(s-b)(s-c)}{s(s-a)}} \cdot \sqrt{\dfrac{(s-c)(s-a)}{s(s-b)}} \cdot$

$\sqrt{\dfrac{(s-a)(s-b)}{s(s-c)}} =$

$\sqrt{s(s-a)(s-b)(s-c)} = \Delta$

(5) $\sqrt{\dfrac{1}{2}Rh_a h_b h_c} =$

$\sqrt{\dfrac{1}{2}R \cdot b\sin C \cdot c\sin A \cdot a\sin B} =$

$\sqrt{\dfrac{1}{2}R \cdot \left(b \cdot \dfrac{c}{2R}\right) \cdot \left(c \cdot \dfrac{a}{2R}\right) \cdot \left(a \cdot \dfrac{b}{2R}\right)} =$

$\dfrac{abc}{4R} = \Delta$

12. 由题设有

(1) $rr_a r_b r_c = \sqrt{\dfrac{(s-a)(s-b)(s-c)}{s}} \cdot$

$\dfrac{\Delta}{s-a} \cdot \dfrac{\Delta}{s-b} \cdot \dfrac{\Delta}{s-c} =$

$\sqrt{\dfrac{1}{s(s-a)(s-b)(s-c)}} \cdot \Delta^3 = \Delta^2$

所以

$$\Delta = \sqrt{rr_a r_b r_c}$$

(2) $r_a r_b + r_b r_c + r_c r_a =$

$\Delta^2 \Big(\dfrac{1}{(s-a)(s-b)} + \dfrac{1}{(s-b)(s-c)} +$

$$\frac{1}{(s-c)(s-a)}\Big) =$$

$$\Delta^2 \cdot \frac{s-c+s-a+s-b}{(s-a)(s-b)(s-c)} =$$

$$\Delta^2 \cdot \frac{3s-(a+b+c)}{(s-a)(s-b)(s-c)} =$$

$$\Delta^2 \cdot \frac{s}{(s-a)(s-b)(s-c)} = \Delta^2 \cdot \frac{1}{r^2} = s^2$$

13. $ab + bc + ca = \frac{2\Delta}{\sin C} + \frac{2\Delta}{\sin A} + \frac{2\Delta}{\sin B} =$

$$2\Delta\Big(\frac{1}{\sin C} + \frac{1}{\sin A} + \frac{1}{\sin B}\Big) \geqslant$$

$$2\Delta \cdot 3\sqrt[3]{\frac{1}{\sin A \sin B \sin C}} \geqslant$$

$$2\Delta \cdot 3\sqrt[3]{\frac{8}{3\sqrt{3}}} =$$

$$4\sqrt{3}\Delta$$

14. 由 $\sin B \sin C = \cos^2 \frac{A}{2}$ 可得

$$\sin B \sin C = \frac{1 + \cos A}{2}$$

$$2\sin B \sin C = 1 + \cos A =$$
$$1 - \cos(B+C) =$$
$$1 - \cos B \cos C + \sin B \sin C$$
$$\cos B \cos C + \sin B \sin C = 1$$
$$\cos(B-C) = 1$$

而 B, C 都是三角形的内角,所以
$$B - C = 0, B = C$$
即 $\triangle ABC$ 为等腰三角形.

15. 由已知条件有

$$a\left(\tan A - \tan\frac{A+B}{2}\right) + b\left(\tan B - \tan\frac{A+B}{2}\right) = 0$$

$$2R\sin A \cdot \frac{\sin\frac{A-B}{2}}{\cos A\cos\frac{A+B}{2}} +$$

$$2R\sin B \cdot \frac{\sin\frac{B-A}{2}}{\cos B\cos\frac{A+B}{2}} = 0$$

$$\frac{\sin\frac{A-B}{2}(\sin A\cos B - \cos A\sin B)}{\cos A\cos B\cos\frac{A+B}{2}} = 0$$

$$\sin\frac{A-B}{2} = 0 \text{ 或 } \sin(A-B) = 0$$

而 $0 < A < \pi, 0 < B < \pi$,所以

$$A - B = 0, A = B$$

即 △ABC 为等腰三角形.

16. 因为

$$\tan^2\frac{A}{2} = \frac{b-c}{b+c} = \frac{\tan\frac{B-C}{2}}{\tan\frac{B+C}{2}} = \frac{\tan\frac{B-C}{2}}{\cot\frac{A}{2}}$$

所以

$$\tan\frac{B-C}{2} = \tan^2\frac{A}{2} \cdot \cot\frac{A}{2} = \tan\frac{A}{2}$$

由题设知 $B > C, \dfrac{B-C}{2}$ 和 $\dfrac{A}{2}$ 都是锐角,故有

$$\frac{B-C}{2} = \frac{A}{2}, B - C = A, B = A + C, B = 90°$$

即 $\triangle ABC$ 是直角三角形.

17. **证法一**　由已知条件有

$$\cos A\sin B + \sin 2B = \cos A\sin C + \sin 2C$$

$$\cos A(\sin B - \sin C) + \sin 2B - \sin 2C = 0$$

$$\cos A(\sin B - \sin C) + 2\sin(B-C)\cos(B+C) = 0$$

$$\cos A \cdot 2\sin\frac{B-C}{2}\cos\frac{B+C}{2} -$$

$$2\cos A \cdot 2\sin\frac{B-C}{2}\cos\frac{B-C}{2} = 0$$

$$2\cos A\sin\frac{B-C}{2}\left(\cos\frac{B+C}{2} - 2\cos\frac{B-C}{2}\right) = 0$$

因为

$$\cos\frac{B+C}{2} - 2\cos\frac{B-C}{2} \neq 0$$

所以

$$\cos A = 0 \text{ 或 } \sin\frac{B-C}{2} = 0$$

$$A = 90° \text{ 或 } B = C$$

即 $\triangle ABC$ 为直角三角形或等腰三角形.

证法二　依余弦定理有

$$\frac{\dfrac{b^2+c^2-a^2}{2bc} + \dfrac{a^2+b^2-c^2}{ab}}{\dfrac{b^2+c^2-a^2}{2bc} + \dfrac{a^2+c^2-b^2}{ac}} = \frac{b}{c}$$

所以

$$\frac{b^2+c^2-a^2}{2b} + \frac{c(a^2+b^2-c^2)}{ab} - \frac{b^2+c^2-a^2}{2c} - \frac{b(a^2+c^2-b^2)}{ac} = 0$$

$$\frac{b^2+c^2-a^2}{2}\left(\frac{1}{b}-\frac{1}{c}\right)+$$

$$\frac{1}{abc}[c^2(a^2+b^2-c^2)-b^2(a^2+c^2-b^2)]=0$$

$$\frac{1}{2bc}(b^2+c^2-a^2)(c-b)+$$

$$\frac{1}{abc}[(c^2-b^2)(a^2-c^2-b^2)]=0$$

$$\frac{1}{2abc}(b^2+c^2-a^2)(c-b)(a-2b-2c)=0$$

因为 $b+c>a$,所以 $a-2b-2c\neq 0$,于是
$$b^2+c^2-a^2=0 \text{ 或 } c-b=0$$
$$b^2+c^2=a^2 \text{ 或 } c=b$$

所以 $\triangle ABC$ 为直角三角形或等腰三角形.

18. 如图 3.10,因为
$$\angle B+\angle CAD=90°$$

所以

$\angle C+\angle BAD=90°$

$\angle CAD=90°-B$

$\angle BAD=90°-C$

又 AD 是 BC 边上的中线,
故有

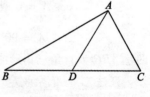

图 3.10

$$S_{\triangle ABD}=S_{\triangle ADC}$$

$$\frac{1}{2}\cdot AB\cdot AD\cdot \sin\angle BAD=\frac{1}{2}\cdot AD\cdot AC\cdot \sin\angle CAD$$

$$AB\sin\angle BAD=AC\sin\angle CAD$$

设 $\triangle ABC$ 的外接圆半径为 R,依正弦定理有

$$2R\sin C\sin(90°-C)=2R\sin B\sin(90°-B)$$

$$\sin 2C=\sin 2B$$

所以
$$2C = 2B \text{ 或 } 2C = \pi - 2B$$
$$C = B \text{ 或 } C + B = \frac{\pi}{2}$$
故 △ABC 为等腰三角形或直角三角形.

19. 由 $\lg \sin B = -\lg \sqrt{2}$ 及 B 为锐角,得
$$B = 45°$$
又由 $\lg a - \lg c = \lg \sin B$ 有
$$\sin B = \frac{a}{c} = \frac{\sin A}{\sin C}$$
$$\sin A = \sin B \sin C$$
$$\sin(B + C) = \sin B \sin C$$
$$\sin B \cos C + \cos B \sin C = \sin B \sin C$$
因为 $B = 45°, \sin B = \cos B$,所以有
$$\cos C + \sin C = \sin C$$
$$\cos C = 0, C = 90°$$
故 △ABC 为等腰直角三角形.

20. 设 a, b 为三角形的两边,$a + b = k$(k 为定值),则三角形的周长
$$l = a + b + \sqrt{a^2 + b^2 - 2ab\cos 60°} =$$
$$a + b + \sqrt{a^2 + b^2 - ab} =$$
$$a + b + \sqrt{(a+b)^2 - 3ab} =$$
$$k + \sqrt{k^2 - 3ab}$$

因为 $a > 0, b > 0, a + b$ 为定值,所以当 $a = b$ 时,ab 有最大值,从而周长 l 有最小值. 显然,这时所给的三角形是等边三角形.

设这个三角形的面积为 Δ,则

$$\Delta = \frac{1}{2}ab\sin 60° = \frac{\sqrt{3}}{4}ab$$

因此,当 $a = b$ 时,三角形的面积有最大值. 这时所给的三角形是等边三角形.

21. 由题设有

$$h_a = b\sin C = \frac{bc}{2R}, h_b = \frac{ca}{2R}, h_c = \frac{ab}{2R}$$

由 $h_a + h_b + h_c = 9r$ 有

$$\frac{bc + ca + ab}{2R} = 9r$$

$$bc + ca + ab = 9 \cdot 2Rr$$

但

$$\Delta = \frac{abc}{4R} = rs = \frac{1}{2}r(a + b + c)$$

所以

$$2Rr = \frac{abc}{a + b + c}$$

$$bc + ca + ab = \frac{9abc}{a + b + c}$$

$$(bc + ca + ab)(a + b + c) = 9abc$$

由于

$$(bc + ca + ab)(a + b + c) \geqslant 3\sqrt[3]{bc \cdot ca \cdot ab} \cdot 3\sqrt[3]{abc} = 9abc$$

上式中的等号仅当 $a = b = c$ 时成立,因此由

$$(bc + ca + ab)(a + b + c) = 9abc$$

得

$$a = b = c$$

即 △ABC 为等边三角形.

22. 由已知条件有

$$b = \frac{2ac}{a+c}$$

$$\cos B = \frac{a^2+c^2-b^2}{2ac} = \frac{a^2+c^2-\left(\frac{2ac}{a+c}\right)^2}{2ac} =$$

$$\frac{(a^2+c^2)(a+c)^2-4a^2c^2}{2ac(a+c)^2} \geqslant$$

$$\frac{2ac(a+c)^2-4a^2c^2}{2ac(a+c)^2} =$$

$$\frac{a^2+c^2}{(a+c)^2} > 0$$

所以 B 为锐角.

23. 如图 3.11,若 $\angle B$ 或 $\angle C$ 为钝角,则 $\angle BAC$ 定为锐角.故设 $\angle B,\angle C$ 都是锐角.

令 $\angle BAD = \alpha, \angle DAC = \beta$,则

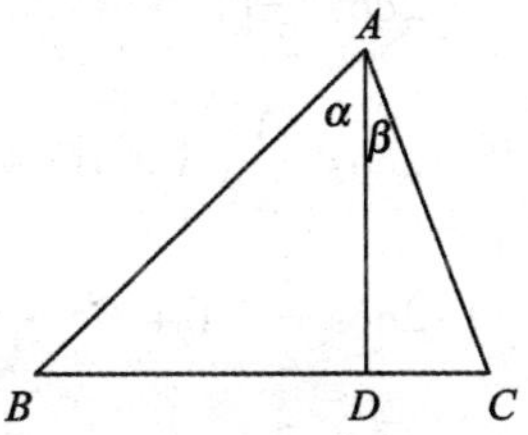

$$\tan \alpha = \frac{m}{3}, \tan \beta = \frac{n}{3}$$

$$\angle BAC = \alpha + \beta$$

$$\tan(\alpha+\beta) = \frac{\frac{m}{3}+\frac{n}{3}}{1-\frac{m}{3} \cdot \frac{n}{3}} = \frac{3(m+n)}{9-mn}$$

图 3.11

由 $\frac{1}{\log_m 3} + \frac{1}{\log_n 3} < 2$ 得

$$\log_3 m + \log_3 n < 2$$
$$\log_3(mn) < 2$$
$$mn < 9$$

所以
$$\tan(\alpha+\beta) > 0 (\alpha+\beta \text{ 为锐角})$$
即 $\angle BAC$ 为锐角.

24. 由题设有
$$A + B + C = 180°, C = 180° - (A+B)$$
$$3C = 3 \cdot 180° - 3(A+B)$$
$$\cos 3C = \cos[3 \cdot 180° - 3(A+B)] = -\cos 3(A+B)$$

所以
$$\cos 3A + \cos 3B + \cos 3C =$$
$$\cos 3A + \cos 3B - \cos 3(A+B) =$$
$$2\cos\frac{3}{2}(A+B)\cos\frac{3}{2}(A-B) -$$
$$2\cos^2\frac{3}{2}(A+B) + 1 =$$
$$2\cos\frac{3}{2}(A+B) \cdot$$
$$\left(\cos\frac{3}{2}(A-B) - \cos\frac{3}{2}(A+B)\right) + 1 =$$
$$-2\sin\frac{3}{2}C \cdot 2\sin\frac{3}{2}A\sin\frac{3}{2}B + 1 =$$
$$-4\sin\frac{3}{2}A\sin\frac{3}{2}B\sin\frac{3}{2}C + 1$$

由已知 $\cos 3A + \cos 3B + \cos 3C = 1$ 有
$$4\sin\frac{3}{2}A\sin\frac{3}{2}B\sin\frac{3}{2}C = 0$$
$$\sin\frac{3}{2}A = 0 \text{ 或 } \sin\frac{3}{2}B = 0 \text{ 或 } \sin\frac{3}{2}C = 0$$

因为

$$0 < A < \pi, 0 < B < \pi, 0 < C < \pi$$

所以

$$0 < \frac{3}{2}A < \frac{3}{2}\pi, 0 < \frac{3}{2}B < \frac{3}{2}\pi, 0 < \frac{3}{2}C < \frac{3}{2}\pi$$

$$\frac{3}{2}A = \pi \text{ 或} \frac{3}{2}B = \pi \text{ 或} \frac{3}{2}C = \pi$$

$$A = \frac{2}{3}\pi \text{ 或} B = \frac{2}{3}\pi \text{ 或} C = \frac{2}{3}\pi$$

但 A, B, C 是三角形的内角,综上所述,A, B, C 三个角中,有且仅有一个角为 $\frac{2}{3}\pi$,即 $120°$.

25. 由题设知

$$\sin A - \sqrt{3}\cos A + \sin B - \sqrt{3}\cos B + \sin C - \sqrt{3}\cos C = 0$$

$$\sin(A - 60°) + \sin(B - 60°) + \sin(C - 60°) = 0 \quad (*)$$

因为

$$(A - 60°) + (B - 60°) + (C - 60°) = A + B + C - 180° = 0$$

所以

$$C - 60° = -[(A - 60°) + (B - 60°)] = -(A + B - 120°)$$

$$\sin(C - 60°) = -\sin(A + B - 120°)$$

由 $(*)$ 得

$$2\sin\left(\frac{A+B}{2} - 60°\right)\cos\frac{A-B}{2} - 2\sin\left(\frac{A+B}{2} - 60°\right)\cos\left(\frac{A+B}{2} - 60°\right) = 0$$

$$2\sin\left(\frac{A+B}{2} - 60°\right) \cdot$$

$$\left(\cos\frac{A-B}{2} - \cos\left(\frac{A+B}{2} - 60°\right)\right) = 0$$

$$2\sin\left(\frac{A+B}{2} - 60°\right) \cdot 2\sin\frac{A-60°}{2}\sin\frac{60°-B}{2} = 0$$

$$\sin\left(\frac{A+B}{2} - 60°\right) = 0 \text{ 或 } \sin\frac{A-60°}{2} = 0$$

$$\text{或 } \sin\frac{60°-B}{2} = 0$$

$$\frac{A+B}{2} - 60° = 0 \text{ 或 } \frac{A-60°}{2} = 0 \text{ 或 } \frac{60°-B}{2} = 0$$

所以
$$A + B = 120° \text{ 或 } A = 60° \text{ 或 } B = 60°$$
即
$$C = 60° \text{ 或 } A = 60° \text{ 或 } B = 60°$$
故 $\triangle ABC$ 中定有一角为 $60°$.

26. 依题设有
$$(\sin A - \sin C)^2 - 4(\sin B - \sin A)(\sin C - \sin B) = 0$$
$$\sin^2 A - 2\sin A\sin C + \sin^2 C - 4\sin B\sin C +$$
$$4\sin A\sin C - 4\sin A\sin B + 4\sin^2 B = 0$$
$$(\sin A + \sin C)^2 - 4(\sin A + \sin C)\sin B + 4\sin^2 B = 0$$
$$(\sin A + \sin C - 2\sin B)^2 = 0$$

由此得
$$\sin A + \sin C = 2\sin B$$
依正弦定理有
$$a + c = 2b$$
从而
$$a^2 + 2ac + c^2 = 4b^2$$
$$b^2 = \frac{1}{4}(a^2 + c^2 + 2ac) \leq \frac{1}{2}(a^2 + c^2)$$

$$\cos B = \frac{a^2+c^2-b^2}{2ac} \geqslant \frac{a^2+c^2-\frac{1}{2}(a^2+c^2)}{a^2+c^2} = \frac{1}{2}$$

所以
$$B \leqslant 60°$$

27. 由 $A + C = 180°$ 有
$$\sin A = \sin C$$
又由 $a\sin A = c\sin C$ 有
$$a\sin A = c\sin A$$
所以
$$a = c$$
同理可得
$$b = d$$
所以四边形 $ABCD$ 是平行四边形
$$\angle A = \angle C, \angle B = \angle D$$
$$\angle A = \angle B = \angle C = \angle D = 90°$$
$$a\sin A = b\sin B = c\sin C = d\sin D$$
所以
$$a = b = c = d$$
综上所述,可知四边形 $ABCD$ 是正方形.

28. 如图 3.12,设斜边上的高 $CD = h$,则斜边 $AB = 4h$,又设 $BD = x$,则 $AD = 4h - x$.

由射影定理有
$$CD^2 = AD \cdot BD$$
$$h^2 = (4h - x) \cdot x$$
$$x^2 - 4hx + h^2 = 0$$
所以
$$x = (2 \pm \sqrt{3})h$$

图 3.12

又
$$\tan B = \frac{CD}{BD} = 2 \mp \sqrt{3}$$
故
$$B = 15° \text{ 或 } B = 75°$$
$$A = 75° \text{ 或 } A = 15°$$
即这个直角三角形的两个锐角分别为 $15°$ 和 $75°$.

29. 依余弦定理有
$$c^2 = a^2 + b^2 - 2ab\cos C =$$
$$[(m+n)(m-3n)]^2 + (4mn)^2 -$$
$$2(m+n)(m-3n) \cdot 4mn\cos\frac{2\pi}{3} =$$
$$(m+n)^2(m-3n)^2 + 4mn(m+n)(m-3n) + 16m^2n^2 =$$
$$(m+n)(m-3n)[(m+n)(m-3n) + 4mn] + 16m^2n^2 =$$
$$(m+n)(m-3n)(m-n)(m+3n) + 16m^2n^2 =$$
$$(m^2-n^2)(m^2-9n^2) + 16m^2n^2 =$$
$$m^4 + 6m^2n^2 + 9n^4 =$$
$$(m^2+3n^2)^2$$

所以
$$c = m^2 + 3n^2$$

30. 由面积公式 $\Delta = \frac{1}{2}ac\sin B$ 有
$$\frac{1}{2}ac\sin 60° = \sqrt{3}$$
$$ac = 4$$

①

又
$$b^2 = a^2 + c^2 - 2ac\cos 60° =$$
$$a^2 + c^2 - ac =$$
$$(a+c)^2 - 3ac$$

所以
$$(a+c)^2 = b^2 + 3ac = 4^2 + 3 \times 4 = 28$$
$$a + c = 2\sqrt{7} \qquad ②$$

由①,②得
$$a = \sqrt{7} + \sqrt{3}, c = \sqrt{7} - \sqrt{3}$$

或
$$a = \sqrt{7} - \sqrt{3}, c = \sqrt{7} + \sqrt{3}$$

31. 设三边 a,b,c 依次为 $n+1, n, n-1$,根据正弦定理有
$$\frac{n+1}{\sin A} = \frac{n}{\sin B} = \frac{n-1}{\sin C}$$
$$\frac{n+1}{\sin 2C} = \frac{n-1}{\sin C} = \frac{n}{\sin(180° - 3C)}$$

由 $\frac{n+1}{\sin 2C} = \frac{n-1}{\sin C}$ 得
$$\cos C = \frac{n+1}{2(n-1)} \qquad ①$$

由 $\frac{n-1}{\sin C} = \frac{n}{\sin 3C}$ 得
$$\sin^2 C = \frac{2n-3}{4(n-1)} \qquad ②$$

由①,②消去 C,得
$$\frac{2n-3}{4(n-1)} + \left(\frac{n+1}{2(n-1)}\right)^2 = 1$$

解之,得 $n=5$,(还有一个 $n=0$ 的解,不合题意,故舍去) 所以这个三角形三边之长依次为 $6,5,4$.

32. 设夹 $60°$ 角的两边为 a,b, $60°$ 角的对边为 c,则
$$c = \sqrt{a^2+b^2-2ab\cos C} = $$
$$\sqrt{a^2+b^2-ab} = $$
$$\sqrt{(a+b)^2-3ab}$$

由面积公式 $\Delta = \dfrac{1}{2}ab\sin 60° = 10\sqrt{3}$,得
$$ab = 40 \qquad\qquad ①$$
$$a+b+c = 20$$
即
$$a+b+\sqrt{(a+b)^2-3ab} = 20$$
$$\sqrt{(a+b)^2-120} = 20-(a+b)$$
$$(a+b)^2-120 = 400-40(a+b)+(a+b)^2$$
所以
$$a+b = 13 \qquad\qquad ②$$
由①,②得 $a=5, b=8$ 或 $a=8, b=5$. 从而
$$c = 20-(a+b) = 20-13 = 7$$
故所求的三边为 $8,5,7$ ($60°$ 角所对的边等于 7).

33. 设最长边、次长边、短边分别为 a,b,c,最长边与次长边的夹角为 θ,那么
$$\begin{cases} a+b = 12 & ① \\ \dfrac{1}{2}ab\sin\theta = 17\dfrac{1}{2}\sin\theta & ② \\ a^2 = b^2+c^2-2bc\cos 120° & ③ \end{cases}$$
由①,②得
$$a = 7, b = 5$$

将 $a=7, b=5$ 代入 ③,得
$$c=3 \text{ 或 } c=-8(\text{舍去})$$
故最长边为 7,次长边为 5,短边为 3.

34. 由 $\tan B=1, \tan C=2$,又在 $\triangle ABC$ 中有
$$\tan A+\tan B+\tan C=\tan A\tan B\tan C$$
所以
$$\tan A=3, \sin A=\frac{3}{\sqrt{10}}, \sin C=\frac{2}{\sqrt{5}}, \sin B=\frac{1}{\sqrt{2}}$$
根据正弦定理
$$a=\frac{b\sin A}{\sin B}=\frac{100\times\frac{3}{\sqrt{10}}}{\frac{1}{\sqrt{2}}}=60\sqrt{5}$$
所以
$$\text{面积}\Delta=\frac{1}{2}ab\sin C=$$
$$\frac{1}{2}\times 60\sqrt{5}\times 100\times\frac{2}{\sqrt{5}}=6\,000$$

35. 因为
$$BC\cdot AH=r(AB+BC+CA)=2\Delta$$
所以
$$14\cdot 12=4(AB+BC+CA)$$
$$AB+BC+CA=42$$
$$AB+CA=28$$
根据公式 $r=\sqrt{\dfrac{(s-a)(s-b)(s-c)}{s}}$ 得
$$\sqrt{\frac{(21-14)(21-AB)(21-CA)}{21}}=4$$

①

$$(21-AB)(21-CA)=48$$
$$21^2-21(AB+CA)+AB\cdot CA=48$$
$$21^2-21\cdot 28+AB\cdot CA=48$$

所以
$$AB\cdot CA=195 \qquad ②$$

由①,②得 $AB=13, CA=15$ 或 $AB=15, CA=13$.

36. 如图3.13,设 $AD=x, \angle BAD=\theta$,则
$$\angle CAD=45°-\theta$$
$$\tan\theta=\frac{2}{x}$$
$$\tan(45°-\theta)=\frac{3}{x}$$

由
$$\tan(45°-\theta)=\frac{1-\tan\theta}{1+\tan\theta}$$

得
$$\frac{3}{x}=\frac{1-\dfrac{2}{x}}{1+\dfrac{2}{x}}$$

$$x^2-5x-6=0$$
$$x=6 \text{ 或 } x=-1(\text{舍去})$$

即
$$AD=6(\text{cm})$$

$\triangle ABC$ 的面积 $=\dfrac{1}{2}\times 5\times 6=15(\text{cm}^2)$

37. 由已知条件有
$$B=60°, \tan B=\sqrt{3}$$

第 3 章 解三角形

因为 $\tan B$ 是方程的根,所以
$$(\sqrt{3})^3 - (3+2k)(\sqrt{3})^2 + (5+4k)\sqrt{3} - (3+2k) = 0$$
解之,得
$$k = \sqrt{3}$$
故原方程为
$$x^3 - (3+2\sqrt{3})x^2 + (5+4\sqrt{3})x - (3+2\sqrt{3}) = 0$$
因 $x = \sqrt{3}$ 是方程的一个根,以 $x - \sqrt{3}$ 除方程两边,得
$$x^2 - (3+\sqrt{3})x + (2+\sqrt{3}) = 0$$
解之,得
$$x = 1 \text{ 或 } x = 2+\sqrt{3}$$
所以
$$\tan A = 1, \tan C = 2+\sqrt{3}$$
$$A = 45°, C = 75°$$
又依正弦定理有
$$\frac{a}{\sin 45°} = \frac{b}{\sin 60°} = \frac{c}{\sin 75°}$$
即
$$\frac{a}{\sqrt{2}} = \frac{b}{\sqrt{3}} = \frac{2c}{\sqrt{6}+\sqrt{2}} \qquad ①$$
$$\frac{1}{2}ab\sin 75° = 2(3-\sqrt{3})$$
所以
$$ab = 8(2\sqrt{6}-3\sqrt{2}) \qquad ②$$
由 ①,② 可得
$$a = 2(\sqrt{6}-\sqrt{2}), b = 2(3-\sqrt{3})$$
将 a,b 之值代入 ①,得

三角解题引导

$$c = 2\sqrt{2}$$

即所求的三边

$$a = 2(\sqrt{6} - \sqrt{2}), b = 2(3 - \sqrt{3}), c = 2\sqrt{2}$$

三个角

$$A = 45°, B = 60°, C = 75°$$

38. 依题设有

$$B = \frac{\pi}{3}, b(a+c) = 2ac$$

依正弦定理,有

$$\sin\frac{\pi}{3}(\sin A + \sin C) = 2\sin A \sin C$$

$$\frac{\sqrt{3}}{2} \cdot 2\sin\frac{A+C}{2}\cos\frac{A-C}{2} = \cos(A-C) - \cos(A+C)$$

$$\sqrt{3}\sin\frac{\pi}{3}\cos\frac{A-C}{2} = 2\cos^2\frac{A-C}{2} - 1 - \cos\frac{2\pi}{3}$$

$$4\cos^2\frac{A-C}{2} - 3\cos\frac{A-C}{2} - 1 = 0$$

$$\cos\frac{A-C}{2} = 1 \text{ 或 } \cos\frac{A-C}{2} = -\frac{1}{4}(\text{舍去})$$

所以

$$A - C = 0, A = C = \frac{\pi}{3}$$

$$A = B = C = \frac{\pi}{3}$$

39. 设这个三角形三边从小到大依次为 $a - d, a,$ $a + d$,最大角为 α,面积为 Δ,则周长 $2s = 3a$,与它同周的等边三角形的边长为 a,面积为 $\frac{\sqrt{3}}{4}a^2$,依题意得

第 3 章　解三角形

$$\Delta : \frac{\sqrt{3}}{4}a^2 = 3:5$$

于是

$$\Delta = \frac{3\sqrt{3}}{20}a^2$$

又

$$\Delta = \sqrt{\frac{3}{2}a \cdot \left(\frac{1}{2}a + d\right) \cdot \frac{1}{2}a \cdot \left(\frac{1}{2}a - d\right)}$$

所以

$$\sqrt{\frac{3}{2}a \cdot \left(\frac{1}{2}a + d\right) \cdot \frac{1}{2}a \cdot \left(\frac{1}{2}a - d\right)} = \frac{3\sqrt{3}}{20}a^2$$

解之,得

$$d = \frac{2}{5}a$$

因此

$$(a - d) : a : (a + d) = \frac{3}{5}a : a : \frac{7}{5}a = 3:5:7$$

$$\cos \alpha = \frac{(a-d)^2 + a^2 - (a+d)^2}{2a(a-d)} =$$

$$\frac{a - 4d}{2(a - d)} =$$

$$\frac{a - 4 \cdot \frac{2}{5}a}{2\left(a - \frac{2}{5}a\right)} = -\frac{1}{2}$$

$$\alpha = 120°$$

即三边之比为 $3:5:7$,最大角为 $120°$.

40.(1)设 $b + c = 4x$,则

$$c + a = 5x, a + b = 6x$$

235

三角解题引导

从而
$$a = 3.5x, b = 2.5x, c = 1.5x$$
所以
$$\sin A : \sin B : \sin C = a : b : c =$$
$$3.5x : 2.5x : 1.5x = 7 : 5 : 3$$

(2) $a > b > c$,故 $A > B > C$,即 A 为最大角,有
$$\cos A = \frac{b^2 + c^2 - a^2}{2bc} =$$
$$\frac{(2.5x)^2 + (1.5x)^2 - (3.5x)^2}{2 \cdot (2.5x)(1.5x)} = -\frac{1}{2}$$

所以
$$A = \frac{2\pi}{3}$$

41. 如图 3.14,延长 GD 到 K,使 $DK = GD$,则
$$S_{\triangle CDK} = S_{\triangle CGD}$$
于是
$$S_{\triangle ABC} = 3S_{\triangle CGK}$$
根据重心定理知

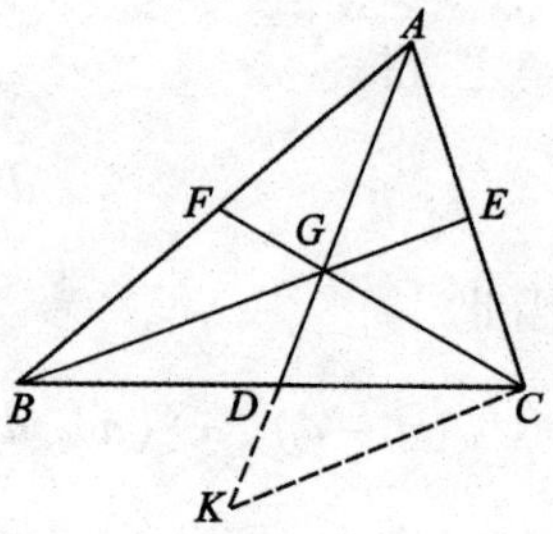

图 3.14

$$GK = AG = \frac{2}{3}m_a, KC = BG = \frac{2}{3}m_b, CG = \frac{2}{3}m_c$$

于是 $\triangle CGK$ 的半周长

$$s = \frac{1}{2}\left(\frac{2}{3}m_a + \frac{2}{3}m_b + \frac{2}{3}m_c\right) = \frac{1}{3}(m_a + m_b + m_c)$$

$$S_{\triangle CGK} = \sqrt{s\left(s - \frac{2}{3}m_a\right)\left(s - \frac{2}{3}m_b\right)\left(s - \frac{2}{3}m_c\right)} =$$

$$\frac{1}{9}\sqrt{(m_a + m_b + m_c)(m_a + m_b - m_c)} \cdot$$

$$\sqrt{(m_b + m_c - m_a)(m_c + m_a - m_b)}$$

所以

$$\Delta = \frac{1}{3}\sqrt{(m_a+m_b+m_c)(m_a+m_b-m_c)} \cdot \sqrt{(m_b+m_c-m_a)(m_c+m_a-m_b)}$$

42. 依题设有

$$BC = \sqrt{b^2+c^2-2bc\cos\alpha} = \sqrt{(b-c)^2+2bc(1-\cos\alpha)} = \sqrt{(b-c)^2+4bc\sin^2\frac{\alpha}{2}}$$

如图 3.15, 作 $AE \perp BC$, 则

$$\frac{1}{2}BC \cdot AE = \frac{1}{2}bc\sin\alpha$$

图 3.15

所以

$$AE = \frac{bc\sin\alpha}{BC} = \frac{bc\sin\alpha}{\sqrt{(b-c)^2+4bc\sin^2\frac{\alpha}{2}}}$$

$$GF:AE = GM:AM = 1:3$$

故

$$GF = \frac{bc\sin\alpha}{3\sqrt{(b-c)^2+4bc\sin^2\frac{\alpha}{2}}}$$

43. 如图 3.16, 设 $AB = a, BC = b$, 则

$$AC^2 = a^2+b^2-2ab\cos 120° = a^2+b^2+ab$$

$$BD^2 = a^2+b^2-2ab\cos 60° = a^2+b^2-ab$$

所以

三角解题引导

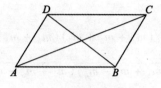

图 3.16

$$\frac{a^2+b^2+ab}{a^2+b^2-ab}=\frac{19}{7}$$

$$\frac{\left(\frac{a}{b}\right)^2+\frac{a}{b}+1}{\left(\frac{a}{b}\right)^2-\frac{a}{b}+1}=\frac{19}{7}$$

令 $\frac{a}{b}=k$,代入上式,得

$$\frac{k^2+k+1}{k^2-k+1}=\frac{19}{7}$$

$$19k^2-19k+19=7k^2+7k+7$$

$$6k^2-13k+6=0$$

$$k=\frac{3}{2} \text{ 或 } k=\frac{2}{3}$$

即这个平行四边形的两邻边之比为 3:2.

44. 如图 3.17,根据托勒米定理

$$AB \cdot CD + BC \cdot DA = AC \cdot BD$$

即

$$bd+ac=\sqrt{d^2-c^2}\cdot\sqrt{d^2-a^2}$$

两边平方,得

$$(bd+ac)^2=(d^2-c^2)(d^2-a^2)$$

$$d^4-(a^2+b^2+c^2)d^2-2abcd=0$$

但 $d \neq 0$,所以
$$d^3 - (a^2 + b^2 + c^2)d - 2abc = 0$$
即 $AB = d$ 是方程
$$x^3 - (a^2 + b^2 + c^2)x - 2abc = 0$$
的根.

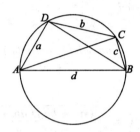

图 3.17

45. 如图 3.18,由例 10 知
$$\cos B = \frac{a^2 + b^2 - (c^2 + d^2)}{2(ab + cd)}$$

因为 $AC = y$,故有

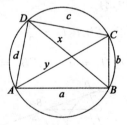

图 3.18

$$y^2 = a^2 + b^2 - 2ab\cos B =$$
$$a^2 + b^2 - 2ab \cdot \frac{a^2 + b^2 - (c^2 + d^2)}{2(ab + cd)} =$$

三角解题引导

$$\frac{(a^2+b^2)(ab+cd)-ab[a^2+b^2-(c^2+d^2)]}{ab+cd}=$$

$$\frac{(a^2+b^2)cd+ab(c^2+d^2)}{ab+cd}=$$

$$\frac{(ac+bd)(ad+bc)}{ab+cd}$$

所以

$$y=\frac{(ac+bd)(ad+bc)}{ab+cd}$$

同理可证

$$BD=x=\sqrt{\frac{(ac+bd)(ab+cd)}{ad+bc}}$$

x 也可由托勒米定理直接求出

$$x=\frac{ac+bd}{y}=(ac+bd)$$

$$\sqrt{\frac{ab+cd}{(ac+bd)(ad+bc)}}=\sqrt{\frac{(ac+bd)(ab+cd)}{ad+bc}}$$

46. 如图 3.19,有

$$\angle B_1B_2C=\frac{A}{2}$$

$$CB_2=O_1O_2=a+b, CB_1=a-b$$

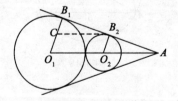

图 3.19

所以

$$B_1B_2 = \sqrt{CB_2^2 - CB_1^2} =$$

$$\sqrt{(a+b)^2 - (a-b)^2} = 2\sqrt{ab}$$

$$\sin\frac{A}{2} = \frac{a-b}{a+b}, \cos\frac{A}{2} = \frac{2\sqrt{ab}}{a+b}$$

$$\sin A = 2\sin\frac{A}{2}\cos\frac{A}{2} =$$

$$2 \cdot \frac{a-b}{a+b} \cdot \frac{2\sqrt{ab}}{a+b} = \frac{4(a-b)\sqrt{ab}}{(a+b)^2}$$

47. 如图 3.20,设 $\angle AOP = \beta, \angle BOP = \alpha(\alpha < \beta)$,⊙$O$ 的半径为 r,$OP = m$,作 $OM \perp AB$ 于 M,则

$$\angle AOM = \frac{1}{2}(\beta - \alpha), \angle POM = \frac{1}{2}(\alpha + \beta)$$

$$\tan\frac{\angle AOP}{2} \cdot \tan\frac{\angle BOP}{2} = \tan\frac{\alpha}{2}\tan\frac{\beta}{2} =$$

$$\frac{\sin\frac{\alpha}{2}\sin\frac{\beta}{2}}{\cos\frac{\alpha}{2}\cos\frac{\beta}{2}} = \frac{\cos\frac{\beta-\alpha}{2} - \cos\frac{\beta+\alpha}{2}}{\cos\frac{\beta-\alpha}{2} + \cos\frac{\beta+\alpha}{2}} =$$

$$\frac{\cos\angle AOM - \cos\angle POM}{\cos\angle AOM + \cos\angle POM} = \frac{\frac{OM}{r} - \frac{OM}{m}}{\frac{OM}{r} + \frac{OM}{m}} =$$

$$\frac{m-r}{m+r} = 定值$$

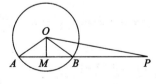

图 3.20

48. 如图 3.21，令 $\angle POA_1 = \theta$，则
$$PA_1^2 = 1^2 + 1^2 - 2\cos\theta = 2 - 2\cos\theta$$
$$PA_2^2 = 2 - 2\cos\left(\theta + \frac{2\pi}{n}\right)$$
$$\vdots$$
$$PA_n^2 = 2 - 2\cos\left(\theta + \frac{(n-1)2\pi}{n}\right)$$

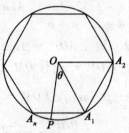

图 3.21

$$PA_1^2 + PA_2^2 + \cdots + PA_n^2 =$$
$$2n - 2\left[\cos\theta + \cos\left(\theta + \frac{2\pi}{n}\right) + \cdots + \cos\left(\theta + \frac{(n-1)2\pi}{n}\right)\right]$$

而

$$\cos\theta + \cos\left(\theta + \frac{2\pi}{n}\right) + \cdots + \cos\left[\theta + \frac{(n-1)2\pi}{n}\right] =$$
$$\frac{1}{2\sin\frac{\pi}{n}}\left\{2\sin\frac{\pi}{n}\cos\theta + 2\sin\frac{\pi}{n}\cos\left(\theta + \frac{2\pi}{n}\right) + \cdots + 2\sin\frac{\pi}{n}\cos\left[\theta + \frac{(n-1)2\pi}{n}\right]\right\} =$$

第 3 章　解三角形

$$\frac{1}{2\sin\frac{\pi}{n}}\left\{\sin\left(\theta+\frac{\pi}{n}\right)-\sin\left(\theta-\frac{\pi}{n}\right)+\sin\left(\theta-\frac{3\pi}{n}\right)-\right.$$

$$\sin\left(\theta+\frac{\pi}{n}\right)+\cdots+\sin\left[\theta+\frac{(2n-1)\pi}{n}\right]-$$

$$\left.\sin\left(\theta+\frac{(2n-3)\pi}{n}\right)\right\}=$$

$$\frac{1}{2\sin\frac{\pi}{n}}\left\{\sin\left[\theta+\frac{(2n-1)\pi}{n}\right]-\sin\left(\theta-\frac{\pi}{n}\right)\right\}=$$

$$\frac{1}{2\sin\frac{\pi}{n}}\cdot 2\cos\left[\theta+\frac{(n-1)\pi}{n}\right]\sin\pi=$$

0

所以

$$PA_1^2+PA_2^2+\cdots+PA_n^2=2n$$

49. 依题设有

$$\angle BOC=180°-B$$

$$\angle AOB=180°-A$$

$$\angle COA=180°-C$$

如图 3.22, 设 $OA=x, OB=y, OC=z$, 则

$$\frac{a}{\sin(180°-B)}=\frac{y}{\sin\gamma}$$

$$\frac{c}{\sin(180°-A)}=\frac{y}{\sin(A-\gamma)}$$

$$a=\frac{y\sin B}{\sin\gamma}, c=\frac{y\sin A}{\sin(A-\gamma)}$$

$$\frac{c}{a}=\frac{\sin\gamma\sin A}{\sin B\sin(A-\gamma)}$$

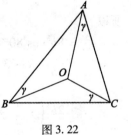

图 3.22

三角解题引导

但
$$\frac{c}{a} = \frac{\sin C}{\sin A}$$

所以
$$\frac{\sin \gamma \sin A}{\sin B \sin(A - \gamma)} = \frac{\sin C}{\sin A}$$

$$\sin \gamma \sin^2 A = \sin B \sin C \sin(A - \gamma) =$$
$$\sin B \sin C (\sin A \cos \gamma - \cos A \sin \gamma)$$

$$\sin^2 A = \sin B \sin C (\sin A \cot \gamma - \cos A) =$$

$$\cot \gamma = \cot A + \frac{\sin A}{\sin B \sin C} =$$

$$\cot A + \frac{\sin(B + C)}{\sin B \sin C} =$$

$$\cot A + \frac{\sin B \cos C + \cos B \sin C}{\sin B \sin C} =$$

$$\cot A + \cot B + \cot C$$

50. 如图 3.23，依题设有
$$a = 2b\cos 80°$$

所以
$$a^3 = 8b^3 \cos^3 80° =$$
$$8b^3 \cdot \frac{\cos 3 \cdot 80° + 3\cos 80°}{4} =$$
$$2b^3 \left(-\frac{1}{2} + 3\cos 80° \right) =$$
$$-b^3 + 6b^3 \cos 80° =$$
$$-b^3 + 3(2b\cos 80°) \cdot b^2 =$$
$$-b^3 + 3ab^2$$

即
$$a^3 + b^3 = 3ab^2$$

51. 如图 3.24，联结 EB, EC，则

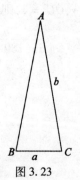

图 3.23

第3章 解三角形

△AEB 和 △AEC 都是直角三角形,且

$$\angle B = \angle AEC, \angle C = \angle AEB$$

$$\tan B = \tan\angle AEC = \frac{AC}{CE}$$

$$\tan C = \tan\angle AEB = \frac{AB}{BE}$$

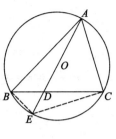

图 3.24

所以

$$\tan B \tan C = \frac{AC}{CE} \cdot \frac{AB}{BE} = \frac{AC}{BE} \cdot \frac{AB}{CE}$$

又由 △ACD ∽ △BED 和 △ABD ∽ △CED 有

$$\frac{AC}{BE} = \frac{AD}{BD}, \frac{AB}{CE} = \frac{BD}{DE}$$

于是

$$\tan B \tan C = \frac{AD}{BD} \cdot \frac{BD}{DE} = \frac{AD}{DE}$$

52.(1)如图 3.25,设 $PB = x$,点 P 到直线 l 的距离 $PD = h$,那么,在 △APB 中,$x = a\cos\theta$.

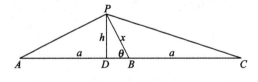

图 3.25

又在 △BPC 中,有

$$\frac{a}{\sin 45°} = \frac{x}{\sin(\theta - 45°)}$$

所以

$$\frac{a}{\sin 45°} = \frac{a\cos\theta}{\sin(\theta - 45°)}$$

$$\sin 45°\cos\theta = \sin(\theta - 45°)$$

$$\sin 45°\cos\theta = \sin\theta\cos 45° - \cos\theta\sin 45°$$

$$\cos\theta = \sin\theta - \cos\theta$$

$$\tan\theta = 2$$

因 θ 是锐角,故有 $\sin\theta = \frac{2}{\sqrt{5}}$, $\cos\theta = \frac{1}{\sqrt{5}}$.

(2) $PB = x = a\cos\theta = \frac{a}{\sqrt{5}}$.

(3) P 到直线 l 的距离 $h = x\sin\theta = \frac{a}{\sqrt{5}} \cdot \frac{2}{\sqrt{5}} = \frac{2}{5}a$.

53. 如图 3.26,由面积公式

$$\Delta = rs = \frac{1}{2}(a + b + c)r$$

及

$$\Delta = \frac{1}{2}BC \cdot AD = \frac{1}{2}a \cdot AD$$

有

$$a \cdot AD = (a + b + c)r$$

所以

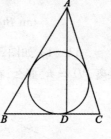

图 3.26

$$AD = \frac{r(a + b + c)}{a} =$$

$$\frac{r(\sin A + \sin B + \sin C)}{\sin A} =$$

$$\frac{r \cdot 4\cos\frac{A}{2}\cos\frac{B}{2}\cos\frac{C}{2}}{2\sin\frac{A}{2}\cos\frac{A}{2}} =$$

$$\dfrac{2r\cos\dfrac{B}{2}\cos\dfrac{C}{2}}{\sin\dfrac{A}{2}}$$

54. 如图 3.27,设梯形 $ABCD$ 的内切圆直径为 d,则

$$AD = \dfrac{d}{\sin\alpha}$$

$$BC = \dfrac{d}{\sin\beta}$$

$$AB + DC = AD + BC$$

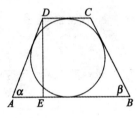

图 3.27

所以,梯形的面积

$$Q = \dfrac{1}{2}(AB + DC) \cdot DE =$$

$$\dfrac{1}{2}(AD + BC)d =$$

$$\dfrac{1}{2}\Big(\dfrac{d}{\sin\alpha} + \dfrac{d}{\sin\beta}\Big)d =$$

$$\dfrac{1}{2}d^2 \cdot \dfrac{\sin\alpha + \sin\beta}{\sin\alpha\sin\beta}$$

于是

$$d^2 = \dfrac{2Q\sin\alpha\sin\beta}{\sin\alpha + \sin\beta}$$

三角解题引导

圆的面积

$$A = \frac{1}{4}\pi d^2 = \frac{\pi Q \sin\alpha \sin\beta}{2(\sin\alpha + \sin\beta)}$$

55. 如图 3.28，由 $AM = MN = NB$ 有

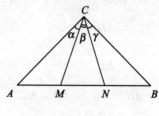

图 3.28

$$S_{\triangle ACM} = S_{\triangle MCN} = S_{\triangle NCB} = \frac{1}{3}S_{\triangle ABC}$$

又

$$S_{\triangle ACM} = \frac{1}{2}AC \cdot CM\sin\alpha$$

$$S_{\triangle MCN} = \frac{1}{2}CM \cdot CN\sin\beta$$

$$S_{\triangle NCB} = \frac{1}{2}CN \cdot BC\sin\gamma$$

$$S_{\triangle ABC} = \frac{1}{2}AC \cdot BC$$

所以

$$\sin\alpha = \frac{2S_{\triangle ACM}}{AC \cdot CM} = \frac{\frac{2}{3}S_{\triangle ABC}}{AC \cdot CM}$$

$$\sin\beta = \frac{\frac{2}{3}S_{\triangle ABC}}{CM \cdot CN}$$

$$\sin\gamma = \frac{\frac{2}{3}S_{\triangle ABC}}{CN \cdot BC}$$

$$\sin\alpha\sin\gamma = \frac{\frac{2}{3}S_{\triangle ABC}}{AC \cdot CM} \cdot \frac{\frac{2}{3}S_{\triangle ABC}}{CN \cdot BC} =$$

$$\frac{\frac{2}{3}S_{\triangle ABC}}{AC \cdot BC} \cdot \frac{\frac{2}{3}S_{\triangle ABC}}{CM \cdot CN} =$$

$$\frac{\frac{2}{3}S_{\triangle ABC}}{2S_{\triangle ABC}} \cdot \sin\beta =$$

$$\frac{1}{3}\sin\beta$$

即

$$3\sin\alpha\sin\gamma = \sin\beta$$

56. 如图 3.29, 作 $BE \perp AD$ 的延长线于 E, 作 $CF \perp AD$ 于 F, 则

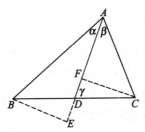

图 3.29

$$\cot\alpha = \frac{AE}{BE}, \cot\beta = \frac{AF}{CF}, \cot\gamma = \frac{DF}{CF}$$

由于 $\triangle BDE \cong \triangle CDF$, 故有

$$BE = CF, DE = DF$$

所以

$$\cot\alpha - \cot\beta = \frac{AE}{BE} - \frac{AF}{CF} = \frac{AE - AF}{CF} =$$

$$\frac{EF}{CF} = \frac{2DF}{CF} = 2\cot\gamma$$

57. 如图 3.30, 有

$$S_{\triangle OAC} = S_{\triangle OAB} + S_{\triangle OBC}$$

即

$$\frac{1}{2}OA \cdot OC\sin 120° =$$

$$\frac{1}{2}OA \cdot OB\sin 60° +$$

$$\frac{1}{2}OB \cdot OC\sin 60°$$

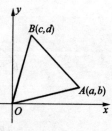

图 3.30

$$OA \cdot OC = OA \cdot OB + OB \cdot OC$$

两边同除以 $OA \cdot OB \cdot OC$, 得

$$\frac{1}{OB} = \frac{1}{OA} + \frac{1}{OC}$$

58. 如图 3.31, 不失一般性, 可设这个三角形的三个顶点为 $O(0,0), A(a,b), B(c,d)$, 且 a,b,c,d 都是整数(若不然, 可经过坐标轴的平移或图形的平移). 又设 $\angle XOA = \alpha$, 若 $\triangle OAB$ 是正三角形, 则

图 3.31

$$\cos\alpha = \frac{a}{\sqrt{a^2 + b^2}}$$

$$\sin\alpha = \frac{b}{\sqrt{a^2+b^2}}, \angle XOB = 60° + \alpha$$

从而

$$c = |OB|\cos(60°+\alpha) = |OA|\cos(60°+\alpha) =$$

$$\sqrt{a^2+b^2}(\cos 60°\cos\alpha - \sin 60°\sin\alpha) =$$

$$\sqrt{a^2+b^2}\left(\frac{1}{2}\cdot\frac{a}{\sqrt{a^2+b^2}} - \frac{\sqrt{3}}{2}\cdot\frac{b}{\sqrt{a^2+b^2}}\right) =$$

$$\frac{a-\sqrt{3}b}{2}$$

$$d = |OB|\sin(60°+\alpha) = \frac{\sqrt{3}a+b}{2}$$

而 c,d 都是整数,故必须 $a = b = 0$,所以坐标都是整数的三点,不能组成正三角形.

59. 设 △ABC 之三边分别为 a,b,c,周长为 $2s$,内切圆半径为 r,外接圆半径为 R,依题设有

$$2s = 2r + 2R$$

$$\frac{s}{R} = 1 + \frac{r}{R}$$

而 $\quad \frac{s}{R} = \frac{a+b+c}{2R} = \sin A + \sin B + \sin C$

根据习题 8.(3) 可知

$$1 + \frac{r}{R} = \cos A + \cos B + \cos C$$

于是

$$\sin A + \sin B + \sin C = \cos A + \cos B + \cos C$$

将上式两边平方

$$\sin^2 A + \sin^2 B + \sin^2 C + 2\sin A\sin B +$$
$$2\sin B\sin C + 2\sin C\sin A =$$

$$\cos^2 A + \cos^2 B + \cos^2 C + 2\cos A\cos B + 2\cos B\cos C + 2\cos C\cos A$$

化简

$$\cos^2 A - \sin^2 A + \cos^2 B - \sin^2 B + \cos^2 C - \sin^2 C = -2(\cos B\cos C - \sin B\sin C) - 2(\cos C\cos A - \sin C\sin A) - 2(\cos A\cos B - \sin A\sin B)$$

$$\cos 2A + \cos 2B + \cos 2C = -2\cos(B+C) - 2\cos(C+A) - 2\cos(A+B)$$

$$\cos 2A + \cos 2B + \cos 2C = 2\cos A + 2\cos B + 2\cos C$$

60. 如图 3.22,依题设有

$$\angle B = \angle C = 40°, \angle ABD = 20°$$

$$\angle BDC = 120°$$

$$AD = \frac{BD\sin 20°}{\sin 100°}$$

$$BD = \frac{BC\sin 40°}{\sin 120°}$$

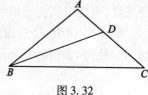

图 3.32

$$AD + BD = \frac{BD\sin 20°}{\sin 100°} + BD =$$

$$BD \cdot \frac{\sin 20° + \sin 100°}{\sin 100°} =$$

$$BC \cdot \frac{\sin 40°}{\sin 120°} \cdot \frac{\sin 20° + \sin 100°}{\sin 100°} =$$

$$BC \cdot \frac{\sin 40°}{\sin 60°} \cdot \frac{2\sin 60°\cos 40°}{\sin 80°} =$$

$$BC \cdot \frac{2\sin 40°\cos 40°}{\sin 80°} = BC$$

61. 如图 3.33,设 $\angle BAD = \alpha, \angle DAC = \beta$,则

$$\alpha - \beta = 60°$$

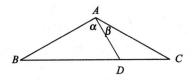

图 3.33

$$\angle B = \frac{1}{2}[180° - (\alpha+\beta)] = 90° - \frac{\alpha+\beta}{2}$$

$$\angle ADB = 180° - (\alpha + \angle B) =$$
$$180° - \left[\alpha + \left(90° - \frac{\alpha+\beta}{2}\right)\right] =$$
$$90° - \frac{\alpha - \beta}{2} = 90° - 30° = 60°$$

在 △ABD 中,依正弦定理有

$$\frac{1}{\sin B} = \frac{\sqrt{3}}{\sin 60°}, \sin B = \frac{1}{2}$$

而 ∠β 为锐角,故 ∠β = 30°,顶角
$$\angle A = \alpha + \beta = 120°$$

62. 如图 3.34,设 ∠XOM = α,∠MOY = β,则
$$\beta = 60° - \alpha$$

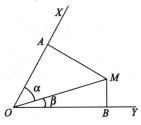

图 3.34

$$\sin\alpha = \frac{MA}{OM} = \frac{11}{OM}, \cos\alpha = \frac{\sqrt{OM^2 - 121}}{OM}$$

三角解题引导

$$\sin\beta = \frac{MB}{OM} = \frac{2}{OM}$$

$\sin\beta = \sin(60° - \alpha) = \sin 60°\cos\alpha - \cos 60°\sin\alpha$

所以

$$\frac{2}{OM} = \frac{\sqrt{3}}{2} \cdot \frac{\sqrt{OM^2 - 121}}{OM} - \frac{1}{2} \cdot \frac{11}{OM}$$

$$\frac{\sqrt{3}}{2} \cdot \sqrt{OM^2 - 121} = \frac{15}{2}$$

$$OM^2 = 196$$

$$OM = 14$$

63. 如图 3.35,设正方形的边长为 a,$\angle CBM = \alpha$,则

$$\angle ABN = \frac{90° - \alpha}{2} = 45° - \frac{\alpha}{2}$$

$$CM = a\tan\alpha$$

$$AN = a\tan\left(45° - \frac{\alpha}{2}\right)$$

$$BM = \frac{a}{\cos\alpha}$$

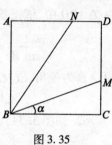

图 3.35

所以

$$CM + AN = a\left[\tan\alpha + \tan\left(45° - \frac{\alpha}{2}\right)\right] =$$

$$a\left[\frac{\sin\alpha}{\cos\alpha} + \frac{1 - \cos(90° - \alpha)}{\sin(90° - \alpha)}\right] =$$

$$a\left(\frac{\sin\alpha}{\cos\alpha} + \frac{1 - \sin\alpha}{\cos\alpha}\right) =$$

$$\frac{a}{\cos\alpha} = BM$$

64. 如图 3.36,设正方形 $ABCD$ 的边长为 a,作 $EF \perp AB$ 于 F,则

$$EF = \frac{a}{2}, \angle EAF = 75°$$

$$AF = EF\cot 75° =$$

$$\frac{a}{2}(2 - \sqrt{3}) =$$

$$a - \frac{\sqrt{3}}{2}a$$

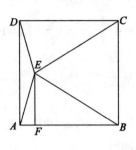

图 3.36

所以

$$BF = \frac{\sqrt{3}}{2}a, BE = a$$

同理可证

$$CE = a$$

故 △EBC 是等边三角形.

65. 设在 △ABC 中,有

$$A = 60°, BC = 1$$

$$\frac{AC}{\sin B} = \frac{AB}{\sin C} = \frac{1}{\sin 60°}$$

所以

$$AC + AB = \frac{2}{\sqrt{3}}(\sin B + \sin C) =$$

$$\frac{4}{\sqrt{3}}\sin\frac{B+C}{2}\cos\frac{B-C}{2} =$$

$$\frac{4}{\sqrt{3}}\sin\frac{120°}{2}\cos\frac{B-C}{2} =$$

$$\frac{4}{\sqrt{3}} \cdot \frac{\sqrt{3}}{2}\cos\frac{B-C}{2} \leqslant 2$$

66. 如图 3.37,在单位圆 O 内,任作一锐三角形 ABC,设 A,B,C 各角所对的边分别 a,b,c,

三角解题引导

$s = \frac{1}{2}(a+b+c)$，则有

$$A + B > 90°, A > 90° - B$$

从而

$$\cos A < \cos(90° - B) = \sin B$$

同理

$$\cos B < \sin C, \cos C < \sin A$$

所以

$$\cos A + \cos B + \cos C < \sin A + \sin B + \sin C =$$
$$\frac{a}{2} + \frac{b}{2} + \frac{c}{2} = s$$

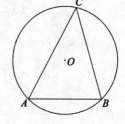

图 3.37

67. 依题设有

$$\frac{AB}{AC} = \frac{\sin C}{\sin B} = \frac{\sin 2B}{\sin B} = 2\cos B$$

由 C 是锐角知

$$B < 45°, \cos B > \frac{\sqrt{2}}{2}$$

又由 A 是锐角知

$$B + C > 90°, 3B > 90°, B > 30°$$

$$\cos B < \frac{\sqrt{3}}{2}$$

于是

$$\frac{\sqrt{2}}{2} < \cos B < \frac{\sqrt{3}}{2}$$

$$\sqrt{2} < 2\cos B < \sqrt{3}$$

所以

第3章 解三角形

$$\sqrt{2} < \frac{AB}{AC} < \sqrt{3}$$

68. 因这个不等式左边二次三项式的二次项的系数 $b^2 > 0$，判别式的值

$$(b^2 + c^2 - a^2)^2 - 4b^2c^2 =$$
$$(b^2 + c^2 - a^2 + 2bc)(b^2 + c^2 - a^2 - 2bc) =$$
$$[(b+c)^2 - a^2][(b-c)^2 - a^2] =$$
$$-(a+b+c)(b+c-a) \cdot$$
$$(c+a-b)(a+b-c)$$

由于 a,b,c 是三角形的三条边的长，所以

$$a+b+c > 0, b+c-a > 0$$
$$c+a-b > 0, a+b-c > 0$$

即这个不等式左边二次三项式的判别式的值小于零，故对于任何 x，都有

$$b^2x^2 + (b^2 + c^2 - a^2)x + c^2 > 0$$

69. 根据同一三角形内大边对大角的定理，可得

$$(\alpha - \beta)(a - b) + (\beta - \gamma) \cdot$$
$$(b - c) + (\gamma - \alpha)(c - a) \geq 0$$
$$3(\alpha a + \beta b + \gamma c) \geq (\alpha + \beta + \gamma)(a + b + c)$$

而
$$\alpha + \beta + \gamma = \pi$$

所以
$$\frac{\alpha a + \beta b + \gamma c}{a + b + c} \geq \frac{\pi}{3}$$

由于三角形两边之和大于第三边，且 α, β, γ 都大于零，所以

$$\alpha(b+c-a) + \beta(c+a-b) + \gamma(a+b-c) > 0$$
$$a(\beta + \gamma - \alpha) + b(\gamma + \alpha - \beta) + c(\alpha + \beta - \gamma) > 0$$
$$a(\pi - 2\alpha) + b(\pi - 2\beta) + c(\pi - 2\gamma) > 0$$

三角解题引导

$$\pi(a+b+c) > 2(\alpha a + \beta b + \gamma c)$$

$$\frac{\alpha a + \beta b + \gamma c}{a+b+c} < \frac{\pi}{2}$$

故有

$$\frac{\pi}{3} \leqslant \frac{\alpha a + \beta b + \gamma c}{a+b+c} < \frac{\pi}{2}$$

70. 如图 3.38，设 $\triangle ABC$ 的外接圆半径为 R，内切圆半径为 r，则

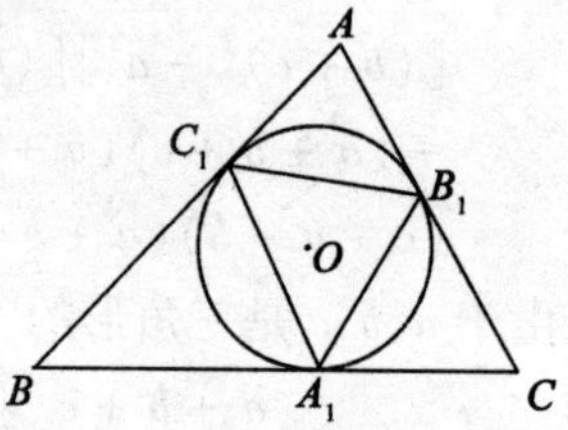

$a = 2R\sin A$
$b = 2R\sin B$
$c = 2R\sin C$
$a_1 = 2r\sin A_1 = 2r\sin\left(\frac{\pi}{2} - \frac{A}{2}\right) = 2r\cos\frac{A}{2}$

$b_1 = 2r\sin B_1 = 2r\sin\left(\frac{\pi}{2} - \frac{B}{2}\right) = 2r\cos\frac{B}{2}$

$c_1 = 2r\sin C_1 = 2r\sin\left(\frac{\pi}{2} - \frac{C}{2}\right) = 2r\cos\frac{C}{2}$

图 3.38

所以

$$\frac{a^2}{a_1^2} + \frac{b^2}{b_1^2} + \frac{c^2}{c_1^2} = \frac{4R^2\sin^2 A}{4r^2\cos^2\frac{A}{2}} + \frac{4R^2\sin^2 B}{4r^2\cos^2\frac{B}{2}} + \frac{4R^2\sin^2 C}{4r^2\cos^2\frac{C}{2}} = \frac{4R^2}{r^2}\left(\sin^2\frac{A}{2} + \sin^2\frac{B}{2} + \sin^2\frac{C}{2}\right)$$

由于

$$\sin^2\frac{A}{2} + \sin^2\frac{B}{2} + \sin^2\frac{C}{2} =$$

$$\frac{1-\cos A}{2} + \frac{1-\cos B}{2} + \frac{1-\cos C}{2} =$$

$$\frac{3}{2} - \frac{1}{2}(\cos A + \cos B + \cos C) \geqslant$$

$$\frac{3}{2} - \frac{1}{2} \times \frac{3}{2} = \frac{3}{4}$$

$$R \geqslant 2r$$

所以

$$\frac{a^2}{a_1^2} + \frac{b^2}{b_1^2} + \frac{c^2}{c_1^2} \geqslant 4 \times 2^2 \times \frac{3}{4} = 12$$

71. 依题设有

$$a^2 a_1^2 + b^2 b_1^2 + c^2 c_1^2 \geqslant$$

$$3\sqrt[3]{ab \cdot bc \cdot ca \cdot a_1 b_1 \cdot b_1 c_1 \cdot c_1 a_1} =$$

$$3\sqrt[3]{\frac{2\Delta}{\sin C} \cdot \frac{2\Delta}{\sin A} \cdot \frac{2\Delta}{\sin B} \cdot \frac{2\Delta_1}{\sin C_1} \cdot \frac{2\Delta_1}{\sin A_1} \cdot \frac{2\Delta_1}{\sin B_1}} =$$

$$12\Delta\Delta_1 \sqrt[3]{\frac{1}{\sin A \sin B \sin C} \cdot \frac{1}{\sin A_1 \sin B_1 \sin C_1}}$$

由于 A,B,C 及 A_1,B_1,C_1 分别是 $\triangle ABC$ 及 $\triangle A_1 B_1 C_1$ 的内角,故

$$\sin A \sin B \sin C \leqslant \frac{3\sqrt{3}}{8}$$

$$\sin A_1 \sin B_1 \sin C_1 = \frac{3\sqrt{3}}{8}$$

所以

$$a^2 a_1^2 + b^2 b_1^2 + c^2 c_1^2 \geqslant 12\Delta\Delta_1 \sqrt[3]{\frac{8}{3\sqrt{3}} \times \frac{8}{3\sqrt{3}}} = 16\Delta\Delta_1$$

三角解题引导

72. 由不等式

$$(x+y+z)^2 \geq 3(xy+yz+zx)$$

可得

$$\frac{1}{a}+\frac{1}{b}+\frac{1}{c} \geq \sqrt{3}\sqrt{\frac{1}{ab}+\frac{1}{bc}+\frac{1}{ca}} =$$

$$\sqrt{3}\cdot\sqrt{\frac{a+b+c}{abc}} =$$

$$\sqrt{3}\cdot\sqrt{\frac{2s}{abc}}$$

其中

$$s = \frac{1}{2}(a+b+c)$$

因为

$$R \geq 2r$$

所以

$$\sqrt{\frac{2s}{abc}} = \sqrt{\frac{2\cdot\frac{\Delta}{r}}{4R\Delta}} = \sqrt{\frac{1}{2Rr}} \geq \sqrt{\frac{1}{R^2}} = \frac{1}{R}$$

$$\frac{1}{a}+\frac{1}{b}+\frac{1}{c} \geq \sqrt{3}\cdot\sqrt{\frac{2s}{abc}} \geq \frac{\sqrt{3}}{R}$$

73. 如图 3.39，设 P,Q 分别取在 a,b 边上，且 $CP = x, CQ = y$，则有

$$\frac{1}{2}xy\sin C =$$

$$\frac{1}{2}\cdot\frac{1}{2}ab\sin C$$

$$xy = \frac{ab}{2}$$

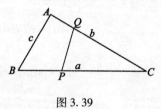

图 3.39

因为

$$PQ = \sqrt{x^2 + y^2 - 2xy\cos C} =$$
$$\sqrt{(x-y)^2 + 2xy(1-\cos C)} =$$
$$\sqrt{(x-y)^2 + ab(1-\cos C)}$$

所以,当 $x = y$ 时,PQ 最小. 这时

$$PQ = \sqrt{ab - ab\cos C} = \sqrt{ab - \frac{1}{2}(a^2 + b^2 - c^2)} =$$
$$\sqrt{\frac{1}{2}(c+a-b)(c-a+b)} =$$
$$\sqrt{2(s-a)(s-b)}$$

其中 $$s = \frac{1}{2}(a+b+c)$$

若 P,Q 分别取在 b,c 边上,则当 $AP = AQ$ 时,PQ 有最小值 $\sqrt{2(s-b)(s-c)}$,若 P,Q 分别取在 c,a 边上,则当 $BP = BQ$ 时,PQ 有最小值 $\sqrt{2(s-a)(s-c)}$.

但 $a > b > c$,因此 $\sqrt{2(s-a)(s-b)}$ 最小,即 P, Q 取在 a,b 边上,且 $CP = CQ$ 时,PQ 的长度最短.

因为此时

$$PQ = \sqrt{ab(1-\cos C)} = \sqrt{ab \cdot 2\sin^2 \frac{C}{2}} =$$
$$\sqrt{2ab}\sin\frac{C}{2}$$

$\triangle CPQ$ 是等腰三角形,故

$$CP = CQ = \frac{\frac{1}{2}PQ}{\sin\frac{C}{2}} = \frac{1}{2}\sqrt{2ab}$$

74. 如图 3.40,作圆锥的轴截面 ABC,则 $AS = h$,$\angle BAO = \beta$,$\angle BSO = \alpha$,$\angle ABS = \alpha - \beta$,在 $\triangle ABS$ 中,由正弦定理得

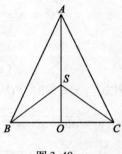

图 3.40

$$\frac{BS}{\sin \beta} = \frac{AS}{\sin(\alpha - \beta)}$$

$$BS = \frac{h\sin \beta}{\sin(\alpha - \beta)}$$

设圆锥底面半径为 r,则

$$r = OB = SB\sin \alpha = \frac{h\sin \alpha \sin \beta}{\sin(\alpha - \beta)}$$

所以,这两个圆锥侧面所夹的部分的体积

$$V = V_{圆锥ABC} - V_{圆锥SBC} =$$

$$\frac{1}{3}\pi r^2 \cdot AO - \frac{1}{3}\pi r^2 \cdot SO =$$

$$\frac{1}{3}\pi r^2 (AO - SO) =$$

$$\frac{1}{3}\pi r^2 h =$$

$$\frac{\pi h^3 \sin^2 \alpha \sin^2 \beta}{3\sin^2(\alpha - \beta)}$$

75. 如图 3.41,设圆锥的底面半径为 r,母线为 l,母线与底面的夹角为 α,则

$$r = R\cot \frac{\alpha}{2}, l = r\sec \alpha$$

$$S_{全} = \pi r(r + l) = \pi r^2(1 + \sec \alpha) =$$

$$\pi R^2 \cot^2 \frac{\alpha}{2} \cdot \frac{1 + \cos \alpha}{\cos \alpha} =$$

第 3 章 解三角形

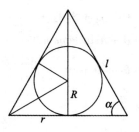

图 3.41

$$\pi R^2 \cot^2 \frac{\alpha}{2} \cdot \frac{2\cos^2 \frac{\alpha}{2}}{\cos^2 \frac{\alpha}{2} - \sin^2 \frac{\alpha}{2}} =$$

$$2\pi R^2 \cot^2 \frac{\alpha}{2} \cdot \frac{1}{1 - \tan^2 \frac{\alpha}{2}} =$$

$$2\pi R^2 \cdot \frac{1}{-\tan^4 \frac{\alpha}{2} + \tan^2 \frac{\alpha}{2}}$$

当 $\tan^2 \frac{\alpha}{2} = \frac{1}{2}$,即 $\tan \frac{\alpha}{2} = \frac{1}{\sqrt{2}}$ 时,$-\tan^4 \frac{\alpha}{2} + \tan^2 \frac{\alpha}{2}$ 有最大值,从而 $S_{\text{全}}$ 有最小值,亦即当 $r = R\cot \frac{\alpha}{2} = \sqrt{2} R$ 时,$S_{\text{全}}$ 有最小值.

76. 如图 3.42,有
$$AA_1 = OA\sin \theta = a\sin \theta$$
$$A_1A_2 = AA_1\cos \theta = a\sin \theta\cos \theta$$
$$A_2A_3 = A_1A_2\cos \theta = a\sin \theta\cos^2 \theta$$
$$\vdots$$

所以

$$AA_1 + A_1A_2 + A_2A_3 + \cdots =$$

$$a\sin\theta + a\sin\theta\cos\theta +$$

$$a\sin\theta\cos^2\theta + \cdots + \frac{a\sin\theta}{1-\cos\theta} =$$

$$a\cot\frac{\theta}{2}$$

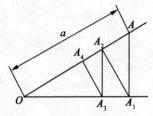

图 3.42

77. 如图 3.43,依题设,圆心 $O_1, O_2, O_3, \cdots$,均在 $\angle B$ 的平分线上. 设 $\odot O_n$ 的半径为 r_n,则

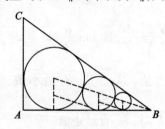

图 3.43

$$r_1 = \frac{1}{2}(AB + AC - BC) =$$

$$\frac{1}{2}(4 + 3 - 5) = 1$$

$$\sin\frac{B}{2} = \frac{r_n - r_{n+1}}{r_n + r_{n+1}}$$

由 $\tan\dfrac{B}{2} = \dfrac{1}{3}$ 可得 $\sin\dfrac{B}{2} = \dfrac{1}{\sqrt{10}}$，于是

$$\dfrac{r_n - r_{n+1}}{r_n + r_{n+1}} = \dfrac{1}{\sqrt{10}}$$

$$r_{n+1} = \dfrac{\sqrt{10} - 1}{\sqrt{10} + 1} r_n$$

即半径 $r_1, r_2, \cdots, r_n, \cdots$ 是首项为 1，公比为 $\dfrac{\sqrt{10} - 1}{\sqrt{10} + 1}$ 的无穷递缩等比数列，所以所求面积之和

$$S = \dfrac{\pi}{1 - \left(\dfrac{\sqrt{10} - 1}{\sqrt{10} + 1}\right)^2} = \dfrac{20 + 11\sqrt{10}}{40}\pi$$

反三角函数和三角方程

第 4 章

§1 概 述

由三角函数所确定的对应法则,是自变量允许值的集合(定义域)到函数值的集合(值域)的单值对应,而不是一一对应. 如 $y = \sin x$,当 $x = \dfrac{\pi}{6}$ 时,$y = \dfrac{1}{2}$;而当 $y = \dfrac{1}{2}$ 时,x 的值除 $\dfrac{\pi}{6}$ 之外,还有 $2\pi + \dfrac{\pi}{6}$,$-2\pi + \dfrac{\pi}{6}$,$4\pi + \dfrac{\pi}{6}$,$-4\pi + \dfrac{\pi}{6}$,…,$\pi - \dfrac{\pi}{6}$,$-\pi - \dfrac{\pi}{6}$,$3\pi - \dfrac{\pi}{6}$,$-3\pi - \dfrac{\pi}{6}$,…. 因此,三角函数在其定义域内不存在反函数. 但三角函数都有单调区间,以正弦函数 $y = \sin x$ 为例,它的单调区间是 $\left[-\dfrac{\pi}{2} + 2k\pi, \dfrac{\pi}{2} + 2k\pi\right]$ 及 $\left[\dfrac{\pi}{2} + 2k\pi, \dfrac{3\pi}{2} + 2k\pi\right]$($k$ 为整数). 在每

第4章 反三角函数和三角方程

一个单调区间上,它都有反函数. 我们把 $y = \sin x$ 在 $\left[-\dfrac{\pi}{2}, \dfrac{\pi}{2}\right]$ 上的反函数叫作反正弦函数,记作 $y = \arcsin x$. 类似地:

$y = \cos x$ 在 $[0, \pi]$ 上的反函数叫作反余弦函数,记作 $y = \arccos x$;

$y = \tan x$ 在 $\left(-\dfrac{\pi}{2}, \dfrac{\pi}{2}\right)$ 上的反函数叫作反正切函数,记作 $y = \arctan x$;

$y = \cot x$ 在 $(0, \pi)$ 上的反函数叫作反余切函数,记作 $y = \operatorname{arccot} x$.

学习反三角函数,一定要弄清楚它们的定义,例如对 $\arcsin x$ 应理解如下三点:

1. $\arcsin x$ 表示角(实数);

2. $\arcsin x \in \left[-\dfrac{\pi}{2}, \dfrac{\pi}{2}\right]$;

3. 这个角的正弦值等于 x,即 $\sin(\arcsin x) = x$.

但 $\arcsin \sin x$ 未必等于 x,只有在 $-\dfrac{\pi}{2} \leqslant x \leqslant \dfrac{\pi}{2}$ 时,才有 $\arcsin \sin x = x$ 成立. 例如

$$\arcsin \sin \dfrac{\pi}{6} = \arcsin \dfrac{1}{2} = \dfrac{\pi}{6}$$

$$\arcsin \sin \dfrac{5\pi}{6} = \arcsin \dfrac{1}{2} = \dfrac{\pi}{6} \neq \dfrac{5\pi}{6}$$

$$\arcsin \sin \dfrac{4\pi}{5} = \arcsin \sin \dfrac{\pi}{5} = \dfrac{\pi}{5}$$

反三角函数的基本性质如下表:

三角解题引导

函 数	定义域	值 域	增减性
$y = \arcsin x$	$-1 \leqslant x \leqslant 1$	$-\dfrac{\pi}{2} \leqslant y \leqslant \dfrac{\pi}{2}$	增函数
$y = \arccos x$	$-1 \leqslant x \leqslant 1$	$0 \leqslant y \leqslant \pi$	减函数
$y = \arctan x$	$-\infty < x < +\infty$	$-\dfrac{\pi}{2} < y < \dfrac{\pi}{2}$	增函数
$y = \mathrm{arccot}\, x$	$-\infty < x < +\infty$	$0 < y < \pi$	减函数

反三角函数的正负值关系
$$\arcsin(-x) = -\arcsin x$$
$$\arccos(-x) = \pi - \arccos x$$
$$\arctan(-x) = -\arctan x$$
$$\mathrm{arccot}(-x) = \pi - \mathrm{arccot}\, x$$

关于反三角函数的三角运算,主要公式有
$$\sin(\arcsin x) = x,\ \cos(\arcsin x) = \sqrt{1-x^2}$$
$$\cos(\arccos x) = x,\ \sin(\arccos x) = \sqrt{1-x^2}$$
$$\tan(\arctan x) = x,\ \cot(\arctan x) = \frac{1}{x}$$
$$\cot(\mathrm{arccot}\, x) = x,\ \tan(\mathrm{arccot}\, x) = \frac{1}{x}$$

其他的公式可由同角三角函数之间的关系得出,例如
$$\tan(\arcsin x) = \frac{\sin(\arcsin x)}{\cos(\arcsin x)} = \frac{x}{\sqrt{1-x^2}}$$
$$\sec(\arccos x) = \frac{1}{\cos(\arccos x)} = \frac{1}{x}$$

还可以得出
$$\sin(2\arcsin x) = 2\sin(\arcsin x)\cos(\arcsin x) = 2x\sqrt{1-x^2}$$

第4章 反三角函数和三角方程

$$\tan\left(\frac{1}{2}\arcsin x\right) = \frac{1-\cos(\arcsin x)}{\sin(\arcsin x)} = \frac{1-\sqrt{1-x^2}}{x}$$

等等.

反三角函数之间有如下的关系

$$\arcsin x + \arccos x = \frac{\pi}{2}$$

$$\arctan x + \text{arccot}\, x = \frac{\pi}{2}$$

凡未知数含在三角函数符号中的条件等式叫作三角方程. 而取代未知数后能满足方程的数叫作三角方程的解. 对于某一三角方程来说,方程的全体解叫作三角方程的通解.

解三角方程,常归结为解最简三角方程. 关于最简三角方程的求解,如下表:

方程	a 的值	方程的解
	$\|a\| < 1$	$x = k\pi + (-1)^k \arcsin a$
$\sin x = a$	$\|a\| = 1$	$x = 2k\pi + \arcsin a$
	$\|a\| > 1$	无解
	$\|a\| < 1$	$x = 2k\pi \pm \arccos a$
$\cos x = a$	$\|a\| = 1$	$x = 2k\pi + \arccos a$
	$\|a\| > 1$	无解
$\tan x = a$	$-\infty < a < +\infty$	$x = k\pi + \arctan a$
$\cot x = a$	$-\infty < a < +\infty$	$x = k\pi + \text{arccot}\, a$

一般可解的三角方程的解法,常分为两个类型:

(1) 利用函数值相同的两角间的关系,将三角方程转化为代数方程求解.

若 $\sin f(x) = \sin \phi(x)$，则 $f(x) = k\pi + (-1)^k \phi(x)$；

若 $\cos f(x) = \cos \phi(x)$，则 $f(x) = 2k\pi \pm \phi(x)$；

若 $\tan f(x) = \tan \phi(x)$ 或 $\cot f(x) = \cot \phi(x)$，则 $f(x) = k\pi + \phi(x)$.

（2）利用代数方法，将一般三角方程化为最简三角方程求解. 常见的有：

1）可化为同角同函数的三角方程；

2）一边可以分解，另一边为零的三角方程；

3）关于 $\sin x, \cos x$ 的齐次方程；

4）形如 $a \sin x + b \cos x = c$ 的三角方程.

一般三角方程，都可利用万能置换公式，化为代数方程. 但由于五次和五次以上的代数方程无一般解法，因此，有时这种有理置换失去实际意义.

在解三角方程时，还应注意增根和遗根的问题. 因为在方程变形的过程中，往往会扩大或缩小未知数的允许值范围，破坏方程的同解性. 所以解三角方程时，要注意可能产生增根和遗根.

本章例题，将涉及反三角函数运算、恒等式证明、级数求和、解三角方程、方程组及解三角不等式等.

§2 例 题

1. 求 $\cos\left(\arcsin \dfrac{3}{5} + 2\arccos \dfrac{5}{13} + \arccos \dfrac{4}{5}\right)$ 的值.

分析 括号内是用反三角函数表示的三个角的

第4章 反三角函数和三角方程

和,且其中有一个角是倍角,为便于使用和角公式,应将 $\arcsin\dfrac{3}{5} + \arccos\dfrac{4}{5}$ 视作一个角,$2\arccos\dfrac{5}{13}$ 也视作一个角.

解 依题设有

$$\cos\left(\arcsin\dfrac{3}{5} + 2\arccos\dfrac{5}{13} + \arccos\dfrac{4}{5}\right) =$$

$$\cos\left[\left(\arcsin\dfrac{3}{5} + \arccos\dfrac{4}{5}\right) + 2\arccos\dfrac{5}{13}\right] =$$

$$\cos\left(\arcsin\dfrac{3}{5} + \arccos\dfrac{4}{5}\right)\cos\left(2\arccos\dfrac{5}{13}\right) -$$

$$\sin\left(\arcsin\dfrac{3}{5} + \arccos\dfrac{4}{5}\right)\sin\left(2\arccos\dfrac{5}{13}\right)$$

而

$$\cos\left(\arcsin\dfrac{3}{5} + \arccos\dfrac{4}{5}\right) =$$

$$\cos\left(\arcsin\dfrac{3}{5}\right)\cos\left(\arccos\dfrac{4}{5}\right) -$$

$$\sin\left(\arcsin\dfrac{3}{5}\right)\sin\left(\arccos\dfrac{4}{5}\right) =$$

$$\dfrac{4}{5} \times \dfrac{4}{5} - \dfrac{3}{5} \times \dfrac{3}{5} = \dfrac{7}{25}$$

$$\cos\left(2\arccos\dfrac{5}{13}\right) = 2\cos^2\left(\arccos\dfrac{5}{13}\right) - 1 =$$

$$2 \times \left(\dfrac{5}{13}\right)^2 - 1 = -\dfrac{119}{169}$$

$$\sin\left(\arcsin\dfrac{3}{5} + \arccos\dfrac{4}{5}\right) =$$

$$\sin\left(\arcsin\dfrac{3}{5}\right)\cos\left(\arccos\dfrac{4}{5}\right) +$$

$$\cos\left(\arcsin\frac{3}{5}\right)\sin\left(\arccos\frac{4}{5}\right) =$$

$$\frac{3}{5}\times\frac{4}{5}+\frac{4}{5}\times\frac{3}{5}=\frac{24}{25}$$

$$\sin\left(2\arccos\frac{5}{13}\right)=2\sin\left(\arccos\frac{5}{13}\right)\cos\left(\arccos\frac{5}{13}\right)=$$

$$2\times\frac{12}{13}\times\frac{5}{13}=\frac{120}{169}$$

所以

$$原式 = \frac{7}{25}\times\left(-\frac{119}{169}\right)-\frac{24}{25}\times\frac{120}{169}=-\frac{3\,713}{4\,225}$$

2. 用反正弦表示 $\arcsin\frac{3}{5}+\arcsin\frac{15}{17}$.

分析 本题是将用反正弦表示的和角化为单角的问题. 一般用一组互逆运算处理（正弦、反正弦），这就要先求出它的正弦值和它所在的区间,但

$$0<\arcsin\frac{3}{5}<\frac{\pi}{2}, 0<\arcsin\frac{15}{17}<\frac{\pi}{2}$$

$$0<\arcsin\frac{3}{5}+\arcsin\frac{15}{17}<\pi$$

计算出 $\arcsin\frac{3}{5}+\arcsin\frac{15}{17}$ 的正弦值,我们不能断定这个角在 $\left(0,\frac{\pi}{2}\right)$,还是在 $\left(\frac{\pi}{2},\pi\right)$,故需转求这个角的余弦值.

解 由 $0<\arcsin\frac{3}{5}<\frac{\pi}{2}, 0<\arcsin\frac{15}{17}<\frac{\pi}{2}$,得

$$0<\arcsin\frac{3}{5}+\arcsin\frac{15}{17}<\pi$$

第4章 反三角函数和三角方程

又

$$\cos\left(\arcsin\frac{3}{5} + \arcsin\frac{15}{17}\right) =$$
$$\cos\left(\arcsin\frac{3}{5}\right)\cos\left(\arcsin\frac{15}{17}\right) -$$
$$\sin\left(\arcsin\frac{3}{5}\right)\sin\left(\arcsin\frac{15}{17}\right) =$$
$$\frac{4}{5} \times \frac{8}{17} - \frac{3}{5} \times \frac{15}{17} = -\frac{13}{85} < 0$$

所以

$$\frac{\pi}{2} < \arcsin\frac{3}{5} + \arcsin\frac{15}{17} < \pi$$
$$\sin\left(\arcsin\frac{3}{5} + \arcsin\frac{15}{17}\right) = \frac{84}{85}$$

于是

$$\arcsin\frac{3}{5} + \arcsin\frac{15}{17} = \pi - \arcsin\frac{84}{85}$$

3. 已知 $|x| \leq 1$，求证

$$\arcsin\cos\arcsin x + \arccos\sin\arccos x = \frac{\pi}{2}$$

分析 本题是要证用反三角函数表示的两个角的和等于 $\frac{\pi}{2}$，自然想到恒等式

$$\arcsin x + \arccos x = \frac{\pi}{2}(|x| \leq 1)$$

但 $|\sin x| \leq 1$，$|\cos x| \leq 1$，这就只需证明

$$\cos\arcsin x = \sin\arccos x$$

而上式可由 $\arcsin x + \arccos x = \frac{\pi}{2}$ 及余角公式得出，于是问题得证.

证 由 $|x|\leq 1$ 有

$$\arcsin x + \arccos x = \frac{\pi}{2}$$

$$\arcsin x = \frac{\pi}{2} - \arccos x$$

两边取余弦,有

$$\cos\arcsin x = \cos\left(\frac{\pi}{2} - \arccos x\right) = \sin\arccos x$$

$$|\cos\arcsin x| = |\sin\arccos x| \leq 1$$

所以

$$\arcsin\cos\arcsin x + \arccos\sin\arccos x = \frac{\pi}{2}$$

4. 设 $0 \leq x \leq 1$,试证

$$\cos(\arcsin x) < \arcsin(\cos x)$$

分析 要证 $\cos(\arcsin x) < \arcsin(\cos x)$,依概述,可化为求证代数不等式.

因为

$$左边 = \sqrt{1 - x^2}$$

$$右边 = \arcsin\left[\sin\left(\frac{\pi}{2} - x\right)\right] = \frac{\pi}{2} - x$$

于是原不等式化为

$$\sqrt{1 - x^2} < \frac{\pi}{2} - x$$

即

$$x + \sqrt{1 - x^2} < \frac{\pi}{2}$$

应用三角代换,令 $x = \sin\alpha$ (α 为锐角),则 $\sqrt{1 - x^2} = \cos\alpha$,不等式又化为

$$\sin\alpha + \cos\alpha < \frac{\pi}{2}$$

这在第 1 章例题 11 中已经证明,从而本题得证.

证 由 $0 \leqslant x \leqslant 1$,令 $x = \sin\alpha$(α 为锐角),则

$$\sqrt{1-x^2} = \cos\alpha$$

$$\sin\alpha + \cos\alpha = \sqrt{2}\sin\left(\alpha + \frac{\pi}{4}\right) \leqslant \sqrt{2} < \frac{\pi}{2}$$

即

$$x + \sqrt{1-x^2} < \frac{\pi}{2}$$

$$\sqrt{1-x^2} = \frac{\pi}{2} - x$$

但

$$\cos(\arcsin x) = \sqrt{1-x^2}$$

$$\arcsin(\cos x) = \arcsin\left[\sin\left(\frac{\pi}{2} - x\right)\right] = \frac{\pi}{2} - x$$

所以

$$\cos(\arcsin x) < \arcsin(\cos x)$$

5. 求下列无穷级数的和

$$\arctan\frac{3}{5} + \arctan\frac{5}{37} + \cdots +$$

$$\arctan\frac{2n+1}{n^4 + 2n^3 + n^2 + 1} + \cdots$$

分析 无穷级数求和,一般先求前 n 项的和 S_n,再取极限 $\lim\limits_{n\to\infty} S_n$. 本题也不例外.

求前 n 项的和,常利用等差级数、等比级数的求和公式及分项消项的方法. 本题采用分项消项法.

因为

三角解题引导

$$\arctan\frac{2n+1}{n^4+2n^3+n^2+1} = \arctan\frac{(n+1)^2-n^2}{1+n^2(n+1)^2} =$$
$$\arctan(n+1)^2 - \arctan n^2$$

能表示成两个角的差,于是 S_n 容易求出,无穷级数的和也随之求出.

解 根据题意,有
$$\arctan\frac{2n+1}{n^4+2n^3+n^2+1} =$$
$$\arctan\frac{(n+1)^2-n^2}{1+n^2(n+1)^2} =$$
$$\arctan(n+1)^2 - \arctan n^2$$

所以这个无穷级数前 n 项的和是
$$S_n = (\arctan 2^2 - \arctan 1^2) +$$
$$(\arctan 3^2 - \arctan 2^2) + \cdots +$$
$$[\arctan(n+1)^2 - \arctan n^2] =$$
$$\arctan(n+1)^2 - \arctan 1^2$$

它的和是
$$S = \lim_{n\to\infty} S_n = \lim_{n\to\infty}[\arctan(n+1)^2 - \arctan 1^2] =$$
$$\frac{\pi}{2} - \frac{\pi}{4} = \frac{\pi}{4}$$

6. 解方程 $\cos(\pi\sin x) = \sin(\pi\cos x)$.

分析 将方程两边统一为同名三角函数,便于求解.

解 原方程可化为
$$\sin(\pi\cos x) = \sin\left(\frac{\pi}{2} - \pi\sin x\right)$$

所以
$$\pi\cos x = 2k\pi + \frac{\pi}{2} - \pi\sin x$$

第4章　反三角函数和三角方程

或

$$\pi\cos x = (2k+1)\pi - \left(\frac{\pi}{2} - \pi\sin x\right)$$

即

$$\cos x + \sin x = 2k + \frac{1}{2}$$

或

$$\cos x - \sin x = 2k + \frac{1}{2} \quad (k\text{ 为整数})$$

于是

$$\cos\left(x \pm \frac{\pi}{4}\right) = \frac{4k+1}{2\sqrt{2}}$$

但

$$\left|\cos\left(x \pm \frac{\pi}{4}\right)\right| \leq 1$$

故

$$k = 0$$

$$\cos\left(x \pm \frac{\pi}{4}\right) = \frac{1}{2\sqrt{2}}$$

所以

$$x = 2n\pi \pm \arccos\frac{\sqrt{2}}{4} \pm \frac{\pi}{4} \quad (n\text{ 为整数})$$

7. 解方程

$$a\cos x + b\sin x = a\cos mx + b\sin mx$$
$$(a \neq 0, b \neq 0)$$

分析　根据本题特点,应考虑引入辅助角

$$\text{左边} = \sqrt{a^2 + b^2}\cos\left(x - \arctan\frac{b}{a}\right)$$

$$\text{右边} = \sqrt{a^2 + b^2}\cos\left(mx - \arctan\frac{b}{a}\right)$$

三角解题引导

于是原方程化为

$$\cos\left(x - \arctan\frac{b}{a}\right) = \cos\left(mx - \arctan\frac{b}{a}\right)$$

便于求解.

解 因为

$$a\cos x + b\sin x = \sqrt{a^2 + b^2}\cos\left(x - \arctan\frac{b}{a}\right)$$

$$a\cos mx + b\sin mx = \sqrt{a^2 + b^2}\cos\left(mx - \arctan\frac{b}{a}\right)$$

所以原方程可化为

$$\cos\left(x - \arctan\frac{b}{a}\right) = \cos\left(mx - \arctan\frac{b}{a}\right)$$

由此,得

$$mx - \arctan\frac{b}{a} = 2k\pi \pm \left(x - \arctan\frac{b}{a}\right) \quad (k\text{ 为整数})$$

当 $m \neq \pm 1$ 时,有

$$x = \frac{2}{m+1}\left(k\pi + \arctan\frac{b}{a}\right) \text{ 或 } x = \frac{2k\pi}{m-1}$$

当 $m = 1$ 时,则方程是恒等式,当 $m = -1$ 时,原方程变为 $b\sin x = -b\sin x$,其解是 $x = k\pi$.

8. 解方程

$$\sin x + \sin 2x + \sin 3x = 1 + \cos x + \cos 2x$$

分析 方程两边化为 x 的同名三角函数,比较麻烦.可考虑将两边分别变形

$$\text{左边} = 2\sin x \cos x(2\cos x + 1)$$
$$\text{右边} = \cos x(2\cos x + 1)$$

方程两边有公因式,于是原方程可变形为左边是 n 个因式的积,右边是零的形式.从而化为最简三角方程求解.

解 原方程可化为

$$2\sin x \cos x(2\cos x + 1) = \cos x(2\cos x + 1)$$
$$\cos x(2\cos x + 1)(2\sin x - 1) = 0$$
$$\cos x = 0 \text{ 或 } 2\cos x + 1 = 0 \text{ 或 } 2\sin x - 1 = 0$$

所以

$$x = k\pi + \frac{\pi}{2}, 2k\pi \pm \frac{2\pi}{3}, k\pi + (-1)^k \frac{\pi}{6} (k \text{ 为整数})$$

9. 解方程 $\sin^{10} x + \cos^{10} x = \frac{29}{16}\cos^4 2x$.

分析 方程左边 $\sin x$, $\cos x$ 的次数较高,应先降次,将原方程统一成 $2x$ 的三角函数或 $4x$ 的三角函数,便于求解.

解法一 原方程可化为

$$\left(\frac{1 - \cos 2x}{2}\right)^5 + \left(\frac{1 + \cos 2x}{2}\right)^5 = \frac{29}{16}\cos^4 2x$$
$$1 + 10\cos^2 2x + 5\cos^4 2x = 29\cos^4 2x$$
$$24\cos^4 2x - 10\cos^2 2x - 1 = 0$$
$$(12\cos^2 2x + 1)(2\cos^2 2x - 1) = 0$$

但 $12\cos^2 2x + 1 \neq 0$,所以

$$2\cos^2 2x - 1 = 0$$
$$\cos 2x = \pm \frac{\sqrt{2}}{2}$$

于是

$$2x = 2k\pi \pm \frac{\pi}{4}, 2k\pi \pm \frac{3\pi}{4}$$

即原方程的解是

$$x = k\pi \pm \frac{\pi}{8}, k\pi \pm \frac{3\pi}{8} (k \text{ 为整数})$$

解法二 原方程可化为

$$24\cos^4 2x - 10\cos^2 2x - 1 = 0$$

又可化为

$$24\left(\frac{1+\cos 4x}{2}\right)^2 - 10 \cdot \frac{1+\cos 4x}{2} - 1 = 0$$

即

$$6\cos^2 4x + 7\cos 4x = 0$$

$$\cos 4x(6\cos 4x + 7) = 0$$

但 $6\cos 4x + 7 \neq 0$,所以

$$\cos 4x = 0$$

$$4x = k\pi + \frac{\pi}{2}$$

$$x = \frac{k\pi}{4} + \frac{\pi}{8}(k \text{ 为整数})$$

10. 解方程

$$\sin^3 x - \sin^2 x\cos x - 3\sin x\cos^2 x + 3\cos^3 x = 0$$

分析 这是关于 $\sin x, \cos x$ 的齐次方程,因 $\cos x = 0$ 的解不是这个方程的解,两边同除以 $\cos x$,就化为关于 $\tan x$ 的代数方程.

解 因 $\cos x = 0$ 的解不是原方程的解,故将两边同除以 $\cos^3 x$,得

$$\tan^3 x - \tan^2 x - 3\tan x + 3 = 0$$

由此,将左边因式分解得

$$(\tan x - 1)(\tan^2 x - 3) = 0$$

$$\tan x = 1 \text{ 或 } \tan x = \pm\sqrt{3}$$

所以

$$x = k\pi + \frac{\pi}{4} \text{ 或 } x = k\pi \pm \frac{\pi}{3}(k \text{ 为整数})$$

注 下面的几个方程,表面上虽然不是齐次方程,但是利用 $\sin^2 x + \cos^2 x = 1$,可以将它们变成齐次

第4章 反三角函数和三角方程

方程.

(1) $a\sin^2 x + b\sin x \cos x + c\cos^2 x = d$;

(2) $a\sin^4 x + b\sin^3 x \cos x + c\cos^3 x \sin x = d$;

(3) $a\sin^2 x + b\sin 2x + c\cos 2x + d\cos^2 x = e$.

11. 解方程 $\sin x + \cos x + \sin x \cos x = 1$.

分析 因为 $\sin x + \cos x$, $\sin x - \cos x$, $\sin x \cdot \cos x$ 三式中,已知其中一个式子的值,其余两式的值可以求出,故本题中可引入辅助未知数;令 $t = \sin x + \cos x$ 或 $t = \sin x \cos x$.

解 令 $t = \sin x + \cos x$,则

$$\sin x \cos x = \frac{t^2 - 1}{2}$$

原方程变成

$$t^2 + 2t - 3 = 0$$

由此得

$$t = 1 \text{ 或 } t = -3$$

即

$$\sin x + \cos x = 1 \text{ 或 } \sin x + \cos x = -3$$

方程 $\sin x + \cos x = 1$ 的解是

$$x = k\pi - \frac{\pi}{4} + (-1)^k \frac{\pi}{4} (k \text{ 为整数})$$

方程 $\sin x + \cos x = -3$ 无解.

因此,原方程的解是

$$x = k\pi - \frac{\pi}{4} + (-1)^k \frac{\pi}{4}$$

12. 解方程 $\dfrac{1 + \tan x}{1 - \tan x} = 1 + \sin 2x$.

分析 如利用倍角公式 $\sin 2x = 2\sin x \cos x$,则

三角解题引导

原方程中含有 $\sin x, \cos x, \tan x$，不便求解．但利用 $\sin 2x = \dfrac{2\tan x}{1+\tan^2 x}$，原方程就化为 $\tan x$ 的有理方程，便于求解．这种有理置换，就是通常所说的万能置换．

解 因为 $\sin 2x = \dfrac{2\tan x}{1+\tan^2 x}$，故原方程可化为

$$\dfrac{1+\tan x}{1-\tan x} = 1 + \dfrac{2\tan x}{1+\tan^2 x}$$

$$\tan^2 x(1+\tan x) = 0$$

由此得

$$\tan x = 0 \text{ 或 } \tan x = -1$$

所以

$$x = k\pi \text{ 或 } x = k\pi - \dfrac{\pi}{4}(k \text{ 为整数})$$

13. 解方程

$$\theta = \arctan(2\tan^2\theta) - \dfrac{1}{2}\arcsin\dfrac{3\sin 2\theta}{5+4\cos 2\theta}$$

分析 未知数含在反三角函数符号里面的方程，一般将两边取同名三角函数，化为三角方程或代数方程求解．

本题两边取正切，则原方程化为关于 $\tan\theta$ 的方程．但右边比较复杂，为便于求解，先计算出右边两个角的正切．

解 设

$$\arctan(2\tan^2\theta) = \alpha, \quad \arcsin\dfrac{3\sin 2\theta}{5+4\cos 2\theta} = \beta$$

则

$$\tan\alpha = 2\tan^2\theta$$

第 4 章 反三角函数和三角方程

$$\sin\beta = \frac{3\sin 2\theta}{5 + 4\cos 2\theta} = \frac{6\sin\theta\cos\theta}{9\cos^2\theta + \sin^2\theta} = \frac{6\tan\theta}{9 + \tan^2\theta}$$

$$\cos\beta = \pm\sqrt{1 - \sin^2\beta} = \pm\sqrt{1 - \left(\frac{6\tan\theta}{9 + \tan^2\theta}\right)^2} =$$

$$\pm\frac{9 - \tan^2\theta}{9 + \tan^2\theta}$$

若 $\cos\beta = \dfrac{9 - \tan^2\theta}{9 + \tan^2\theta}$,因 $\theta = \alpha - \dfrac{\beta}{2}$,故 $\dfrac{\beta}{2} = \alpha - \theta$.

所以

$$\tan\frac{\beta}{2} = \frac{1 - \cos\beta}{\sin\beta} = \frac{2\tan^2\theta}{6\tan\theta} = \frac{\tan\theta}{3}$$

$$\tan\frac{\beta}{2} = \tan(\alpha - \theta) = \frac{\tan\alpha - \tan\theta}{1 + \tan\alpha\tan\theta} =$$

$$\frac{2\tan^2\theta - \tan\theta}{1 + 2\tan^3\theta}$$

即

$$\frac{\tan\theta}{3} = \frac{2\tan^2\theta - \tan\theta}{1 + 2\tan^3\theta}$$

$$\tan\theta(1 + 2\tan^2\theta - 6\tan\theta + 3) = 0$$

$$\tan\theta(\tan\theta - 1)^2(\tan\theta + 2) = 0$$

于是有

$$\tan\theta = 0 \text{ 或 } \tan\theta - 1 = 0 \text{ 或 } \tan\theta + 2 = 0$$

所以

$$\theta = k\pi,\ k\pi + \frac{\pi}{4},\ k\pi + \arctan(-2)\ (k\text{ 为整数})$$

若 $\cos\beta = -\dfrac{9 - \tan^2\theta}{9 + \tan^2\theta}$,则 $\tan\dfrac{\beta}{2} = \dfrac{3}{\tan\theta}$,于是有

$$\frac{3}{\tan\theta} = \frac{2\tan^2\theta - \tan\theta}{1 + 2\tan^3\theta}$$

三角解题引导

$$3 + 6\tan^3\theta = 2\tan^3\theta - \tan^2\theta$$
$$4\tan^3\theta + \tan^2\theta + 3 = 0$$
$$(\tan\theta + 1)(4\tan^2\theta - 3\tan\theta + 3) = 0$$

因
$$4\tan^2\theta - 3\tan\theta + 3 \neq 0$$

故
$$\tan\theta + 1 = 0$$

所以
$$\theta = k\pi - \frac{\pi}{4}$$

即原方程的解是
$$\theta = k\pi, k\pi \pm \frac{\pi}{4}, k\pi + \arctan(-2)$$

14. 解方程组
$$\begin{cases} \sin x + \sin y = \dfrac{\sqrt{3}}{2} & \text{①} \\ \cos x + \cos y = \dfrac{1}{2} & \text{②} \end{cases}$$

分析 三角方程组的复杂性在于既含未知数多,且未知数常含在非同名三角函数之中.其一般解法不外是消去未知数或统一成同名三角函数.根据本题特点,采用和差化积的方法,可求出 $\tan\dfrac{x+y}{2}$ 的值,从而求出 $x+y$ 的值.再用代入法,分别求出 x,y 的值.

解 由①,②分别得
$$2\sin\dfrac{x+y}{2}\cos\dfrac{x-y}{2} = \dfrac{\sqrt{3}}{2} \qquad ③$$
$$2\cos\dfrac{x+y}{2}\cos\dfrac{x-y}{2} = \dfrac{1}{2} \qquad ④$$

③÷④,得
$$\tan\frac{x+y}{2} = \sqrt{3}$$
所以
$$\frac{x+y}{2} = k\pi + \frac{\pi}{3}(k \text{ 为整数})$$
$$x + y = 2k\pi + \frac{2\pi}{3} \qquad ⑤$$
由⑤,得
$$y = 2k\pi + \frac{2\pi}{3} - x \qquad ⑥$$
代入②,并化简得
$$\cos\left(x - \frac{\pi}{3}\right) = \frac{1}{2}$$
所以
$$x - \frac{\pi}{3} = 2n\pi \pm \frac{\pi}{3}(n \text{ 为整数})$$
即
$$x = 2n\pi \text{ 或 } x = 2n\pi + \frac{2\pi}{3}$$

将 x 之值代入⑥,得
$$y = 2(k-n)\pi + \frac{2\pi}{3} \text{ 或 } y = 2(k-n)\pi$$

因 k,n 都是整数,故 $k-n$ 也是整数,令 $k-n=m$,则得原方程组的解是

$$\begin{cases} x = 2n\pi \\ y = 2m\pi + \frac{2\pi}{3} \end{cases} \text{或} \begin{cases} x = 2n\pi + \frac{2\pi}{3} \\ y = 2m\pi \end{cases}$$

§3 习题

1. 求下列函数的定义域和值域:

(1) $y = \arcsin\dfrac{2x-1}{3x-2}$;

(2) $y = \lg \arctan x$;

(3) $y = 1 - 2\arccos\dfrac{1-x^2}{1+x^2}$;

(4) $y = \dfrac{1}{3}\arccos(\csc x)$.

2. a 为何值时, $\arccos a - \arccos(-a) \gtreqless 0$.

3. 计算下列各式的值:

(1) $\arcsin\left(\sin\dfrac{7\pi}{4}\right)$;

(2) $\arccos\left[\cos\left(-\dfrac{2\pi}{3}\right)\right]$;

(3) $\arctan x + \arctan\dfrac{1-x}{1+x}$ $(x < -1)$;

(4) $\sin(2\arctan\dfrac{1}{3}) + \cos(\arctan 2\sqrt{3})$;

(5) $\tan\dfrac{1}{2}\left(\arcsin\dfrac{3}{5} - \arccos\dfrac{63}{65}\right)$;

(6) $\sec\{2\arcsin[\tan(\arccot x)]\}$.

4. 用反三角函数表示角:

(1) 用反余弦表示 $2\arcsin\left(-\dfrac{5}{13}\right)$;

(2) 用反正切表示 $\arccos\left(-\dfrac{3}{7}\right)$;

第4章 反三角函数和三角方程

(3) 用反余弦表示 $\arctan(-2) + \arctan\left(-\dfrac{1}{2}\right)$；

(4) 用反正切及反余切表示 $2\operatorname{arccot}(-2)$．

5. 求证：$\arcsin\dfrac{\sqrt{2}}{2} + \arctan\dfrac{\sqrt{2}}{2} = \arctan(\sqrt{2}+1)^2$．

6. 求证
$$\arctan\dfrac{1}{3} + \arctan\dfrac{1}{5} + \arctan\dfrac{1}{7} + \arctan\dfrac{1}{8} = \dfrac{\pi}{4}$$

7. 求证：$\arcsin\dfrac{4}{5} + \arcsin\dfrac{5}{13} + \arcsin\dfrac{16}{65} = \dfrac{\pi}{2}$．

8. 求证
$$\tan\left(\dfrac{\pi}{4} + \dfrac{1}{2}\arccos\dfrac{a}{b}\right) + \tan\left(\dfrac{\pi}{4} - \dfrac{1}{2}\arccos\dfrac{a}{b}\right) = \dfrac{2b}{a}$$

9. 求证
$$\arctan x + \arctan y = \arctan\dfrac{x+y}{1-xy} \quad (xy < 0)$$

10. 设
$$\arctan\sqrt{\dfrac{a-b}{b+x}} + \arctan\sqrt{\dfrac{a-b}{b+y}} + \arctan\sqrt{\dfrac{a-b}{b+z}} = 0$$
求证
$$\begin{vmatrix} 1 & x & (a+x)\sqrt{b+x} \\ 1 & y & (a+y)\sqrt{b+y} \\ 1 & z & (a+z)\sqrt{b+z} \end{vmatrix} = 0.$$

11. 设 $\arccos x + \arccos y + \arccos z = \pi$，求证
$$x^2 + y^2 + z^2 + 2xyz = 1$$

12. 解方程：

(1) $2\arctan(\cos x) = \arctan(2\csc x)$；

(2) $\arctan\dfrac{1}{x} + \arctan\dfrac{1}{x+2} + \arctan\dfrac{1}{6x+1} = \dfrac{\pi}{4}$；

三角解题引导

(3) $\arcsin \dfrac{2}{3\sqrt{x}} - \arcsin \sqrt{1-x} = \arcsin \dfrac{1}{3}$；

(4) $\arcsin ax + \arcsin bx + \arcsin cx = \pi$（$a,b,c$ 均不为零）；

(5) $m\arcsin x + n\arccos x = p(m \neq n)$.

13. 解不等式

(1) $\arccos x > \arccos x^2$；

(2) $\arcsin x < \arcsin(1-x)$.

14. 若 $a_1, a_2, \cdots, a_n$ 都是正数，试求

$$\arctan \dfrac{a_1 - a_2}{1 + a_1 a_2} + \arctan \dfrac{a_2 - a_3}{1 + a_2 a_3} + \cdots + \arctan \dfrac{a_{n-1} - a_n}{1 + a_{n-1} a_n}$$

之值.

15. 试证当 $n \to \infty$ 时，有

$$\arcsin \dfrac{\sqrt{3}}{2} + \arcsin \dfrac{\sqrt{8} - \sqrt{3}}{6} + \arcsin \dfrac{\sqrt{15} - \sqrt{8}}{12} + \cdots + \arcsin \left[\dfrac{\sqrt{(n+1)^2 - 1} - \sqrt{n^2 - 1}}{n^2 + n} \right] = \dfrac{\pi}{2}$$

16. 解下列三角方程：

(1) $\sin x \sin 7x = \sin 3x \sin 5x$；

(2) $\sin 2x \sin 5x + \sin 4x \sin 11x + \sin 9x \cdot \sin 24x = 0$；

(3) $\tan(\pi \cos \theta) = \cot(\pi \sin \theta)$；

(4) $4\tan \dfrac{x}{2} + 2\tan \dfrac{x}{4} + 8\cot x = \tan \dfrac{x}{12} - \tan \dfrac{x}{8}$；

(5) $\sin^3 x \cos 3x + \cos^3 x \sin 3x = \dfrac{3}{8}$；

第4章 反三角函数和三角方程

(6) $\tan x + \tan\left(x + \dfrac{\pi}{3}\right) + \tan\left(x + \dfrac{2\pi}{3}\right) = 3$;

(7) $3 - 7\cos^2 x \sin x - 3\sin^3 x = 0$;

(8) $\sin^4 x + \cos^4 x - 2\sin 2x + \dfrac{3}{4}\sin^2 2x = 0$;

(9) $a\sin x = b\cos \dfrac{x}{2}$ ($a \neq 0$);

(10) $\sin^3 \theta + \cos \theta = \sin \theta + \cos^3 \theta$;

(11) $\cos^2 x + \cos^2 2x + \cos^2 3x = 1$;

(12) $\tan^2 x = \dfrac{1 - \cos x}{1 - \sin x}$;

(13) $2\sin x + 3\cot x = 3 + 2\cos x$;

(14) $\dfrac{1}{2}\sin 2x = \cos 2x - \sin^2 x + 1$;

(15) $6\sin^2 x + 3\sin x\cos x - 5\cos^2 x = 2$;

(16) $\sin x + 7\cos x = 5$;

(17) $8\cos x = \dfrac{\sqrt{3}}{\sin x} + \dfrac{1}{\cos x}$;

(18) $\sin^5 x - \cos^5 x = \dfrac{1}{\cos x} - \dfrac{1}{\sin x}$;

(19) $\left(\dfrac{\sin x}{2}\right)^{2\csc^2 x} = \dfrac{1}{4}$;

(20) $\log_{\cos x}\sin x + \log_{\sin x}\cos x - 2 = 0$;

(21) $\cos^n x - \sin^n x = 1$（n 为自然数）;

(22) $\sin^n x + \dfrac{1}{\cos^m x} = \cos^n x + \dfrac{1}{\sin^m x}$（$m, n$ 为正奇数）;

(23) $\left(\sin \dfrac{\pi}{36}\right)^{\lg(1+\sin x) - 4\lg \cos x + \lg(1-\sin x)} = 4\sin^2 \dfrac{19\pi}{6}$;

三角解题引导

(24) $2^{\sqrt{6}\tan 2\theta \cos 3\theta - 3\sqrt{2}\cos 3\theta + \sqrt{3}\tan 2\theta} = \left(\sin\dfrac{29\pi}{6}\right)^{-3}$

$(0 < \theta < 2\pi)$.

17. 设 a, b 都是实数,求满足方程
$$\dfrac{a\sin x + b}{b\cos x + a} = \dfrac{a\cos x + b}{b\sin x + a}$$
的实数 x.

18. 求 $x^2 - 2x\sin\dfrac{\pi x}{2} + 1 = 0$ 的所有实根.

19. 设 $\cos x \cos y + 1 = 0$,求 x, y.

20. 设 $1 + \sin x + \cos x + \sin 2x + \cos 2x = 0$,求 $\tan 2x$.

21. 设 $0 \leqslant x \leqslant \pi$,且 $\sin\dfrac{x}{2} = \sqrt{1 + \sin x} - \sqrt{1 - \sin x}$,求 $\tan x$ 的一切可能值.

22. 求 $\tan\left[5\pi\left(\dfrac{1}{2}\right)^x\right] = 1$ 的正根.

23. 设 $4\sin^2\alpha - 7\sin\alpha\cos\alpha + 2 = 0$. 求 $1 + \tan\alpha + \tan^2\alpha + \tan^3\alpha + \cdots$ 的和.

24. 设四个正数 a, b, m, n 成递增等差数列,试解方程
$$\sin ax \sin bx = \sin mx \sin nx$$

25. 不查表,求出 $-\dfrac{7}{4} < x < -\dfrac{1}{2}$ 之间满足下式的所有 x 的值
$$\log_{\frac{1}{2}}\left(\cos x + \sin 6x + \dfrac{\sqrt{3}}{3}\right) =$$
$$\log_{\frac{1}{2}}\left(\cos 3x + \sin 8x + \dfrac{\sqrt{3}}{3}\right)$$

26. 解方程组：

(1) $\begin{cases} x + y = \dfrac{5\pi}{6} & ① \\ \cos^2 x + \cos^2 y = \dfrac{1}{4} & ② \end{cases}$；

(2) $\begin{cases} \tan x = \tan^3 y & ① \\ \sin x = \cos 2y & ② \end{cases}$；

(3) $\cos(\pi xy) = \log_5(x^2 + y^2) = 1$；

(4) $\begin{cases} 2^{\sin x + \cos y} = 1 \\ 16^{\sin 2x + \cos 2y} = 4 \end{cases}$；

(5) $\begin{cases} x + y + z = \pi & ① \\ \tan x = \dfrac{\tan y}{2} = \dfrac{\tan z}{3} & ② \end{cases}$.

27. 消去下面方程组中的 x, y

$\begin{cases} m\sin x\cos y = a & ① \\ n\sin x\sin y = b & ② \\ l\cos x = c & ③ \end{cases}$

28. 解不等式：

(1) $\sin x + \cos 2x > 1$；

(2) $\sin x > \cos^2 x$；

(3) $\tan x > \cos x$；

(4) $\cos^3 x \cos 3x - \sin^3 x \sin 3x > \dfrac{5}{8}$.

29. 方程 $x^2 - (\sqrt{8}\sin\theta)x + 3\sin\theta - 1 = 0$ (1) 有不等实数根；(2) 有相等实数根，分别求出 θ 的值.

30. 求出在 $0 \leqslant x \leqslant 2\pi$ 内且满足下列条件的实数 x

$2\cos x \leqslant |\sqrt{1 + \sin 2x} - \sqrt{1 - \sin 2x}| \leqslant \sqrt{2}$

§4 习题解答

1. (1) $x \geq 1$ 或 $x \leq \dfrac{3}{5}$,$-\dfrac{\pi}{2} \leq y \leq \dfrac{\pi}{2}$;

(2) $x > 0$,$-\infty < y < \lg \dfrac{\pi}{2}$;

(3) $-\infty < x < +\infty$,$1-2\pi \leq y \leq 1$;

(4) $x = k\pi + \dfrac{\pi}{2}$($k$ 为整数),$y = 0, \dfrac{\pi}{3}$.

2. $\arccos a - \arccos(-a) = \arccos a - (\pi - \arccos a) = 2\arccos a - \pi.$

若 $\arccos a - \arccos(-a) \gtreqless 0$,则

$$\arccos a \gtreqless \dfrac{\pi}{2}$$

于是

$$a \lesseqgtr 0$$

3. (1) $\arcsin \sin \dfrac{7\pi}{4} = \arcsin\left(-\sin \dfrac{\pi}{4}\right) = -\arcsin \sin \dfrac{\pi}{4} = -\dfrac{\pi}{4}$;

(2) $\arccos\left[\cos\left(-\dfrac{2\pi}{3}\right)\right] = \arccos \cos \dfrac{2\pi}{3} = \dfrac{2\pi}{3}$;

(3) 因为

$$\tan\left(\arctan x + \arctan \dfrac{1-x}{1+x}\right) = \dfrac{x + \dfrac{1-x}{1+x}}{1 - x \cdot \dfrac{1-x}{1+x}} = 1$$

又由 $x < -1$ 有

第4章 反三角函数和三角方程

$$-\frac{\pi}{2} < \arctan x < 0, \ -\frac{\pi}{2} < \arctan \frac{1-x}{1+x} < 0$$

所以

$$-\pi < \arctan x + \arctan \frac{1-x}{1+x} < 0$$

所以

$$\arctan x + \arctan \frac{1-x}{1+x} = -\frac{3\pi}{4}$$

(4) $\sin\left(2\arctan \frac{1}{3}\right) + \cos(\arctan 2\sqrt{3}) =$

$$\frac{2\tan\left(\arctan \frac{1}{3}\right)}{1 + \tan^2\left(\arctan \frac{1}{3}\right)} + \frac{1}{\sqrt{1 + \tan^2(\arctan 2\sqrt{3})}} =$$

$$\frac{2 \times \frac{1}{3}}{1 + \left(\frac{1}{3}\right)^2} + \frac{1}{\sqrt{1 + (2\sqrt{3})^2}} =$$

$$\frac{3}{5} + \frac{1}{\sqrt{13}} =$$

$$\frac{39 + 5\sqrt{13}}{65}$$

(5) $\tan \frac{1}{2}\left(\arcsin \frac{3}{5} - \arccos \frac{63}{65}\right) =$

$$\frac{1 - \cos\left(\arcsin \frac{3}{5} - \arccos \frac{63}{65}\right)}{\sin\left(\arcsin \frac{3}{5} - \arccos \frac{63}{65}\right)} =$$

$$\frac{1 - \left(\frac{4}{5} \times \frac{63}{65} + \frac{3}{5} \times \frac{16}{65}\right)}{\frac{3}{5} \times \frac{63}{65} - \frac{4}{5} \times \frac{16}{65}} =$$

三角解题引导

$$\frac{1}{5}$$

(6) $\sec\{2\arcsin[\tan(\text{arccot } x)]\} =$

$$\sec\left(2\arcsin\frac{1}{x}\right) =$$

$$\frac{1}{1 - 2\sin^2\left(\arcsin\frac{1}{x}\right)} =$$

$$\frac{1}{1 - \frac{2}{x^2}} = \frac{x^2}{x^2 - 2}$$

4. (1) 因为

$$\cos\left[2\arcsin\left(-\frac{5}{13}\right)\right] =$$

$$1 - 2\sin^2\left[\arcsin\left(-\frac{5}{13}\right)\right] = \frac{119}{169} > 0$$

$$-\frac{\pi}{2} < \arcsin\left(-\frac{5}{13}\right) < 0$$

所以

$$-\pi < 2\arcsin\left(-\frac{5}{13}\right) < 0$$

$$2\arcsin\left(-\frac{5}{13}\right) = -\arccos\frac{119}{169}$$

(2) 因为

$$\tan\left[\arccos\left(-\frac{3}{7}\right)\right] = \frac{\sqrt{1 - \left(-\frac{3}{7}\right)^2}}{-\frac{3}{7}} = -\frac{2\sqrt{10}}{3}$$

$$\frac{\pi}{2} < \arccos\left(-\frac{3}{7}\right) < \pi$$

第4章 反三角函数和三角方程

所以

$$\arccos\left(-\frac{3}{7}\right) = \pi + \arctan\left(-\frac{2\sqrt{10}}{3}\right) =$$

$$\pi - \arctan\frac{2\sqrt{10}}{3}$$

(3) 因为

$$\cos\left[\arctan(-2) + \arctan\left(-\frac{1}{2}\right)\right] =$$

$$\cos[\arctan(-2)]\cos\left[\arctan\left(-\frac{1}{2}\right)\right] -$$

$$\sin[\arctan(-2)]\sin\left[\arctan\left(-\frac{1}{2}\right)\right] =$$

$$\frac{1}{\sqrt{1+(-2)^2}} \times \frac{1}{\sqrt{1+\left(-\frac{1}{2}\right)^2}} -$$

$$\frac{-2}{\sqrt{1+(-2)^2}} \times \frac{-\frac{1}{2}}{\sqrt{1+\left(-\frac{1}{2}\right)^2}} = 0$$

又

$$-\frac{\pi}{2} < \arctan(-2) < 0, \ -\frac{\pi}{2} < \arctan\left(-\frac{1}{2}\right) < 0$$

所以

$$-\pi < \arctan(-2) + \arctan\left(-\frac{1}{2}\right) < 0$$

$$\arctan(-2) + \arctan\left(-\frac{1}{2}\right) = -\arccos 0$$

(4) 因为

$$\tan[2\mathrm{arccot}(-2)] =$$

三角解题引导

$$\frac{2\tan[\text{arccot}(-2)]}{1-\tan^2[\text{arccot}(-2)]} =$$

$$\frac{2\times\left(-\frac{1}{2}\right)}{1-\left(-\frac{1}{2}\right)^2} = -\frac{4}{3}$$

因为

$$\frac{\pi}{2} < \text{arccot}(-2) < \pi$$

所以

$$\pi < 2\text{arccot}(-2) < 2\pi$$

$$2\text{arccot}(-2) = 2\pi + \arctan\left(-\frac{4}{3}\right) = 2\pi - \arctan\frac{4}{3}$$

$$\cot[2\text{arccot}(-2)] = \frac{1}{\tan[2\text{arccot}(-2)]} = -\frac{3}{4}$$

所以

$$2\text{arccot}(-2) = \pi + \text{arccot}\left(-\frac{3}{4}\right) = 2\pi - \text{arccot}\frac{3}{4}$$

5. 因为

$$\tan\left(\arcsin\frac{\sqrt{2}}{2} + \arctan\frac{\sqrt{2}}{2}\right) =$$

$$\tan\left(\frac{\pi}{4} + \arctan\frac{\sqrt{2}}{2}\right) =$$

$$\frac{1+\tan\left(\arctan\frac{\sqrt{2}}{2}\right)}{1-\tan\left(\arctan\frac{\sqrt{2}}{2}\right)} = \frac{1+\frac{\sqrt{2}}{2}}{1-\frac{\sqrt{2}}{2}} =$$

$$\frac{\sqrt{2}+1}{\sqrt{2}-1} = (\sqrt{2}+1)^2$$

第4章 反三角函数和三角方程

又

$$0 < \arctan\frac{\sqrt{2}}{2} < \arctan 1 = \frac{\pi}{4}$$

$$\frac{\pi}{4} < \arcsin\frac{\sqrt{2}}{2} + \arctan\frac{\sqrt{2}}{2} < \frac{\pi}{2}$$

所以

$$\arcsin\frac{\sqrt{2}}{2} + \arctan\frac{\sqrt{2}}{2} = \arctan(\sqrt{2}+1)^2$$

6. 因为

$$\arctan\frac{1}{3} + \arctan\frac{1}{5} = \arctan\frac{\frac{1}{3}+\frac{1}{5}}{1-\frac{1}{3}\times\frac{1}{5}} = \arctan\frac{4}{7}$$

$$\arctan\frac{1}{7} + \arctan\frac{1}{8} = \arctan\frac{\frac{1}{7}+\frac{1}{8}}{1-\frac{1}{7}\times\frac{1}{8}} = \arctan\frac{3}{11}$$

$$\arctan\frac{4}{7} + \arctan\frac{3}{11} = \arctan\frac{\frac{4}{7}+\frac{3}{11}}{1-\frac{4}{7}\times\frac{3}{11}} = \arctan 1 = \frac{\pi}{4}$$

所以

$$\arctan\frac{1}{3} + \arctan\frac{1}{5} + \arctan\frac{1}{7} + \arctan\frac{1}{8} = \frac{\pi}{4}$$

7. 设 $\arcsin\dfrac{4}{5} = \alpha$, $\arcsin\dfrac{5}{13} = \beta$, $\arcsin\dfrac{16}{65} = \gamma$,

则

$$\sin\alpha = \dfrac{4}{5},\ \sin\beta = \dfrac{5}{13},\ \sin\gamma = \dfrac{16}{65}$$

$$0 < \alpha < \dfrac{\pi}{3},\ 0 < \beta < \dfrac{\pi}{6},\ 0 < \gamma < \dfrac{\pi}{2}$$

于是

$$\cos\alpha = \dfrac{3}{5},\ \cos\beta = \dfrac{12}{13},\ \cos\gamma = \dfrac{63}{65}$$

所以

$$\sin(\alpha+\beta) = \sin\alpha\cos\beta + \cos\alpha\sin\beta =$$
$$\dfrac{4}{5}\times\dfrac{12}{13} + \dfrac{3}{5}\times\dfrac{5}{13} = \dfrac{63}{65}$$

$$\sin(\alpha+\beta) = \cos\gamma$$

$$0 < \alpha + \beta < \dfrac{\pi}{2}$$

所以

$$\alpha + \beta + \gamma = \dfrac{\pi}{2}$$

$$\arcsin\dfrac{4}{5} + \arcsin\dfrac{5}{13} + \arcsin\dfrac{16}{65} = \dfrac{\pi}{2}$$

8. 因为

$$\tan\left(\dfrac{1}{2}\arccos\dfrac{a}{b}\right) = \dfrac{1 - \cos\left(\arccos\dfrac{a}{b}\right)}{\sin\left(\arccos\dfrac{a}{b}\right)} =$$

$$\dfrac{1 - \dfrac{a}{b}}{\sqrt{1 - \left(\dfrac{a}{b}\right)^2}} = \pm\dfrac{b-a}{\sqrt{b^2 - a^2}}$$

所以

$$\tan\left(\frac{\pi}{4} + \frac{1}{2}\arccos\frac{a}{b}\right) + \tan\left(\frac{\pi}{4} - \frac{1}{2}\arccos\frac{a}{b}\right) =$$

$$\frac{1 + \tan\left(\frac{1}{2}\arccos\frac{a}{b}\right)}{1 - \tan\left(\frac{1}{2}\arccos\frac{a}{b}\right)} + \frac{1 - \tan\left(\frac{1}{2}\arccos\frac{a}{b}\right)}{1 + \tan\left(\frac{1}{2}\arccos\frac{a}{b}\right)} =$$

$$\frac{1 \pm \frac{b-a}{\sqrt{b^2-a^2}}}{1 \mp \frac{b-a}{\sqrt{b^2-a^2}}} + \frac{1 \mp \frac{b-a}{\sqrt{b^2-a^2}}}{1 \pm \frac{b-a}{\sqrt{b^2-a^2}}} =$$

$$\frac{\sqrt{b^2-a^2} \pm (b-a)}{\sqrt{b^2-a^2} \mp (b-a)} + \frac{\sqrt{b^2-a^2} \mp (b-a)}{\sqrt{b^2-a^2} \pm (b-a)} =$$

$$\frac{2[b^2 - a^2 + (b-a)^2]}{b^2 - a^2 - (b-a)^2} =$$

$$\frac{4b(b-a)}{2a(b-a)} = \frac{2b}{a}$$

9. 因为

$$\tan(\arctan x + \arctan y) =$$

$$\frac{\tan(\arctan x) + \tan(\arctan y)}{1 - \tan(\arctan x)\tan(\arctan y)} =$$

$$\frac{x + y}{1 - xy}$$

又当 $xy < 0$ 时有

$$-\frac{\pi}{2} < \arctan x + \arctan y < \frac{\pi}{2}$$

所以,当 $xy < 0$ 时,有

$$\arctan x + \arctan y = \arctan\frac{x + y}{1 - xy}$$

10. 依题设有

$$\tan\left(\arctan\sqrt{\frac{a-b}{b+x}} + \arctan\sqrt{\frac{a-b}{b+y}}\right) =$$

$$\tan\left(-\arctan\sqrt{\frac{a-b}{b+z}}\right)$$

$$\frac{\sqrt{\frac{a-b}{b+x}} + \sqrt{\frac{a-b}{b+y}}}{1 - \sqrt{\frac{a-b}{b+x}} \cdot \sqrt{\frac{a-b}{b+y}}} = -\sqrt{\frac{a-b}{b+z}}$$

化简,得

$$\sqrt{(b+x)(b+y)} + \sqrt{(b+y)(b+z)} + \sqrt{(b+z)(b+x)} = a - b$$

$$t = \sqrt{b+x},\ u = \sqrt{b+y},\ v = \sqrt{b+z}$$

则

$$tu + uv + vt = a - b$$

所以

$$\begin{vmatrix} 1 & x & (a+x) & \sqrt{b+x} \\ 1 & y & (a+y) & \sqrt{b+y} \\ 1 & z & (a+z) & \sqrt{b+z} \end{vmatrix} =$$

$$\begin{vmatrix} 1 & t^2 - b & (t^2+a-b)t \\ 1 & u^2 - b & (u^2+a-b)u \\ 1 & v^2 - b & (v^2+a-b)v \end{vmatrix} =$$

$$\begin{vmatrix} 1 & t^2 & t^3 + (a-b)t \\ 1 & u^2 & u^3 + (a-b)u \\ 1 & v^2 & v^3 + (a-b)v \end{vmatrix} =$$

第4章 反三角函数和三角方程

$$\begin{vmatrix} 1 & t^2 & t^3 \\ 1 & u^2 & u^3 \\ 1 & v^2 & v^3 \end{vmatrix} + (a-b) \begin{vmatrix} 1 & t^2 & t \\ 1 & u^2 & u \\ 1 & v^2 & v \end{vmatrix} = 0$$

11. 设 $\arccos x = \alpha$,$\arccos y = \beta$,$\arccos z = \gamma$,则

$$x = \cos\alpha, y = \cos\beta, z = \cos\gamma$$
$$0 \leqslant \alpha \leqslant \pi, 0 \leqslant \beta \leqslant \pi, 0 \leqslant \gamma \leqslant \pi$$
$$\alpha + \beta + \gamma = \pi$$

所以

$x^2 + y^2 + z^2 + 2xyz =$
$\cos^2\alpha + \cos^2\beta + \cos^2\gamma + 2\cos\alpha\cos\beta\cos\gamma =$
$\dfrac{1}{2}(1 + \cos 2\alpha + 1 + \cos 2\beta + 2\cos^2\gamma) +$
$2\cos\alpha\cos\beta\cos\gamma =$
$1 + \dfrac{1}{2}(\cos 2\alpha + \cos 2\beta + 2\cos^2\gamma) +$
$2\cos\alpha\cos\beta\cos\gamma =$
$1 + \dfrac{1}{2}[2\cos(\alpha+\beta)\cos(\alpha-\beta) + 2\cos^2(\alpha+\beta)] +$
$2\cos\alpha\cos\beta\cos\gamma =$
$1 + \cos(\alpha+\beta)[\cos(\alpha-\beta) + \cos(\alpha+\beta)] +$
$2\cos\alpha\cos\beta\cos\gamma =$
$1 - 2\cos\alpha\cos\beta\cos\gamma + 2\cos\alpha\cos\beta\cos\gamma = 1$

12. (1) 两边取正切,原方程可化为

$$\dfrac{2\cos x}{1 - \cos^2 x} = \dfrac{2}{\sin x}$$

即

$$\dfrac{\cos x}{\sin^2 x} = \dfrac{1}{\sin x}$$

三角解题引导

所以
$$x = k\pi + \frac{\pi}{4}(k \text{ 为整数})$$

(2) 原方程可化为
$$\arctan\frac{1}{x} + \arctan\frac{1}{x+2} = \frac{\pi}{4} - \arctan\frac{1}{6x+1}$$

两边取正切,可得
$$\frac{\frac{1}{x} + \frac{1}{x+2}}{1 - \frac{1}{x} \cdot \frac{1}{x+2}} = \frac{1 - \frac{1}{6x+1}}{1 + \frac{1}{6x+1}}$$

化简为
$$3x^3 - 11x - 2 = 0$$
$$(x-2)(3x^2 + 6x + 1) = 0$$

所以
$$x = 2 \text{ 或 } x = \frac{-3 \pm \sqrt{6}}{3}$$

(3) 两边取正弦,可得
$$\frac{2}{3\sqrt{x}} \cdot \sqrt{1 - (\sqrt{1-x})^2} - \sqrt{1 - \left(\frac{2}{3\sqrt{x}}\right)^2} \cdot \sqrt{1-x} = \frac{1}{3}$$

化简为
$$(3x - 2)^2 = 0$$

所以
$$x = \frac{2}{3}$$

经检验,$x = \frac{2}{3}$ 是原方程的根.

第4章 反三角函数和三角方程

(4) 移项,得

$$\arcsin ax + \arcsin bx = \pi - \arcsin cx$$

两边取正弦,可得

$$ax\sqrt{1-b^2x^2} + bx\sqrt{1-a^2x^2} = cx$$

因 $x = 0$ 显然不是原方程的解,故两边约去 x,得

$$a\sqrt{1-b^2x^2} + b\sqrt{1-a^2x^2} = c$$

移项

$$a\sqrt{1-b^2x^2} = c - b\sqrt{1-a^2x^2}$$

两边平方

$$a^2 - a^2b^2x^2 = c^2 + b^2 - a^2b^2x^2 - 2bc\sqrt{1-a^2x^2}$$

$$2bc\sqrt{1-a^2x^2} = b^2 + c^2 - a^2$$

两边再平方

$$4b^2c^2 - 4a^2b^2c^2x^2 =$$
$$a^4 + b^4 + c^4 - 2a^2b^2 + 2b^2c^2 - 2c^2a^2$$

即

$$4a^2b^2c^2x^2 = 2a^2b^2 + 2b^2c^2 + 2c^2a^2 - a^4 - b^4 - c^4$$

所以

$$x = \pm \frac{\sqrt{(a+b+c)(b+c-a)(c+a-b)(a+b-c)}}{2abc}$$

经检验,只有

$$x = \frac{\sqrt{(a+b+c)(b+c-a)(c+a-b)(a+b-c)}}{2abc}$$

是原方程的根.

(5) 依 $\arcsin x + \arccos x = \dfrac{\pi}{2}$,原方程可化为

$$m\arcsin x + n\left(\frac{\pi}{2} - \arcsin x\right) = p$$

$$(m-n)\arcsin x = p - \frac{n\pi}{2}$$

由 $m \neq n$,可得

$$\arcsin x = \frac{2p - n\pi}{2(m-n)}$$

在 $-\frac{\pi}{2} \leq \frac{2p - n\pi}{2(m-n)} \leq \frac{\pi}{2}$ 的约束条件下可得

$$x = \sin\frac{2p - n\pi}{2(m-n)}$$

13.（1）由于 $\arccos x$ 是减函数,又不等式两边的定义域为 $-1 \leq x \leq 1$,于是原不等式可化为

$$\begin{cases} x < x^2 \\ -1 \leq x \leq 1 \end{cases}$$

解这个不等式组,得 $-1 \leq x < 0$.

（2）由于 $\arcsin x$ 是增函数,它的定义域为 $-1 \leq x \leq 1$,所以原不等式化为

$$\begin{cases} -1 \leq x \leq 1 \\ -1 \leq 1 - x \leq 1 \\ x < 1 - x \end{cases}$$

解这个不等式组,得 $0 \leq x < \frac{1}{2}$.

14. 当 x, y 都是正数时,有

$$\arctan x - \arctan y = \arctan\frac{x - y}{1 + xy}$$

$a_1, a_2, \cdots, a_n$ 都是正数,所以

$$\arctan\frac{a_1 - a_2}{1 + a_1 a_2} + \arctan\frac{a_2 - a_3}{1 + a_2 a_3} + \cdots + \arctan\frac{a_{n-1} - a_n}{1 + a_{n-1} a_n} =$$

第 4 章 反三角函数和三角方程

$(\arctan a_1 - \arctan a_2) + (\arctan a_2 - \arctan a_3) + \cdots + (\arctan a_{n-1} - \arctan a_n) = \arctan a_1 - \arctan a_n =$

$\arctan \dfrac{a_1 - a_n}{1 + a_1 a_n}$

15. 因为

$\arcsin\left[\dfrac{\sqrt{(n+1)^2 - 1} - \sqrt{n^2 - 1}}{n^2 + n}\right] =$

$\arcsin\left[\dfrac{1}{n}\sqrt{1 - \left(\dfrac{1}{n+1}\right)^2} - \dfrac{1}{n+1}\sqrt{1 - \left(\dfrac{1}{n}\right)^2}\right] =$

$\arcsin \dfrac{1}{n} - \arcsin \dfrac{1}{n+1}$

所以

$\arcsin \dfrac{\sqrt{3}}{2} + \arcsin \dfrac{\sqrt{8} - \sqrt{3}}{6} + \arcsin \dfrac{\sqrt{15} - \sqrt{8}}{12} + \cdots +$

$\arcsin\left[\dfrac{\sqrt{(n+1)^2 - 1} - \sqrt{n^2 - 1}}{n^2 + n}\right] =$

$\left(\arcsin 1 - \arcsin \dfrac{1}{2}\right) + \left(\arcsin \dfrac{1}{2} - \arcsin \dfrac{1}{3}\right) +$

$\left(\arcsin \dfrac{1}{3} - \arcsin \dfrac{1}{4}\right) + \cdots +$

$\left(\arcsin \dfrac{1}{n} - \arcsin \dfrac{1}{n+1}\right) =$

$\arcsin 1 - \arcsin \dfrac{1}{n+1}$

$\lim\limits_{n \to \infty} \arcsin \dfrac{1}{n+1} = \arcsin 0 = 0,\ \arcsin 1 = \dfrac{\pi}{2}$

所以,当 $n \to \infty$ 时,原式 $= \dfrac{\pi}{2}$.

16. (1) 原方程可化为

三角解题引导

$$\frac{1}{2}(\cos 6x - \cos 8x) = \frac{1}{2}(\cos 2x - \cos 8x)$$

$$\cos 6x = \cos 2x$$

所以

$$6x = 2k\pi \pm 2x$$

$$x = \frac{k\pi}{2} \text{ 或 } x = \frac{k\pi}{4} (k \text{ 为整数})$$

（2）原方程可化为

$$\frac{1}{2}(\cos 3x - \cos 7x) + \frac{1}{2}(\cos 7x - \cos 15x) +$$

$$\frac{1}{2}(\cos 15x - \cos 33x) = 0$$

$$\cos 33x = \cos 3x$$

所以

$$33x = 2k\pi \pm 3x$$

$$x = \frac{k\pi}{15} \text{ 或 } x = \frac{k\pi}{18} (k \text{ 为整数})$$

（3）原方程可化为

$$\tan(\pi \cos \theta) = \tan\left(\frac{\pi}{2} - \pi \sin \theta\right)$$

于是

$$\pi \cos \theta = k\pi + \frac{\pi}{2} - \pi \sin \theta$$

$$\sin \theta + \cos \theta = k + \frac{1}{2}$$

$$\sin\left(\theta + \frac{\pi}{4}\right) = \frac{2k+1}{2\sqrt{2}} (k \text{ 为整数})$$

但

$$\left|\sin\left(\theta + \frac{\pi}{4}\right)\right| \leq 1$$

故上式中

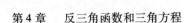

$k = 0, -1$

$$\sin\left(\theta + \frac{\pi}{4}\right) = \pm\frac{\sqrt{2}}{4}$$

所以

$$\theta + \frac{\pi}{4} = n\pi \pm \arcsin\frac{\sqrt{2}}{4}$$

$$\theta = n\pi - \frac{\pi}{4} \pm \arcsin\frac{\sqrt{2}}{4} \quad (n \text{ 为整数})$$

(4) 原方程可化为

$$8\cot x + 4\tan\frac{x}{2} + 2\tan\frac{x}{4} + \tan\frac{x}{8} = \tan\frac{x}{12}$$

因为

$$8\cot x + 4\tan\frac{x}{2} = 8 \cdot \frac{1 - \tan^2\frac{x}{2}}{2\tan\frac{x}{2}} + 4\tan\frac{x}{2} =$$

$$\frac{4}{\tan\frac{x}{2}} = 4\cot\frac{x}{2}$$

$$4\cot\frac{x}{2} + 2\tan\frac{x}{4} = 2\cot\frac{x}{4}$$

$$2\cot\frac{x}{4} + \tan\frac{x}{8} = \cot\frac{x}{8}$$

于是,原方程又可化为

$$\cot\frac{x}{8} = \tan\frac{x}{12}$$

$$\cot\frac{x}{8} = \cot\left(\frac{\pi}{2} - \frac{x}{12}\right)$$

所以

$$\frac{x}{8} = k\pi + \frac{\pi}{2} - \frac{x}{12}$$

$$x = \frac{24}{5}\left(k\pi + \frac{\pi}{2}\right) = \frac{12}{5}(2k+1)\pi \ (k \text{ 为整数})$$

(5) 因为

$$\sin^3 x = \frac{1}{4}(3\sin x - \sin 3x)$$

$$\cos^3 x = \frac{1}{4}(\cos 3x + 3\cos x)$$

故原方程可化为

$$\frac{3}{4}(\sin x\cos 3x + \cos x\sin 3x) = \frac{3}{8}$$

即

$$\sin 4x = \frac{1}{2}$$

所以

$$4x = k\pi + (-1)^k \frac{\pi}{6}$$

$$x = \frac{k\pi}{4} + (-1)^k \frac{\pi}{24} (k \text{ 为整数})$$

(6) 因为

$$\tan x + \tan\left(x + \frac{\pi}{3}\right) + \tan\left(x + \frac{2\pi}{3}\right) =$$

$$\tan x + \tan\left(x + \frac{\pi}{3}\right) + \tan\left(x - \frac{\pi}{3}\right) = \tan x +$$

$$\frac{\sin\left(x+\frac{\pi}{3}\right)\cos\left(x-\frac{\pi}{3}\right) + \sin\left(x-\frac{\pi}{3}\right)\cos\left(x+\frac{\pi}{3}\right)}{\cos\left(x+\frac{\pi}{3}\right)\cos\left(x-\frac{\pi}{3}\right)} =$$

第4章 反三角函数和三角方程

$$\tan x + \frac{\sin 2x}{\frac{1}{2}\left(\cos 2x + \cos\frac{2\pi}{3}\right)} =$$

$$\frac{\sin x}{\cos x} + \frac{4\sin 2x}{2\cos 2x - 1} =$$

$$\frac{\sin x(2\cos 2x - 1) + 4\sin 2x\cos x}{\cos x(2\cos 2x - 1)} =$$

$$\frac{2\sin x\cos 2x - \sin x + 4\sin 2x\cos x}{2\cos 2x\cos x - \cos x} =$$

$$\frac{\sin 3x - \sin x - \sin x + 2(\sin 3x + \sin x)}{\cos 3x + \cos x - \cos x} =$$

$$\frac{3\sin 3x}{\cos 3x} = 3\tan 3x$$

于是,原方程可化为

$$3\tan 3x = 3$$
$$\tan 3x = 1$$

所以

$$3x = k\pi + \frac{\pi}{4}$$

$$x = \frac{k\pi}{3} + \frac{\pi}{12}(k \text{ 是整数})$$

(7) 原方程可化为

$$3 - 7(1 - \sin^2 x)\sin x - 3\sin^3 x = 0$$
$$4\sin^3 x - 7\sin x + 3 = 0$$
$$(\sin x - 1)(2\sin x - 1)(2\sin x + 3) = 0$$

因为

$$2\sin x + 3 \neq 0$$

所以

$$\sin x = 1 \text{ 或 } \sin x = \frac{1}{2}$$

$$x = 2k\pi + \frac{\pi}{2} \text{ 或 } x = k\pi + (-1)^k \frac{\pi}{6} (k \text{ 为整数})$$

(8) 因为

$$\sin^4 x + \cos^4 x = (\sin^2 x + \cos^2 x)^2 - 2\sin^2 x \cos^2 x = 1 - \frac{1}{2}\sin^2 2x$$

所以原方程可化为

$$1 - \frac{1}{2}\sin^2 2x - 2\sin 2x + \frac{3}{4}\sin^2 2x = 0$$

$$\sin^2 2x - 8\sin 2x + 4 = 0$$

$$\sin 2x = 4 \pm 2\sqrt{3}$$

$$|\sin 2x| \leq 1$$

所以

$$\sin 2x = 4 - 2\sqrt{3}$$

$$x = \frac{k\pi}{2} + \frac{(-1)^k}{2}\arcsin(4 - 2\sqrt{3})(k \text{ 为整数})$$

(9) 原方程可化为

$$a \cdot 2\sin\frac{x}{2}\cos\frac{x}{2} - b\cos\frac{x}{2} = 0$$

$$\cos\frac{x}{2}\left(2a\sin\frac{x}{2} - b\right) = 0$$

$$\cos\frac{x}{2} = 0 \text{ 或 } 2a\sin\frac{x}{2} - b = 0$$

方程 $\cos\frac{x}{2} = 0$ 的解是

$$x = (2k+1)\pi$$

方程 $2a\sin\frac{x}{2} - b = 0$，当 $|b| > |2a|$ 时，无解；当 $|b| \leq |2a|$ 时，$\sin\frac{x}{2} = \frac{b}{2a}$ 有解，其解为

第4章 反三角函数和三角方程

$$x = 2k\pi + (-1)^k 2\arcsin\frac{b}{2a}$$

因此,原方程的解是

$$x = (2k+1)\pi$$

或

$$x = 2k\pi + (-1)^k 2\arcsin\frac{b}{2a}(k\text{ 为整数})$$

但 $|b| \leq |2a|$.

（10）原方程可化为

$$\sin^3\theta - \cos^3\theta + \cos\theta - \sin\theta = 0$$
$$(\sin\theta - \cos\theta)(\sin^2\theta + \sin\theta\cos\theta + \cos^2\theta - 1) = 0$$
$$\sin\theta\cos\theta(\sin\theta - \cos\theta) = 0$$
$$\sin\theta = 0 \text{ 或 } \cos\theta = 0 \text{ 或 } \sin\theta - \cos\theta = 0$$

所以

$$\theta = k\pi \text{ 或 } \theta = k\pi + \frac{\pi}{2} \text{ 或 } \theta = k\pi + \frac{\pi}{4}(k \text{ 为整数})$$

（11）原方程可化为

$$\frac{1+\cos 2x}{2} + \frac{1+\cos 4x}{2} + \cos^2 3x = 1$$

$$1 + \frac{1}{2}(\cos 2x + \cos 4x) + \cos^2 3x = 1$$

$$\cos x\cos 3x + \cos^2 3x = 0$$

$$\cos 3x(\cos x + \cos 3x) = 0$$

$$2\cos x\cos 2x\cos 3x = 0$$

$$\cos x = 0 \text{ 或 } \cos 2x = 0 \text{ 或 } \cos 3x = 0$$

所以

$$x = k\pi + \frac{\pi}{2} \text{ 或 } x = \frac{k\pi}{2} + \frac{\pi}{4} \text{ 或 } x = \frac{k\pi}{3} + \frac{\pi}{6}$$

$$(k \text{ 为整数})$$

(12) 原方程可化为

$$\frac{\sin^2 x}{\cos^2 x} = \frac{1-\cos x}{1-\sin x}$$

$$\frac{(\cos^3 x - \sin^3 x) - (\cos^2 x - \sin^2 x)}{\cos^2 x(1-\sin x)} = 0$$

$$(\cos x - \sin x)(\cos^2 x + \sin x\cos x + \sin^2 x) -$$
$$(\cos x - \sin x)(\cos x + \sin x) = 0$$
$$(\cos x - \sin x)(1 + \sin x\cos x - \sin x - \cos x) = 0$$
$$(\cos x - \sin x)(1 - \cos x)(1 - \sin x) = 0$$

但

$$1 - \sin x \neq 0(否则,原题无意义)$$

所以

$$\cos x - \sin x = 0 \text{ 或 } 1 - \cos x = 0$$

$$x = k\pi + \frac{\pi}{4} \text{ 或 } x = 2k\pi(k \text{ 为整数})$$

(13) 方程两边同乘以 $\sin x$,得

$$2\sin^2 x + 3\cos x = 3\sin x + 2\sin x\cos x$$
$$2\sin^2 x - 2\sin x\cos x + 3\cos x - 3\sin x = 0$$
$$2\sin x(\sin x - \cos x) - 3(\sin x - \cos x) = 0$$
$$(\sin x - \cos x)(2\sin x - 3) = 0$$
$$2\sin x - 3 \neq 0$$

所以

$$\sin x - \cos x = 0$$

$$x = k\pi + \frac{\pi}{4}(k \text{ 为整数})$$

(14) 原方程可化为

$$\sin x\cos x = 2\cos^2 x - \sin^2 x$$
$$\sin^2 x + \sin x\cos x - 2\cos^2 x = 0$$

312

因 cos x = 0 的解不是这个方程的解,两边同除以 $\cos^2 x$,得

$$\tan^2 x + \tan x - 2 = 0$$

解之,得

$$\tan x = 1 \text{ 或 } \tan x = -2$$

所以

$$x = k\pi + \frac{\pi}{4} \text{ 或 } x = k\pi + \arctan(-2) \ (k \text{ 为整数})$$

(15) 原方程可化为

$$6\sin^2 x + 3\sin x\cos x - 5\cos^2 x = 2(\sin^2 x + \cos^2 x)$$

$$4\sin^2 x + 3\sin x\cos x - 7\cos^2 x = 0$$

因 cos x = 0 的解不是这个方程的解,两边同除以 $\cos^2 x$,得

$$4\tan^2 x + 3\tan x - 7 = 0$$

解之,得

$$\tan x = 1 \text{ 或 } \tan x = -\frac{7}{4}$$

所以

$$x = k\pi + \frac{\pi}{4} \text{ 或 } x = k\pi + \arctan\left(-\frac{7}{4}\right)(k \text{ 为整数})$$

(16) 原方程可化为

$$\sqrt{50}\sin(x + \arctan 7) = 5$$

$$\sin(x + \arctan 7) = \frac{1}{\sqrt{2}}$$

所以

$$x = k\pi + (-1)^k \frac{\pi}{4} - \arctan 7 \ (k \text{ 为整数})$$

(17) 两边同乘以 $\sin x$,得

三角解题引导

$$4\sin 2x = \sqrt{3} + \tan x$$

根据万能置换公式,可得

$$\frac{8\tan x}{1 + \tan^2 x} = \sqrt{3} + \tan x$$

$$\tan^3 x + \sqrt{3}\tan^2 x - 7\tan x + \sqrt{3} = 0$$

$$(\tan x - \sqrt{3})(\tan^2 x + 2\sqrt{3}\tan x - 1) = 0$$

$$\tan x - \sqrt{3} = 0 \text{ 或 } \tan^2 x + 2\sqrt{3}\tan x - 1 = 0$$

由

$$\tan x - \sqrt{3} = 0$$

得

$$x = k\pi + \frac{\pi}{3}$$

由

$$\tan^2 x + 2\sqrt{3}\tan x - 1 = 0$$

得

$$\tan x = \pm 2 - \sqrt{3}$$

$$\tan 2x = \frac{2\tan x}{1 - \tan^2 x} = \frac{2(\pm 2 - \sqrt{3})}{1 - (\pm 2 - \sqrt{3})^2} = \frac{\sqrt{3}}{3}$$

所以 $2x = k\pi + \frac{\pi}{6}, x = \frac{k\pi}{2} + \frac{\pi}{12}$

经检验,原方程的根是 $x = k\pi + \frac{\pi}{3}, x = \frac{k\pi}{2} + \frac{\pi}{12}$ (k 为整数).

(18) 原方程可化为

$$(\sin x - \cos x)(\sin^4 x + \sin^3 x \cos x + \sin^2 x \cos^2 x + \sin x \cos^3 x + \cos^4 x) = \frac{\sin x - \cos x}{\sin x \cos x}$$

第4章 反三角函数和三角方程

所以
$$\sin x - \cos x = 0 \quad ①$$
或
$$\sin x \cos x (\sin^4 x + \sin^3 x \cos x + \sin^2 x \cos^2 x + \sin x \cos^3 x + \cos^4 x) - 1 = 0 \quad ②$$

① 的解是
$$x = k\pi + \frac{\pi}{4}$$

② 又可化为
$$\sin x \cos x (1 - 2\sin^2 x \cos^2 x + \sin x \cos x + \sin^2 x \cos^2 x) - 1 = 0$$

即
$$(\sin x \cos x)^3 - (\sin x \cos x)^2 - \sin x \cos x + 1 = 0$$
$$(\sin x \cos x - 1)^2 (\sin x \cos x + 1) = 0$$

所以
$$\sin x \cos x = 1 \text{ 或 } \sin x \cos x = -1$$

但
$$|\sin x| \leqslant 1, |\cos x| \leqslant 1$$

故仅当 $|\sin x| = |\cos x| = 1$ 时,$\sin x \cos x = 1$,$\sin x \cos x = -1$ 才能成立. 因 $\sin^2 x + \cos^2 x = 1$,故方程 ② 无解.

所以,原方程的解是
$$x = k\pi + \frac{\pi}{4} (k \text{ 为整数})$$

(19) 当 $\sin x = \pm 1$ 时,方程两边为 $\left(\frac{\pm 1}{2}\right)^2 = \frac{1}{4}$,

所以
$$\sin x = \pm 1$$

适合原方程.

又当 $\sin x = 0$ 时,原方程左边无意义.

当 $\sin x \neq 0$ 时,即 $0 < |\sin x| < 1$ 时,原方程可化为

$$\left(\frac{\sin^2 x}{4}\right)^{\csc^2 x} = \frac{1}{4}$$

而

$$\frac{\sin^2 x}{4} < \frac{1}{4},\ \csc^2 x > 1$$

所以此时方程无解.

因此,适合原方程的解只有

$$\sin x = \pm 1$$

$$x = k\pi + \frac{\pi}{2}\ (k\text{ 为整数})$$

(20) 原方程可化为

$$\log_{\cos x}\sin x + \frac{1}{\log_{\cos x}\sin x} - 2 = 0$$

$$(\log_{\cos x}\sin x)^2 - 2\log_{\cos x}\sin x + 1 = 0$$

$$(\log_{\cos x}\sin x - 1)^2 = 0$$

$$\log_{\cos x}\sin x = 1$$

$$\cos x = \sin x$$

但必须

$$\sin x > 0,\ \cos x > 0$$

所以原方程的解是

$$x = 2k\pi + \frac{\pi}{4}\ (k\text{ 为整数})$$

(21) 原方程可化为

$$\cos^n x = 1 + \sin^n x \qquad ①$$

第4章 反三角函数和三角方程

当 n 为偶数时,因 $1+\sin^n x \geqslant 1$,$\cos^n x \leqslant 1$,故 ① 仅当 $\sin^n x = 0$ 且 $\cos^n x = 1$ 时成立,即 $x = k\pi$.

当 n 为奇数时,由于 $\cos^n x \leqslant 1$,所以 $\sin^n x \leqslant 0$. 由于 $1+\sin^n x \geqslant 0$,所以 $\cos^n x \geqslant 0$. 故 $2k\pi - \dfrac{\pi}{2} \leqslant x \leqslant 2k\pi$. 显然,$x = 2k\pi - \dfrac{\pi}{2}$, $x = 2k\pi$ 是原方程的解. 现在来证当 $2k\pi - \dfrac{\pi}{2} < x < 2k\pi$ 时,方程没有解.

令 $x' = -x$,则 $2k\pi < x < 2k\pi + \dfrac{\pi}{2}$,且原方程化为

$$\sin^n x' + \cos^n x' = 1 \qquad ②$$

$n = 1$ 时,由于 $\sin x' + \cos x' > 1$,所以方程 ② 无解,从而原方程无解.

$n \geqslant 3$ 时,由于
$1 - (\sin^n x' + \cos^n x') =$
$(\sin^2 x' + \cos^2 x') - (\sin^n x' + \cos^n x') =$
$\sin^2 x'(1 - \sin^{n-2} x') + \cos^2 x'(1 - \cos^{n-2} x') > 0$
所以方程 ② 无解,从而原方程无解.

综上所述可知:当 n 为偶数时,原方程的解是 $x = k\pi$;当 n 为奇数时,原方程的解是 $x = 2k\pi$ 或 $x = 2k\pi - \dfrac{\pi}{2}$($k$ 为整数).

(22)显然,方程 $\sin x = \cos x$ 的解是原方程的解,即 $x = k\pi + \dfrac{\pi}{4}$. 现在来证方程再没有别的解. 将原方程化为

$$\dfrac{1}{\cos^m x} - \cos^n x = \dfrac{1}{\sin^m x} - \sin^n x \qquad ①$$

由于 m,n 是正奇数,所以 $\sin x, \cos x$ 必须同号. 否则,方程 ① 两边的符号相反.

若 $\sin x < \cos x < 0$ 或 $0 < \sin x < \cos x$,则
$$\sin^n x < \cos^n x, \quad \frac{1}{\cos^m x} < \frac{1}{\sin^m x}$$
$$\sin^n x + \frac{1}{\cos^m x} < \cos^n x + \frac{1}{\sin^m x}$$

即原方程无解.

若 $\sin x > \cos x > 0$ 或 $0 > \sin x > \cos x$,则
$$\sin^n x > \cos^n x, \quad \frac{1}{\cos^m x} > \frac{1}{\sin^m x}$$
$$\sin^n x + \frac{1}{\cos^m x} > \cos^n x + \frac{1}{\sin^m x}$$

原方程也无解.

综上所述可知,原方程的解是 $x = k\pi + \dfrac{\pi}{4}$($k$ 为整数).

(23) 由于
$$4\sin^2 \frac{19\pi}{6} = 4\sin^2 \frac{7\pi}{6} =$$
$$4\sin^2\left(\pi + \frac{\pi}{6}\right) =$$
$$4 \times \left(-\frac{1}{2}\right)^2 = 1$$

所以原方程可化为
$$\lg(1+\sin x) - 4\lg\cos x + \lg(1-\sin x) = 0$$
$$\lg\frac{(1+\sin x)(1-\sin x)}{\cos^4 x} = 0$$
$$\lg\frac{1}{\cos^2 x} = 0$$

$$\cos^2 x = 1$$

因为必须 $\cos x > 0$,所以

$$\cos x = 1$$
$$x = 2k\pi (k \text{ 为整数})$$

(24) 由于

$$\left(\sin\frac{29\pi}{6}\right)^{-3} = \left(\frac{1}{2}\right)^{-3} = 2^3$$

所以原方程化为

$$\sqrt{6}\tan 2\theta \cos 3\theta - 3\sqrt{2}\cos 3\theta + \sqrt{3}\tan 2\theta = 3$$
$$(\sqrt{2}\cos 3\theta + 1)(\sqrt{3}\tan 2\theta - 3) = 0$$
$$\sqrt{2}\cos 3\theta + 1 = 0 \text{ 或 } \sqrt{3}\tan 2\theta - 3 = 0$$
$$\cos 3\theta = -\frac{1}{\sqrt{2}} \text{ 或 } \tan 2\theta = \sqrt{3}$$

所以

$$3\theta = 2k\pi \pm \frac{3\pi}{4} \text{ 或 } 2\theta = k\pi + \frac{\pi}{3}$$
$$\theta = \frac{2k\pi}{3} \pm \frac{\pi}{4} \text{ 或 } \theta = \frac{k\pi}{2} + \frac{\pi}{6}(k \text{ 为整数})$$

但 $0 < \theta < 2\pi$ 及 $\theta = \frac{\pi}{4}, \frac{7\pi}{4}$ 时,$\tan 2\theta$ 无意义,因此原方程的解是

$$\theta = \frac{5\pi}{12}, \frac{11\pi}{12}, \frac{13\pi}{12}, \frac{19\pi}{12}, \frac{\pi}{6}, \frac{2\pi}{3}, \frac{7\pi}{6}, \frac{5\pi}{3}$$

17. 若 $a = 0, b = 0$,则原方程无意义.

若 $a = 0, b \neq 0$ 或 $b = 0, a \neq 0$,则都有

$$\sin x = \cos x$$

这时

$$x = k\pi + \frac{\pi}{4}(k \text{ 为整数})$$

三角解题引导

若 $a \neq 0$, $b \neq 0$,则原方程可化为
$$(a\sin x + b)(b\sin x + a) = (a\cos x + b)(b\cos x + a)$$
$$(\sin x - \cos x)[ab(\sin x + \cos x) + a^2 + b^2] = 0$$

由于
$$a^2 + b^2 \geqslant 2ab \text{ 及 } |\sin x + \cos x| < 2$$
$$ab(\sin x + \cos x) + a^2 + b^2 \neq 0$$

所以
$$\sin x - \cos x = 0$$
$$x = k\pi + \frac{\pi}{4}(k \text{ 为整数})$$

验根:将 $x = k\pi + \frac{\pi}{4}$ 代入原方程,由于

$$b\cos x + a = b\cos\left(k\pi + \frac{\pi}{4}\right) + a$$
$$b\sin x + a = b\sin\left(k\pi + \frac{\pi}{4}\right) + a$$

所以:

(1) 当 $\dfrac{a}{b} = \dfrac{\sqrt{2}}{2}$ 且 k 为奇数时,分母为零,原方程无意义. 故满足原方程的实数是 $x = 2n\pi + \dfrac{\pi}{4}$ (n 为整数).

(2) 当 $\dfrac{a}{b} = -\dfrac{\sqrt{2}}{2}$ 且 k 为偶数时,分母也为零,原方程无意义. 故满足原方程的实数是 $x = (2n+1)\pi + \dfrac{\pi}{4}$ (n 为整数).

第4章 反三角函数和三角方程

(3) 当 $\dfrac{a}{b} \neq \pm \dfrac{\sqrt{2}}{2}$ 时,分母不为零,$x = k\pi + \dfrac{\pi}{4}$ 是原方程的解.

18. 原方程可化为

$$x^2 - 2x\sin\dfrac{\pi x}{2} + \sin^2\dfrac{\pi x}{2} + \cos^2\dfrac{\pi x}{2} = 0$$

即

$$\left(x - \sin\dfrac{\pi x}{2}\right)^2 + \cos^2\dfrac{\pi x}{2} = 0$$

$$x - \sin\dfrac{\pi x}{2} = 0 \text{ 且 } \cos\dfrac{\pi x}{2} = 0$$

$$x = \pm 1 \text{ 且 } x = \pm 1, \pm 3, \pm 5, \cdots$$

19. 原方程可化为

$$\cos x \cos y = -1$$

由于

$$|\cos x| \leqslant 1, |\cos y| \leqslant 1$$

所以上式仅当 $|\cos x| = |\cos y| = 1$ 且 $\cos x, \cos y$ 异号时成立,于是有

$$\begin{cases} \cos x = 1 \\ \cos y = -1 \end{cases} \text{ 或 } \begin{cases} \cos x = -1 \\ \cos y = 1 \end{cases}$$

所以

$$\begin{cases} x = 2k\pi \\ y = (2l+1)\pi \end{cases} \text{ 或 } \begin{cases} x = (2k+1)\pi \\ y = 2l\pi \end{cases} (k, l \text{ 都是整数})$$

20. 依题设有

$$(\sin x + \cos x) + (1 + 2\sin x \cos x) + (\cos^2 x - \sin^2 x) = 0$$

$$(\sin x + \cos x) + (\sin x + \cos x)^2 + (\cos x + \sin x)(\cos x - \sin x) = 0$$

$$(\sin x + \cos x)(2\cos x + 1) = 0$$
$$\sin x + \cos x = 0 \text{ 或 } 2\cos x + 1 = 0$$
$$\tan x = -1 \text{ 或 } \cos x = -\frac{1}{2}$$

当 $\tan x = -1$ 时,$\tan 2x$ 不存在;

当 $\cos x = -\frac{1}{2}$ 时,$\tan x = \pm\sqrt{3}$,从而 $\tan 2x = \pm\sqrt{3}$.

21. 由于
$$\sqrt{1+\sin x} - \sqrt{1-\sin x} =$$
$$\sqrt{\left(\sin\frac{x}{2}+\cos\frac{x}{2}\right)^2} - \sqrt{\left(\sin\frac{x}{2}-\cos\frac{x}{2}\right)^2} =$$
$$\left|\sin\frac{x}{2}+\cos\frac{x}{2}\right| - \left|\sin\frac{x}{2}-\cos\frac{x}{2}\right|$$

当 $0 \leqslant x \leqslant \frac{\pi}{2}$,即 $0 < \frac{x}{2} < \frac{\pi}{4}$ 时,有

$$\cos\frac{x}{2} > \sin\frac{x}{2} \geqslant 0$$
$$\sqrt{1+\sin x} - \sqrt{1-\sin x} =$$
$$\sin\frac{x}{2}+\cos\frac{x}{2} - \cos\frac{x}{2}+\sin\frac{x}{2} =$$
$$2\sin\frac{x}{2}$$

原方程化为 $\sin\frac{x}{2} = 2\sin\frac{x}{2}$. 所以 $\sin\frac{x}{2} = 0$,从而 $\tan x = 0$. 当 $\frac{\pi}{2} < x \leqslant \pi$,即 $\frac{\pi}{4} < \frac{x}{2} \leqslant \frac{\pi}{2}$ 时,有

$$\sin\frac{x}{2} > \cos\frac{x}{2} \geqslant 0$$

第4章 反三角函数和三角方程

$$\sqrt{1+\sin x} - \sqrt{1-\sin x} =$$

$$\sin\frac{x}{2} + \cos\frac{x}{2} - \sin\frac{x}{2} + \cos\frac{x}{2} = 2\cos\frac{x}{2}$$

原方程化为 $\sin\frac{x}{2} = 2\cos\frac{x}{2}$,所以

$$\tan\frac{x}{2} = 2$$

$$\tan x = \frac{2\tan\frac{x}{2}}{1-\tan^2\frac{x}{2}} = \frac{2\times 2}{1-2^2} = -\frac{4}{3}$$

即适合条件的 $\tan x$ 的一切可能值为 0 和 $-\frac{4}{3}$。

22. 原方程可化为

$$5\pi\left(\frac{1}{2}\right)^x = k\pi + \frac{\pi}{4}(k\text{ 为整数})$$

$$\left(\frac{1}{2}\right)^x = \frac{4k+1}{20}$$

由于 x 是正数,所以

$$\frac{4k+1}{20} < 1 \ (k = 0, 1, 2, 3, 4)$$

所以

$$x = \log_{\frac{1}{2}}\left(\frac{4k+1}{20}\right)(k = 0, 1, 2, 3, 4)$$

23. 依题设有

$$4\sin^2\alpha - 7\sin\alpha\cos\alpha + 2(\sin^2\alpha + \cos^2\alpha) = 0$$
$$6\sin^2\alpha - 7\sin\alpha\cos\alpha + 2\cos^2\alpha = 0$$

因 $\cos\alpha = 0$ 的解不是这个方程的解,两边同除以 $\cos^2\alpha$,得

$$6\tan^2\alpha - 7\tan\alpha + 2 = 0$$

解之,得
$$\tan\alpha = \frac{1}{2} \text{ 或 } \tan\alpha = \frac{2}{3}$$
所以
$$1 + \tan\alpha + \tan^2\alpha + \tan^3\alpha + \cdots = \frac{1}{1-\frac{1}{2}} = 2$$
或
$$1 + \tan\alpha + \tan^2\alpha + \tan^3\alpha + \cdots = \frac{1}{1-\frac{2}{3}} = 3$$

24. 原方程可化为
$$\cos(a-b)x - \cos(a+b)x = \cos(n-m)x - \cos(n+m)x$$
由于 a, b, m, n 成等差数列,所以
$$a - b = m - n$$
原方程又可化为
$$\cos(n+m)x = \cos(a+b)x$$
所以
$$(n+m)x = 2k\pi \pm (a+b)x$$
$$x = \frac{2k\pi}{n+m+a+b} \text{ 或 } x = \frac{2k\pi}{n+m-a-b}$$
又因
$$a + n = b + m, \quad n - b = m - a$$
原方程的解又可写成
$$x = \frac{k\pi}{m+b} \text{ 或 } x = \frac{k\pi}{n-b} \quad (k \text{ 为整数})$$

25. 原方程可化为
$$\cos x + \sin 6x + \frac{\sqrt{3}}{3} = \cos 3x + \sin 8x + \frac{\sqrt{3}}{3}$$

第4章 反三角函数和三角方程

$$\cos x - \cos 3x = \sin 8x - \sin 6x$$

$$\sin 2x \sin x = \cos 7x \sin x$$

由于

$$-\frac{7}{4} < x < -\frac{1}{2}$$

所以 $\sin x \neq 0$,于是有

$$\cos 7x = \cos\left(\frac{\pi}{2} - 2x\right)$$

$$7x = 2k\pi \pm \left(\frac{\pi}{2} - 2x\right)$$

$$x = \frac{2k\pi}{9} + \frac{\pi}{18} \text{ 或 } x = \frac{2k\pi}{5} - \frac{\pi}{10}(k \text{ 为整数})$$

但在 $x = \frac{2k\pi}{9} + \frac{\pi}{18}$ 中,只能取 $k = -1, -2$;在 $x = \frac{2k\pi}{5} - \frac{\pi}{10}$ 中,只能取 $k = -1$.所以原方程适合条件的解是

$$x = -\frac{3\pi}{18}, -\frac{7\pi}{18}, -\frac{\pi}{2}$$

26. (1) 由②,得

$$\frac{1 + \cos 2x}{2} + \frac{1 + \cos 2y}{2} = \frac{1}{4}$$

$$\frac{1}{2}(\cos 2x + \cos 2y) = -\frac{3}{4}$$

$$\cos(x+y)\cos(x-y) = -\frac{3}{4}$$

①代入③,得

$$\cos(x-y) = \frac{\sqrt{3}}{2}$$

所以

三角解题引导

$$x - y = 2k\pi \pm \frac{\pi}{6}$$

由①和④可得

$$\begin{cases} x = k\pi \pm \frac{\pi}{12} + \frac{5\pi}{12} \\ y = -k\pi \mp \frac{\pi}{12} + \frac{5\pi}{12} \end{cases} (k\text{ 为整数})$$

(2) 由②,得

$$\sin x = \sin\left(\frac{\pi}{2} - 2y\right)$$

于是

$$x = 2k\pi + \frac{\pi}{2} - 2y$$

或

$$x = (2k+1)\pi - \frac{\pi}{2} + 2y (k \text{ 为整数})$$

将 $x = 2k\pi + \frac{\pi}{2} - 2y$ 代入②,得

$$\cot 2y = \tan^3 y$$

$$\frac{1 - \tan^2 y}{2\tan y} = \tan^3 y$$

$$2\tan^4 y + \tan^2 y - 1 = 0$$

$$(\tan^2 y + 1)(2\tan^2 y - 1) = 0$$

由于

$$\tan^2 y + 1 \neq 0$$

所以

$$2\tan^2 y - 1 = 0, \tan y = \pm\frac{\sqrt{2}}{2}$$

$$y = n\pi \pm \arctan\frac{\sqrt{2}}{2} (n \text{ 为整数})$$

第4章 反三角函数和三角方程

将 $x = (2k+1)\pi - \dfrac{\pi}{2} + 2y$ 代入①,得

$$-\cot 2y = \tan^3 y$$

$$2\tan^4 y - \tan^2 y + 1 = 0$$

这个方程没有实数根.

因此,原方程组的解是

$$\begin{cases} x = 2m\pi + \dfrac{\pi}{2} \mp 2\arctan\dfrac{\sqrt{2}}{2} \\ y = n\pi \pm \arctan\dfrac{\sqrt{2}}{2} \end{cases} (m,n \text{ 为整数})$$

(3) 由 $\log_y(x^2 + y^2) = 1$,得

$$x^2 + y^2 = 5 \qquad ①$$

由 $\cos(\pi xy) = 1$,得

$$\pi xy = 2k\pi \, (k \text{ 为整数}) \qquad ②$$

当 $k = 0$ 时,由①,②,可得

$$\begin{cases} x_1 = 0 \\ y_1 = \sqrt{5} \end{cases}, \begin{cases} x_2 = 0 \\ y_2 = -\sqrt{5} \end{cases}$$

$$\begin{cases} x_3 = \sqrt{5} \\ y_3 = 0 \end{cases}, \begin{cases} x_4 = -\sqrt{5} \\ y_4 = 0 \end{cases}$$

当 $k = \pm 1$ 时,由①,②,可得

$$\begin{cases} x_5 = 1 \\ y_5 = 2 \end{cases}, \begin{cases} x_6 = 1 \\ y_6 = -2 \end{cases}, \begin{cases} x_7 = -1 \\ y_7 = 2 \end{cases}$$

$$\begin{cases} x_8 = -1 \\ y_8 = -2 \end{cases}, \begin{cases} x_9 = 2 \\ y_9 = 1 \end{cases}, \begin{cases} x_{10} = 2 \\ y_{10} = -1 \end{cases}$$

$$\begin{cases} x_{11} = -2 \\ y_{11} = 1 \end{cases}, \begin{cases} x_{12} = -2 \\ y_{12} = -1 \end{cases}$$

当 $|k| \geq 2$ 时,方程组①,②没有实数解.

三角解题引导

综上所述可知,原方程组有上述 12 组解.

(4) 原方程组可以化为
$$\begin{cases} \sin x + \cos y = 0 & \text{①} \\ 2(\sin^2 x + \cos^2 y) = 1 & \text{②} \end{cases}$$

解之,得
$$\begin{cases} \sin x = \dfrac{1}{2} \\ \cos y = -\dfrac{1}{2} \end{cases}, \begin{cases} \sin x = -\dfrac{1}{2} \\ \cos y = \dfrac{1}{2} \end{cases}$$

所以
$$\begin{cases} x = k\pi + (-1)^k \dfrac{\pi}{6} \\ y = 2n\pi \pm \dfrac{2\pi}{3} \end{cases}, \begin{cases} x = k\pi + (-1)^{k+1} \dfrac{\pi}{6} \\ y = 2n\pi \pm \dfrac{\pi}{3} \end{cases} (k, n \text{ 为整数})$$

(5) 由②,得
$$\tan y = 2\tan x, \tan z = 3\tan x$$

由①,得
$$\tan x + \tan y + \tan z = \tan x \tan y \tan z$$

即
$$\tan x + 2\tan x + 3\tan x = \tan x \cdot 2\tan x \cdot 3\tan x$$
$$\tan x (\tan^2 x - 1) = 0$$
$$\tan x = 0, \tan x = 1, \tan x = -1$$

所以
$$\begin{cases} \tan x = 0 \\ \tan y = 0 \\ \tan z = 0 \end{cases}, \begin{cases} \tan x = 1 \\ \tan y = 2 \\ \tan z = 3 \end{cases}, \begin{cases} \tan x = -1 \\ \tan y = -2 \\ \tan z = -3 \end{cases}$$

于是再由
$$x + y + z = \pi$$

得原方程组的解

$$\begin{cases} x = l_1\pi \\ y = m_1\pi, \\ z = n_1\pi \end{cases} \begin{cases} x = l_2\pi + \arctan 1 \\ y = m_2\pi + \arctan 2 \\ z = n_2\pi + \arctan 3 \end{cases}$$

$$\begin{cases} x = l_3\pi - \arctan 1 \\ y = m_3\pi - \arctan 2 \\ z = n_2\pi - \arctan 3 \end{cases}$$

这里 $l_i, m_i, n_i (i = 1, 2, 3)$ 都是整数,且适合

$$l_1 + m_1 + n_1 = 1$$
$$l_2 + m_2 + n_2 = 0$$
$$l_3 + m_3 + n_3 = 2$$

27. 分别由①,②可得

$$\cos y = \frac{a}{m\sin x}, \sin y = \frac{b}{n\sin x}$$

因为

$$\sin^2 y + \cos^2 y = 1$$

所以

$$\left(\frac{a}{m\sin x}\right)^2 + \left(\frac{b}{n\sin x}\right)^2 = 1$$

解之,得

$$\sin^2 x = \frac{a^2}{m^2} + \frac{b^2}{n^2}$$

由③,得

$$\cos x = \frac{c}{l}, \cos^2 x = \frac{c^2}{l^2}$$

再由 $\sin^2 x + \cos^2 x = 1$,可得

$$\frac{a^2}{m^2} + \frac{b^2}{n^2} + \frac{c^2}{l^2} = 1$$

28. (1) 原不等式可化为
$$\sin x + \cos 2x - 1 > 1$$
$$\sin x - 2\sin^2 x > 0$$
$$0 < \sin x < \frac{1}{2}$$
$$2k\pi < x < 2k\pi + \frac{\pi}{6}$$

或

$$(2k+1)\pi - \frac{\pi}{6} < x < (2k+1)\pi \; (k \text{ 为整数})$$

(2) 原不等式可化为
$$\sin^2 x + \sin x - 1 > 0$$

解之,得
$$\sin x < \frac{-\sqrt{5}-1}{2} \text{ 或 } \sin x > \frac{\sqrt{5}-1}{2}$$

但 $|\sin x| \le 1$,故 $\sin x < \frac{-\sqrt{5}-1}{2}$ 无解. 因此,原不等式的解是

$$2k\pi + \arcsin \frac{\sqrt{5}-1}{2} < x <$$

$$(2k+1)\pi - \arcsin \frac{\sqrt{5}-1}{2} \; (k \text{ 为整数})$$

(3) 原不等式可化为
$$\frac{\sin x}{\cos x} > \cos x$$

$$\frac{\sin x - \cos^2 x}{\cos x} > 0$$

$$\begin{cases} \sin x - \cos^2 x > 0 \\ \cos x > 0 \end{cases}, \begin{cases} \sin x - \cos^2 x < 0 \\ \cos x < 0 \end{cases}$$

第4章 反三角函数和三角方程

根据(2)题可知第一个不等式组的解是

$$2k\pi + \arcsin\frac{\sqrt{5}-1}{2} < x < 2k\pi + \frac{\pi}{2}$$

第二个不等式组的解是

$$(2k+1)\pi - \arcsin\frac{\sqrt{5}-1}{2} < x < 2(k+1)\pi - \frac{\pi}{2}(k\text{ 为整数})$$

(4) 原不等式可化为

$$\cos 4x > \frac{1}{2}$$

解之,得

$$2k\pi - \frac{\pi}{3} < 4x < 2k\pi + \frac{\pi}{3}$$

所以

$$\frac{k\pi}{2} - \frac{\pi}{12} < x < \frac{k\pi}{2} + \frac{\pi}{12}(k\text{ 为整数})$$

29. (1) 令 $(\sqrt{8}\sin\theta)^2 - 4 \cdot (3\sin\theta - 1) > 0$,得

$$2\sin^2\theta - 3\sin\theta + 1 > 0$$

$$(\sin\theta - 1)(2\sin\theta - 1) > 0$$

$$\sin\theta - 1 \leqslant 0$$

所以

$$2\sin\theta - 1 < 0,\ \sin\theta < \frac{1}{2}$$

$$(2k-1)\pi - \frac{\pi}{6} < x < 2k\pi + \frac{\pi}{6}(k\text{ 为整数})$$

(2) 令 $(\sqrt{8}\sin\theta)^2 - 4 \cdot (3\sin\theta - 1) = 0$,得

$$\sin\theta = 1 \text{ 或 } \sin\theta = \frac{1}{2}$$

$\theta = 2k\pi + \dfrac{\pi}{2}$ 或 $\theta = k\pi + (-1)^k \dfrac{\pi}{6}$ (k 为整数)

30. 原不等式可化为

$$2\cos x \leqslant \big|\,|\sin x + \cos x| - |\sin x - \cos x|\,\big| \leqslant \sqrt{2} \qquad (*)$$

由 $0 \leqslant x \leqslant 2\pi$ 及 $2\cos x \leqslant \sqrt{2}$，可得 $\dfrac{\pi}{4} \leqslant x \leqslant \dfrac{7\pi}{4}$.

将区间 $\left[\dfrac{\pi}{4}, \dfrac{7\pi}{4}\right]$ 分成 $\left[\dfrac{\pi}{4}, \dfrac{\pi}{2}\right)$，$\left[\dfrac{\pi}{2}, \dfrac{3\pi}{4}\right)$，$\left[\dfrac{3\pi}{4}, \pi\right)$，$\left[\pi, \dfrac{5\pi}{4}\right)$，$\left[\dfrac{5\pi}{4}, \dfrac{3\pi}{2}\right)$，$\left[\dfrac{3\pi}{2}, \dfrac{7\pi}{4}\right]$ 等 6 个小区间，在每一个小区间内，式 $(*)$ 都成立，因此原不等式的解是 $\dfrac{\pi}{4} \leqslant x \leqslant \dfrac{7\pi}{4}$.

编辑手记

古人云:人唯求旧,器唯求新.人人都喜欢新物件,但书除外,中国书更除外,而尤以中国当今出版的教辅书为最甚.用一句话形容便是"垃圾遍地".有形的垃圾再恼人,它还可以分类、利用、焚烧、掩埋(有报道说:在过去的半年间,一个由尼泊尔与印度登山爱好者以及民兵组成的清洁队居然从珠穆朗玛峰的另外一侧捡了将近4.4吨的垃圾),实在不行弃而远之或干脆生活于其上.因为人们仅凭肉眼便可辨别出它是否是垃圾,除了以捡垃圾和处理垃圾的"专业人士"谁也不会真变废为宝.但文化产品中的垃圾则反之,它们往往包装精美,几可乱真,非专业人士很难辨别,而且由于其制造成本极低,所以具有成本优势,一旦进入市场便迅速"劣币驱赶良币"占领整个市场,使真正懂行的读者也无可选择.这就是对目前中国教辅市场的基本分析,而这一切是怎么造成的呢?

三角解题引导

我们分析的起点,当然是谁在买教辅书,显然是考生,高考是举国关心的大事,关系到千家万户.

被人称为"高考镇"的安徽省六安市毛坦厂镇的毛坦厂中学的一个教室中写的标语为:

树自信、誓拼搏、升大学,回报父母;
抢时间、抓基础、勤演练,定有收获.

有了这样的心态一切与高考无关的书是不会看的,而直奔高考去的备考书就占据了全部市场.

这本书是20世纪80年代流行的一本中学生课外读物.当时的中学生虽然也有高考压力,但兴趣还是主要的,加之那时的书价不贵,作者从写书中得到的大多是精神享受,物质利益微乎其微,所以在写作动机上是纯的.而且那时在作者的选择上也是多以教师或教研员中的佼佼者为主,不像今天的文化公司大量雇佣新毕业的大学生当枪手,有的书商干脆就是农民,进课堂的东西竟出自农村炕头.

在《英国皇家学会会报》生物学卷上曾刊登过一篇前苏联著名生物学家巴甫洛夫院士写给苏联青年们的一封信.这封信是这样写的:

你们在想攀登到科学顶峰之前,应先通晓科学的初步知识,如未掌握以前的东西,就永远不要着手做后面的东西.永远不要掩饰自己知识的缺陷,即使用最大胆的推测和假设去掩饰,这也是要不得的.不论这种肥皂泡的色彩多么使你们炫目,但肥皂泡必然是要破裂的,于是你们除了惭愧以外,是会毫无所得的.

编辑手记

本书是读者为我们工作室所推荐的.因为现在中学生三角学是个弱项,缺啥补啥,所以图书市场与三角学有关的书都挺抢手.工作室本着有需求就应有供给的经济法则准备大量推出有关三角学的优秀课外读物.

还是回到为什么总出老书这个问题上.一个原因是现在的中学教师心静的少,而写书是个慢活.

李安导演的《少年派的奇幻漂流》是在台湾拍摄的.台湾电影教育学会的台中总干事李侄怀说:

> 看到好莱坞一个五十多岁的道具师,每天做着最小、最琐碎的事情,可是他很开心,他觉得这个工作是可以做一辈子的.如果在台湾,今天做道具,明天可能想着谋求更大的职位,所以在每个职位上都做不长.

在笔者所熟悉的中青年数学教师中真心热爱与安心做一辈子中学教师者甚少,多数的职业生涯设计往往是:优秀青年教师→学年组长→政教主任(教导主任)→副校长→校长→区教育局副局长→…….不以当一个全国知名的中学数学教师(如孙维刚)为荣了.按统一的价值尺度都通约到级别上,所以釜底抽薪,好的作者没有了,好书也就没有了.还有一个更深层次的原因是行政干预渗透其中,这个很隐蔽但有人能看清.学者何兆武最近在《名人面对面》节目中回答"如今的大学为什么培养不出大师级人才"时说道:

> 我们那时候跟现在有个最大不同的点,就是老师随便你教什么,随便你讲什么,没有太多限

制.现在就是有一个教学大纲,实际上教师就成了播音员了.如果是这样,那何必找教师,不如找个播音员,还可以省钱,全国一个教师就够了.

一个健康的图书市场必然是百花齐放、百货杂陈的.但现在却是高考、中考书一枝独大,像车新发老师这部优秀的著作总不应该绝迹才对.这本书是当年由湖北省暨武汉市数学会组织编写的,其中的一些题目选自 IMO,全苏数学竞赛,基辅数学竞赛,莫斯科数学竞赛和全国高中联赛的一些题目.从开始收集的 1 000 余道精选出 297 道,用时一年多.这几位参加者都是"非著名"的:杨挥、欧阳剑、叶钦桂、林家昌等.

社会学家布迪厄认为,在学术文化的生产领域中,存在一个可称之为"日丹诺夫定律"的规律,即学术文化生产者在其特定领域中越是平庸,越是乏善可陈,就越是需要学术场域外部力量的支持,就越热衷于借助外部的权力如教会、金钱、政治权力等来抬高自己在本领域中的身份.因而,越是平庸无能者,反而越是容易得到行政支配下的课题经费资助.知识生产机器因此成为一台择劣汰优的机器.

在草根作者和明星作者间选择,我们选前者.

刘培杰
2013 年 9 月 29 日
于哈工大

哈尔滨工业大学出版社刘培杰数学工作室
已出版(即将出版)图书目录

书　名	出版时间	定价	编号
新编中学数学解题方法全书(高中版)上卷	2007—09	38.00	7
新编中学数学解题方法全书(高中版)中卷	2007—09	48.00	8
新编中学数学解题方法全书(高中版)下卷(一)	2007—09	42.00	17
新编中学数学解题方法全书(高中版)下卷(二)	2007—09	38.00	18
新编中学数学解题方法全书(高中版)下卷(三)	2010—06	58.00	73
新编中学数学解题方法全书(初中版)上卷	2008—01	28.00	29
新编中学数学解题方法全书(初中版)中卷	2010—07	38.00	75
新编中学数学解题方法全书(高考复习卷)	2010—01	48.00	67
新编中学数学解题方法全书(高考真题卷)	2010—01	38.00	62
新编中学数学解题方法全书(高考精华卷)	2011—03	68.00	118
新编平面解析几何解题方法全书(专题讲座卷)	2010—01	18.00	61
新编中学数学解题方法全书(自主招生卷)	2013—08	88.00	261

数学眼光透视	2008—01	38.00	24
数学思想领悟	2008—01	38.00	25
数学应用展观	2008—01	38.00	26
数学建模导引	2008—01	28.00	23
数学方法溯源	2008—01	38.00	27
数学史话览胜	2008—01	28.00	28
数学思维技术	2013—09	38.00	260

从毕达哥拉斯到怀尔斯	2007—10	48.00	9
从迪利克雷到维斯卡尔迪	2008—01	48.00	21
从哥德巴赫到陈景润	2008—05	98.00	35
从庞加莱到佩雷尔曼	2011—08	138.00	136

数学解题中的物理方法	2011—06	28.00	114
数学解题的特殊方法	2011—06	48.00	115
中学数学计算技巧	2012—01	48.00	116
中学数学证明方法	2012—01	58.00	117
数学趣题巧解	2012—03	28.00	128
三角形中的角格点问题	2013—01	88.00	207
含参数的方程和不等式	2012—09	28.00	213

I

哈尔滨工业大学出版社刘培杰数学工作室
已出版(即将出版)图书目录

书 名	出版时间	定 价	编号
数学奥林匹克与数学文化(第一辑)	2006—05	48.00	4
数学奥林匹克与数学文化(第二辑)(竞赛卷)	2008—01	48.00	19
数学奥林匹克与数学文化(第二辑)(文化卷)	2008—07	58.00	34
数学奥林匹克与数学文化(第三辑)(竞赛卷)	2010—01	48.00	59
数学奥林匹克与数学文化(第四辑)(竞赛卷)	2011—08	58.00	87
发展空间想象力	2010—01	38.00	57
走向国际数学奥林匹克的平面几何试题诠释(上、下)(第1版)	2007—01	68.00	11,12
走向国际数学奥林匹克的平面几何试题诠释(上、下)(第2版)	2010—02	98.00	63,64
平面几何证明方法全书	2007—08	35.00	1
平面几何证明方法全书习题解答(第1版)	2005—10	18.00	2
平面几何证明方法全书习题解答(第2版)	2006—12	18.00	10
平面几何天天练上卷·基础篇(直线型)	2013—01	58.00	208
平面几何天天练中卷·基础篇(涉及圆)	2013—01	28.00	234
平面几何天天练下卷·提高篇	2013—01	58.00	237
平面几何专题研究	2013—07	98.00	258
最新世界各国数学奥林匹克中的平面几何试题	2007—09	38.00	14
数学竞赛平面几何典型题及新颖解	2010—07	48.00	74
初等数学复习及研究(平面几何)	2008—09	58.00	38
初等数学复习及研究(立体几何)	2010—06	38.00	71
初等数学复习及研究(平面几何)习题解答	2009—01	48.00	42
世界著名平面几何经典著作钩沉——几何作图专题卷(上)	2009—06	48.00	49
世界著名平面几何经典著作钩沉——几何作图专题卷(下)	2011—01	88.00	80
世界著名平面几何经典著作钩沉(民国平面几何老课本)	2011—03	38.00	113
世界著名解析几何经典著作钩沉——平面解析几何卷	2014—01	38.00	273
世界著名数论经典著作钩沉(算术卷)	2012—01	28.00	125
世界著名数学经典著作钩沉——立体几何卷	2011—02	28.00	88
世界著名三角学经典著作钩沉(平面三角卷Ⅰ)	2010—06	28.00	69
世界著名三角学经典著作钩沉(平面三角卷Ⅱ)	2011—01	28.00	78
世界著名初等数论经典著作钩沉(理论和实用算术卷)	2011—07	38.00	126
几何学教程(平面几何卷)	2011—03	68.00	90
几何学教程(立体几何卷)	2011—07	68.00	130
几何变换与几何证题	2010—06	88.00	70
计算方法与几何证题	2011—06	28.00	129
立体几何技巧与方法	2014—01		293
几何瑰宝——平面几何500名题暨1000条定理(上、下)	2010—07	138.00	76,77
三角形的解法与应用	2012—07	18.00	183
近代的三角形几何学	2012—07	48.00	184
一般折线几何学	即将出版	58.00	203
三角形的五心	2009—06	28.00	51
三角形趣谈	2012—08	28.00	212
解三角形	2014—01	28.00	265
圆锥曲线习题集(上)	2013—06	68.00	255

哈尔滨工业大学出版社刘培杰数学工作室
已出版(即将出版)图书目录

书　　名	出版时间	定　价	编号
俄罗斯平面几何问题集	2009—08	88.00	55
俄罗斯立体几何问题集	2014—01		283
俄罗斯几何大师——沙雷金论数学及其他	2014—01	48.00	271
来自俄罗斯的5000道几何习题及解答	2011—03	58.00	89
俄罗斯初等数学问题集	2012—05	38.00	177
俄罗斯函数问题集	2011—03	38.00	103
俄罗斯组合分析问题集	2011—01	48.00	79
俄罗斯初等数学万题选——三角卷	2012—11	38.00	222
俄罗斯初等数学万题选——代数卷	2013—08	68.00	225
俄罗斯初等数学万题选——几何卷	2014—01	68.00	226
463个俄罗斯几何老问题	2012—01	28.00	152
近代欧氏几何学	2012—03	48.00	162
罗巴切夫斯基几何学及几何基础概要	2012—07	28.00	188
超越吉米多维奇——数列的极限	2009—11	48.00	58
Barban Davenport Halberstam均值和	2009—01	40.00	33
初等数论难题集(第一卷)	2009—05	68.00	44
初等数论难题集(第二卷)(上、下)	2011—02	128.00	82,83
谈谈素数	2011—03	18.00	91
平方和	2011—03	18.00	92
数论概貌	2011—03	18.00	93
代数数论(第二版)	2013—08	58.00	94
代数多项式	2014—01		289
初等数论的知识与问题	2011—02	28.00	95
超越数论基础	2011—03	28.00	96
数论初等教程	2011—03	28.00	97
数论基础	2011—03	18.00	98
数论基础与维诺格拉多夫	2014—01		292
解析数论基础	2012—08	28.00	216
解析数论基础(第二版)	2014—01	48.00	287
数论入门	2011—03	38.00	99
数论开篇	2012—07	28.00	194
解析数论引论	2011—03	48.00	100
复变函数引论	2013—10	68.00	269
无穷分析引论(上)	2013—04	88.00	247
无穷分析引论(下)	2013—04	98.00	245

哈尔滨工业大学出版社刘培杰数学工作室
已出版(即将出版)图书目录

书　名	出版时间	定　价	编号
数学分析中的一个新方法及其应用	2013—01	38.00	231
数学分析例选:通过范例学技巧	2013—01	88.00	243
三角级数论(上册)(陈建功)	2013—01	38.00	232
三角级数论(下册)(陈建功)	2013—01	48.00	233
三角级数论(哈代)	2013—06	48.00	254
基础数论	2011—03	28.00	101
超越数	2011—03	18.00	109
三角和方法	2011—03	18.00	112
谈谈不定方程	2011—05	28.00	119
整数论	2011—05	38.00	120
随机过程(Ⅰ)	2014—01	78.00	224
随机过程(Ⅱ)	2014—01	68.00	235
整数的性质	2012—11	38.00	192
初等数论100例	2011—05	18.00	122
初等数论经典例题	2012—07	18.00	204
最新世界各国数学奥林匹克中的初等数论试题(上、下)	2012—01	138.00	144,145
算术探索	2011—12	158.00	148
初等数论(Ⅰ)	2012—01	18.00	156
初等数论(Ⅱ)	2012—01	18.00	157
初等数论(Ⅲ)	2012—01	28.00	158
组合数学浅谈	2012—03	28.00	159
同余理论	2012—05	38.00	163
丢番图方程引论	2012—03	48.00	172
平面几何与数论中未解决的新老问题	2013—01	68.00	229
历届美国中学生数学竞赛试题及解答(第一卷)1950—1954	2014—01		277
历届美国中学生数学竞赛试题及解答(第二卷)1955—1959	2014—01		278
历届美国中学生数学竞赛试题及解答(第三卷)1960—1964	2014—01		279
历届美国中学生数学竞赛试题及解答(第四卷)1965—1969	2014—01		280
历届美国中学生数学竞赛试题及解答(第五卷)1970—1972	2014—01		281

哈尔滨工业大学出版社刘培杰数学工作室
已出版（即将出版）图书目录

书　名	出版时间	定　价	编号
历届 IMO 试题集(1959—2005)	2006－05	58.00	5
历届 CMO 试题集	2008－09	28.00	40
历届加拿大数学奥林匹克试题集	2012－08	38.00	215
历届美国数学奥林匹克试题集:多解推广加强	2012－08	38.00	209
历届国际大学生数学竞赛试题集(1994—2010)	2012－01	28.00	143
全国大学生数学夏令营数学竞赛试题及解答	2007－03	28.00	15
全国大学生数学竞赛辅导教程	2012－07	28.00	189
历届美国大学生数学竞赛试题集	2009－03	88.00	43
前苏联大学生数学奥林匹克竞赛题解(上编)	2012－04	28.00	169
前苏联大学生数学奥林匹克竞赛题解(下编)	2012－04	38.00	170
历届美国数学邀请赛试题集	2014－01	48.00	270
整函数	2012－08	18.00	161
多项式和无理数	2008－01	68.00	22
模糊数据统计学	2008－03	48.00	31
模糊分析学与特殊泛函空间	2013－01	68.00	241
受控理论与解析不等式	2012－05	78.00	165
解析不等式新论	2009－06	68.00	48
反问题的计算方法及应用	2011－11	28.00	147
建立不等式的方法	2011－03	98.00	104
数学奥林匹克不等式研究	2009－08	68.00	56
不等式研究(第二辑)	2012－02	68.00	153
初等数学研究(Ⅰ)	2008－09	68.00	37
初等数学研究(Ⅱ)(上、下)	2009－05	118.00	46,47
中国初等数学研究　2009卷(第1辑)	2009－05	20.00	45
中国初等数学研究　2010卷(第2辑)	2010－05	30.00	68
中国初等数学研究　2011卷(第3辑)	2011－07	60.00	127
中国初等数学研究　2012卷(第4辑)	2012－07	48.00	190
中国初等数学研究　2013卷(第5辑)	2014－01		288
数阵及其应用	2012－02	28.00	164
绝对值方程—折边与组合图形的解析研究	2012－07	48.00	186
不等式的秘密(第一卷)	2012－02	28.00	154
不等式的秘密(第一卷)(第2版)	2014－01		286
不等式的秘密(第二卷)	2014－01	38.00	268

哈尔滨工业大学出版社刘培杰数学工作室
已出版(即将出版)图书目录

书 名	出版时间	定 价	编号
初等不等式的证明方法	2010—06	38.00	123
数学奥林匹克问题集	2014—01	38.00	267
数学奥林匹克不等式散论	2010—06	38.00	124
数学奥林匹克不等式欣赏	2011—09	38.00	138
数学奥林匹克超级题库(初中卷上)	2010—01	58.00	66
数学奥林匹克不等式证明方法和技巧(上、下)	2011—08	158.00	134,135
近代拓扑学研究	2013—04	38.00	239
新编640个世界著名数学智力趣题	2014—01	88.00	242
500个最新世界著名数学智力趣题	2008—06	48.00	3
400个最新世界著名数学最值问题	2008—09	48.00	36
500个世界著名数学征解问题	2009—06	48.00	52
400个中国最佳初等数学征解老问题	2010—01	48.00	60
500个俄罗斯数学经典老题	2011—01	28.00	81
1000个国外中学物理好题	2012—04	48.00	174
300个日本高考数学题	2012—05	38.00	142
500个前苏联早期高考数学试题及解答	2012—05	28.00	185
546个早期俄罗斯大学生数学竞赛题	2014—01		285
博弈论精粹	2008—03	58.00	30
数学 我爱你	2008—01	28.00	20
精神的圣徒 别样的人生——60位中国数学家成长的历程	2008—09	48.00	39
数学史概论	2009—06	78.00	50
数学史概论(精装)	2013—03	158.00	272
斐波那契数列	2010—02	28.00	65
数学拼盘和斐波那契魔方	2010—07	38.00	72
斐波那契数列欣赏	2011—01	28.00	160
数学的创造	2011—02	48.00	85
数学中的美	2011—02	38.00	84
王连笑教你怎样学数学——高考选择题解题策略与客观题实用训练	2014—01	48.00	262
最新全国及各省市高考数学试卷解法研究及点拨评析	2009—02	38.00	41
高考数学的理论与实践	2009—08	38.00	53
中考数学专题总复习	2007—04	28.00	6
向量法巧解数学高考题	2009—08	28.00	54
高考数学核心题型解题方法与技巧	2010—01	28.00	86
数学解题——靠数学思想给力(上)	2011—07	38.00	131
数学解题——靠数学思想给力(中)	2011—07	48.00	132
数学解题——靠数学思想给力(下)	2011—07	38.00	133
我怎样解题	2013—01	48.00	227

哈尔滨工业大学出版社刘培杰数学工作室
已出版(即将出版)图书目录

书　名	出版时间	定　价	编号
2011年全国及各省市高考数学试题审题要津与解法研究	2011-10	48.00	139
2013年全国及各省市高考数学试题分章解析与点评	2014-01		282
新课标高考数学——五年试题分章详解(2007~2011)(上、下)	2011-10	78.00	140,141
30分钟拿下高考数学选择题、填空题	2012-01	48.00	146
全国中考数学压轴题审题要津与解法研究	2013-04	78.00	248
高考数学压轴题解题诀窍(上)	2012-02	78.00	166
高考数学压轴题解题诀窍(下)	2012-03	28.00	167
格点和面积	2012-07	18.00	191
射影几何趣谈	2012-04	28.00	175
斯潘纳尔引理——从一道加拿大数学奥林匹克试题谈起	2014-01	18.00	228
李普希兹条件——从几道近年高考数学试题谈起	2012-10	18.00	221
拉格朗日中值定理——从一道北京高考试题的解法谈起	2012-10	18.00	197
闵科夫斯基定理——从一道清华大学自主招生试题谈起	2014-01	28.00	198
哈尔测度——从一道冬令营试题的背景谈起	2012-08	28.00	202
切比雪夫逼近问题——从一道中国台北数学奥林匹克试题谈起	2013-04	38.00	238
伯恩斯坦多项式与贝齐尔曲面——从一道全国高中数学联赛试题谈起	2013-03	38.00	236
卡塔兰猜想——从一道普特南竞赛试题谈起	2013-06	18.00	256
麦卡锡函数和阿克曼函数——从一道前南斯拉夫数学奥林匹克试题谈起	2012-08	18.00	201
贝蒂定理与拉姆贝克莫斯尔定理——从一个拣石子游戏谈起	2012-08	18.00	217
皮亚诺曲线和豪斯道夫分球定理——从无限集谈起	2012-08	18.00	211
平面凸图形与凸多面体	2012-10	28.00	218
斯坦因豪斯问题——从一道二十五省市自治区中学数学竞赛试题谈起	2012-07	18.00	196
纽结理论中的亚历山大多项式与琼斯多项式——从一道北京市高一数学竞赛试题谈起	2012-07	28.00	195
原则与策略——从波利亚"解题表"谈起	2013-04	38.00	244
转化与化归——从三大尺规作图不能问题谈起	2012-08	28.00	214
代数几何中的贝祖定理(第二版)——从一道IMO试题的解法谈起	2013-08	38.00	193
成功连贯理论与约当块理论——从一道比利时数学竞赛试题谈起	2012-04	18.00	180
磨光变换与范·德·瓦尔登猜想——从一道环球城市竞赛试题谈起	即将出版		
素数判定与大数分解	即将出版	18.00	199
置换多项式及其应用	2012-10	18.00	220
椭圆函数与模函数——从一道美国加州大学洛杉矶分校(UCLA)博士资格考题谈起	2012-10	38.00	219
差分方程的拉格朗日方法——从一道2011年全国高考理科试题的解法谈起	2012-08	28.00	200

Ⅶ

哈尔滨工业大学出版社刘培杰数学工作室
已出版(即将出版)图书目录

书　　名	出版时间	定价	编号
力学在几何中的一些应用	2013—01	38.00	240
高斯散度定理、斯托克斯定理和平面格林定理——从一道国际大学生数学竞赛试题谈起	即将出版		
康托洛维奇不等式——从一道全国高中联赛试题谈起	即将出版		
西格尔引理——从一道第18届IMO试题的解法谈起	即将出版		
罗斯定理——从一道前苏联数学竞赛试题谈起	即将出版		
拉克斯定理和阿廷定理——从一道IMO试题的解法谈起	2014—01	58.00	246
毕卡大定理——从一道美国大学数学竞赛试题谈起	即将出版		
贝齐尔曲线——从一道全国高中联赛试题谈起	即将出版		
拉格朗日乘子定理——从一道2005年全国高中联赛试题谈起	即将出版		
雅可比定理——从一道日本数学奥林匹克试题谈起	2013—04	48.00	249
李天岩-约克定理——从一道波兰数学竞赛试题谈起	即将出版		
整系数多项式因式分解的一般方法——从克朗耐克算法谈起	即将出版		
布劳维不动点定理——从一道前苏联数学奥林匹克试题谈起	2014—01	38.00	273
压缩不动点定理——从一道高考数学试题的解法谈起	即将出版		
伯恩赛德定理——从一道英国数学奥林匹克试题谈起	即将出版		
布查特-莫斯特定理——从一道上海市初中竞赛试题谈起	即将出版		
数论中的同余数问题——从一道普特南竞赛试题谈起	即将出版		
范·德蒙行列式——从一道美国数学奥林匹克试题谈起	即将出版		
中国剩余定理——从一道美国数学奥林匹克试题的解法谈起	即将出版		
牛顿程序与方程求根——从一道全国高考试题解法谈起	即将出版		
库默尔定理——从一道IMO预选试题谈起	即将出版		
卢丁定理——从一道冬令营试题的解法谈起	即将出版		
沃斯滕霍姆定理——从一道IMO预选试题谈起	即将出版		
卡尔松不等式——从一道莫斯科数学奥林匹克试题谈起	即将出版		
信息论中的香农熵——从一道近年高考压轴题谈起	即将出版		
约当不等式——从一道希望杯竞赛试题谈起	即将出版		
拉比诺维奇定理	即将出版		
刘维尔定理——从一道《美国数学月刊》征解问题的解法谈起	即将出版		
卡塔兰恒等式与级数求和——从一道IMO试题的解法谈起	即将出版		
勒让德猜想与素数分布——从一道爱尔兰竞赛试题谈起	即将出版		
天平称重与信息论——从一道基辅市数学奥林匹克试题谈起	即将出版		

哈尔滨工业大学出版社刘培杰数学工作室已出版(即将出版)图书目录

书　名	出版时间	定　价	编号
艾思特曼定理——从一道CMO试题的解法谈起	即将出版		
一个爱尔特希问题——从一道西德数学奥林匹克试题谈起	即将出版		
有限群中的爱丁格尔问题——从一道北京市初中二年级数学竞赛试题谈起	即将出版		
贝克码与编码理论——从一道全国高中联赛试题谈起	即将出版		
帕斯卡三角形——从一道莫斯科数学奥林匹克试题谈起	2014-01		294
蒲丰投针问题——从2009年清华大学的一道自主招生试题谈起	2014-01	38.00	295
斯图姆定理——从一道"华约"自主招生试题的解法谈起	2014-01		296
许瓦兹引理——从一道加利福尼亚大学伯克利分校数学系博士生试题谈起	2014-01		297
拉格朗日中值定理——从一道北京高考试题的解法谈起	2014-01		298
拉姆塞定理——从王诗宬院士的一个问题谈起	2014-01		299
中等数学英语阅读文选	2006-12	38.00	13
统计学专业英语	2007-03	28.00	16
统计学专业英语(第二版)	2012-07	48.00	176
幻方和魔方(第一卷)	2012-05	68.00	173
尘封的经典——初等数学经典文献选读(第一卷)	2012-07	48.00	205
尘封的经典——初等数学经典文献选读(第二卷)	2012-07	38.00	206
实变函数论	2012-06	78.00	181
非光滑优化及其变分分析	2014-01	48.00	230
疏散的马尔科夫链	2014-01	58.00	266
初等微分拓扑学	2012-07	18.00	182
方程式论	2011-03	38.00	105
初级方程式论	2011-03	28.00	106
Galois理论	2011-03	18.00	107
古典数学难题与伽罗瓦理论	2012-11	58.00	223
伽罗华与群论	2014-01		290
代数方程的根式解及伽罗瓦理论	2011-03	28.00	108
线性偏微分方程讲义	2011-03	18.00	110
N体问题的周期解	2011-03	28.00	111
代数方程式论	2011-05	28.00	121
动力系统的不变量与函数方程	2011-07	48.00	137
基于短语评价的翻译知识获取	2012-02	48.00	168
应用随机过程	2012-04	48.00	187
矩阵论(上)	2013-06	58.00	250
矩阵论(下)	2013-06	48.00	251
抽象代数:方法导引	2013-06	38.00	257

哈尔滨工业大学出版社刘培杰数学工作室
已出版（即将出版）图书目录

书　名	出版时间	定　价	编号
闵嗣鹤文集	2011—03	98.00	102
吴从炘数学活动三十年(1951～1980)	2010—07	99.00	32
吴振奎高等数学解题真经(概率统计卷)	2012—01	38.00	149
吴振奎高等数学解题真经(微积分卷)	2012—01	68.00	150
吴振奎高等数学解题真经(线性代数卷)	2012—01	58.00	151
高等数学解题全攻略(上卷)	2013—06	58.00	252
高等数学解题全攻略(下卷)	2013—06	58.00	253
高等数学复习纲要	2014—01	18.00	384
钱昌本教你快乐学数学(上)	2011—12	48.00	155
钱昌本教你快乐学数学(下)	2012—03	58.00	171
数贝偶拾——高考数学题研究	2014—01	28.00	274
数贝偶拾——初等数学研究	2014—01	38.00	275
数贝偶拾——奥数题研究	2014—01	48.00	276
集合、函数与方程	2014—01	28.00	300
数列与不等式	2014—01	38.00	301
三角与平面向量	2014—01	28.00	302
平面解析几何	2014—01	38.00	303
立体几何与组合	2014—01	28.00	304
极限与导数、数学归纳法	2014—01	38.00	305
趣味数学	即将出版		306
教材教法	即将出版		307
自主招生	即将出版		308
高考压轴题(上)	即将出版		309
高考压轴题(下)	即将出版		310
从费马到怀尔斯——费马大定理的历史	2013—10	198.00	Ⅰ
从庞加莱到佩雷尔曼——庞加莱猜想的历史	2013—10	298.00	Ⅱ
从切比雪夫到爱尔特希——素数定理的历史	2013—10	48.00	Ⅲ
从高斯到盖尔方特——虚二次域的高斯猜想	2013—10	198.00	Ⅳ
从库默尔到朗兰兹——朗兰兹猜想的历史	2014—01	98.00	Ⅴ
从比勒巴赫到德布朗斯——比勒巴赫猜想的历史	2014—02		Ⅵ
从麦比乌斯到陈省身——麦比乌斯变换与麦比乌斯带	2014—02		Ⅶ
从布尔到豪斯道夫——布尔方程与格论漫谈	2013—10	98.00	Ⅷ
从开普勒到阿诺德——三体问题的历史	2014—05		Ⅸ
从华林到华罗庚——华林问题的历史	2013—10	298.00	Ⅹ

哈尔滨工业大学出版社刘培杰数学工作室
已出版(即将出版)图书目录

书　名	出版时间	定　价	编号
三角函数	2014—01	38.00	311
不等式	2014—01	28.00	312
方程	2014—01	28.00	313
数列	2014—01	38.00	314
排列和组合	2014—01	18	315
极限与导数	2014—01	18	316
向量	2014—01	18	317
复数及其应用	2014—01	28	318
函数	2014—01	38	319
集合	即将出版		320
直线与平面	2014—01	28.00	321
立体几何	2014—01	28.00	322
解三角形	即将出版		323
直线与圆	2014—01	28	324
圆锥曲线	2014—01	38	325
解题通法(一)	2014—01	38	326
解题通法(二)	2014—01	38	327
解题通法(三)	2014—01	38	328
概率与统计	2014—01	18	329
信息迁移与算法	即将出版		330

联系地址:哈尔滨市南岗区复华四道街10号　哈尔滨工业大学出版社刘培杰数学工作室
网　　址:http://lpj.hit.edu.cn/
邮　　编:150006
联系电话:0451—86281378　　13904613167
E-mail:lpj1378@163.com